La voie ferrée métrique

Constitution, pose et entretien

Bernard ZOBA

La voie ferrée métrique

Constitution, pose et entretien

Préface de Jean-Pierre Loubinoux

L'Harmattan - Congo

5-7, rue de l'Ecole-Polytechnique, 75005 Paris

http://www.harmattan.fr
diffusion.harmattan@wanadoo.fr

ISBN : 978-2-343-06658-5
EAN : 9782343066585

Bernard ZOBA

La voie ferrée métrique

Constitution, pose et entretien

Préface de Jean-Pierre Loubinoux

L'Harmattan - Congo

5-7, rue de l'Ecole-Polytechnique, 75005 Paris

http://www.harmattan.fr
diffusion.harmattan@wanadoo.fr

ISBN : 978-2-343-06658-5
EAN : 9782343066585

À

Yodit, mon épouse,
et
à mes enfants,
Gaëlle,
Larissa,
Déborah,
Michaël,
Marc,
Mathilde.

« Sans bonnes voies, pas de chemin de fer sûr »

Jean ALIAS
Ancien directeur de l'équipement de la S.N.C.F.

PRÉFACE

Le chemin de fer constitue le moyen de transport le mieux adapté pour le déplacement des gros volumes tels que les minerais ou la desserte des zones peuplées.

Ce mode de transport dispose des potentiels multiformes et a la possibilité d'apporter le développement socioéconomique général aux communautés qu'il dessert en matière d'emplois, de production de revenus, de développement des différents types d'industries, etc.

J'ai rencontré Bernard ZOBA pour la première fois, il y a une quinzaine d'années, au cours d'une assemblée générale de l'Union africaine des chemins de fer (UAC), alors qu'il était secrétaire général de cette institution. J'ai, à cette occasion, remarqué son enthousiasme et son fort engagement en faveur du développement ferroviaire en Afrique.

Quelques années plus tard, j'ai constaté que son enthousiasme et son engagement sont demeurés intacts. En effet, étant commissaire chargé des infrastructures à la commission de l'Union africaine, il a organisé, avec succès, avec la contribution de l'Union internationale des chemins de fer (UIC), la première conférence des ministres africains en charge du Transport ferroviaire à Brazzaville (République du Congo) en avril 2006 et la conférence professionnelle sur l'interconnexion, l'interopérabilité et la complémentarité des systèmes ferroviaires africains à Johannesburg (Afrique du Sud), en novembre 2007.

Ces deux évènements continentaux ont permis de mettre en relief l'importance du chemin de fer dans le développement des pays et d'élaborer des recommandations idoines à l'endroit des instances décisionnelles des États africains, afin que ce mode de transport puisse, en ce 21ème siècle, jouer réellement le rôle qui est censé lui revenir dans l'émergence des pays, comme cela l'a été dans d'autres continents.

Trente-six années d'expérience professionnelle incluant la recherche et l'enseignement ferroviaire ont permis à l'auteur de prendre conscience du vide qui existe en matière d'ouvrages sur la voie ferrée métrique, alors que ce type de voie est prépondérant dans de nombreux pays en développement et que, aujourd'hui, son importance ne peut être méconnue dans l'économie mondiale des transports. Aussi, c'est comme un devoir pour Bernard ZOBA d'écrire cet ouvrage, et il s'en acquitte avec succès.

Il s'avère que certains gouvernements et organismes internationaux ont cru pouvoir considérer la voie ferrée métrique comme un obstacle au développement du système des transports des pays du Tiers-Monde. Cette situation s'explique par le fait que les chemins de fer dans ces pays ont été construits à l'ère coloniale comme des activités privées et pour des raisons spécifiques ; la recherche des coûts d'investissements les plus bas possibles en infrastructures en était le souci premier. En effet, la voie métrique permettait, si l'on peut dire, de « coller » au terrain, et d'adopter des caractéristiques de tracé (rampes et courbes) plus sévères que celles adoptées pour les voies à écartement standard (1,435 m).

Or, la voie métrique, avec 20% des lignes de l'ensemble du réseau ferroviaire mondial, constitue bien aujourd'hui une composante non-négligeable des systèmes ferroviaires dans le monde. Elle fait preuve, dans ce domaine, de performances analogues, voire supérieures à celles de la voie standard, comme on le constate dans certaines régions, notamment à travers :

- la circulation, en Afrique du Sud, du train le plus lourd du monde, comportant 342 wagons sur une longueur de 4 km ; il transporte 34200 tonnes de minerai de fer sur les 861 kilomètres de la ligne Sischen-Saldanha à écartement de 1,067 m ;
- le transport des voyageurs où le chemin de fer métrique, comme au Japon où la quasi-totalité du réseau conventionnel présente un écartement de 1,067 m, ou en Australie avec le Tilt Train du Queensland (écartement de 1,067 m), peut rivaliser en vitesse (160 km/h) et en confort avec les meilleurs réseaux classiques à voie standard ;
- le développement de l'automatisme sous toutes ses formes (sécurité et signalisation, gestion) qui se poursuit de la même façon que sur la voie standard.

Finalement, seul un domaine échappe aux capacités de la voie métrique : celui du trafic des voyageurs à grande vitesse pour lequel la stabilité transversale, difficile à maîtriser pour de longues et larges voitures à bogies, ne permet pas à la voie métrique d'atteindre les performances de la voie standard.

En Afrique, les essais réalisés par Roland Joly à la Régie des chemins de fer Abidjan-Niger (RAN) sur rames diesel de grand parcours, avaient permis dès 1976 d'atteindre 160 km/h, mettant en évidence les possibilités de circulation offertes par une voie métrique bien tracée et solidement armée, avec du matériel roulant moderne. Il est vrai que, à partir de cette vitesse, les besoins (surtout en termes de coût d'entretien) de la voie métrique sont plus contraignants, mais cela ne devrait pas inciter à croire que la voie métrique est vouée à l'abandon. C'est pourquoi, au-delà d'une simple transposition sur la voie métrique des règles généralement admises en voie standard, il est important de chercher à exploiter au maximum le potentiel de la voie métrique en prenant en compte dans la mesure du possible, dans les programmes de renouvellement ou de modernisation, les domaines d'évolution technique, notamment :

- l'augmentation des vitesses qui dépend essentiellement des conditions de tracé et du comportement des véhicules, et qui permet une nette amélioration de l'offre commerciale, tant voyageurs que marchandises ;

- la connaissance des conditions de transmission des charges de la roue à la plateforme ; ce qui permet une juste appréciation du comportement de la voie et un meilleur dimensionnement de ses éléments constitutifs, notamment les épaisseurs des couches d'assise (ballast et sous-ballast) et d'adopter de méthodes nouvelles développées qui permettent non seulement de traiter le cas des infrastructures nouvelles, mais également d'améliorer les structures anciennes afin d'éviter de graves mécomptes à court ou long terme ;
- l'emploi privilégié des longs rails soudés (L.R.S.) et des matériaux modernes comme les traverses en béton et les attaches élastiques ;
- l'introduction progressive de la mécanisation de l'entretien de la voie.

Les trois dernières actions permettent une importante réduction des coûts de maintenance de la voie.

Le présent ouvrage s'intègre parfaitement dans la dynamique du Groupe UIC Voie métrique, particulièrement en ce qui concerne l'objectif fondamental d'établissement et d'adoption des normes universelles nouvelles pour le matériel et l'infrastructure de la voie métrique, ainsi que la Vision 2025 de l'UIC pour l'Afrique. Les nombreuses références aux documents de l'UIC et aux publications d'éminents spécialistes internationaux en matière de voie ferrée et, surtout, la mise en application concrète de certaines analyses mathématiques des phénomènes étudiés dénotent de la capacité et de la compétence de l'auteur en ingénierie ferroviaire.

Les aspects théoriques présentés dans cet ouvrage, couplés aux nombreux exemples numériques, sont de nature à permettre aux cadres de la voie des réseaux ferrés métriques d'adopter des solutions techniques appropriées dans les programmes de réhabilitation de leurs réseaux, notamment en ce qui concerne l'amélioration des conditions de tracé et la modernisation de l'infrastructure dans l'objectif final d'amélioration des performances et la fiabilité de la voie.

Bien qu'intitulé *Voie ferrée métrique*, le lecteur trouvera également dans cet ouvrage des informations concernant la voie standard, ce qui permet à cet ouvrage de faire désormais partie du cercle restreint de la « Collection des chemins de fer ».

Nous espérons que cet ouvrage trouvera sa place dans les instituts d'ingénieurs, auprès des consultants en ingénierie ferroviaire et parmi les spécialistes des sociétés ferroviaires opérant sur des voies ferrées métriques.

Jean-Pierre LOUBINOUX
Directeur général de l'UIC

INTRODUCTION

La voie ferrée métrique englobe essentiellement les voies ferrées dont l'écartement entre les deux files de rails est de 1 m ou de 1,067 m [14]. Sur près de 1 253 000 km de voies ferrées exploités dans le monde, il y a actuellement 60% de voies standard (1,435 m), 20% de voies larges (1,520 m en Russie, 1,676 m en Espagne, en Inde et au Chili) et 20% de voies métriques [32]. En Afrique, la voie métrique équipe la quasi-totalité des réseaux situés au sud du Sahara.

Pourquoi un ouvrage sur la voie métrique ? La question mérite d'être posée. En effet, alors que la voie métrique est souvent décriée particulièrement en Afrique subsaharienne, à l'exception de l'Afrique du Sud, comme une « voie dépassée, au rabais, aux performances limitées, caractéristique du sous-développement » [14] [30], et que les États africains se sont engagés au niveau continental à adopter, pour la construction de nouvelles lignes ferroviaires, l'écartement standard, afin d'inscrire le transport ferroviaire africain dans la dynamique mondiale caractérisée par l'accroissement des capacités et des vitesses [31], s'engager dans la publication d'un ouvrage sur ce type de voie pourrait paraître une entreprise à contre-courant de l'histoire.

Pourtant, disposer d'une voie métrique ne constitue aucunement un obstacle au développement. Si les investissements adéquats sont réalisés, si l'exploitation est assurée de manière adéquate et si les objectifs sont bien définis, la voie métrique permet, du point de vue théorique, d'obtenir toutes les performances liées aux autres écartements en matière de capacité, de sécurité et de respect de l'environnement, et de remplir son rôle de relier des zones géographiques et, surtout, de devenir un réel facteur de développement des pays [114] [44], malgré ses limites dans le domaine des hautes vitesses pour le trafic des voyageurs[1] [32]. Aussi, outre la promotion de l'écartement standard pour la construction de nouvelles lignes ferroviaires dans les pays en développement, comme mentionné précédemment, l'on devrait également s'engager résolument dans l'amélioration des réseaux ferroviaires à écartement métrique existants [31] [44] afin qu'ils puissent faire preuve, dans la mesure du possible, de performances analogues à celles des voies métriques des pays comme le Japon, l'Australie, le Brésil ou l'Afrique du Sud et, partant, cesser de donner une image négative d'un chemin de fer d'intérêt local.

Comme on le sait, le problème de différence d'écartement est résolu de façon satisfaisante afin d'assurer l'interconnexion des différents systèmes

---

[1]Au Japon, des trains conventionnels en voie métrique permettent de pratiquer une vitesse maximale de 130 km/h pour trafic voyageurs [33].

ferroviaires, notamment par des installations de changement de bogies[2]. Il est donc nécessaire et indispensable de faire bénéficier les voies ferrées métriques existantes des solutions retenues pour les voies modernes à écartement standard ou large, afin d'améliorer leurs performances et, en même temps, les préparer aux perspectives d'interconnexion. En effet, quelle que soit la modernité du matériel roulant, celui-ci sera d'une faible rentabilité si l'infrastructure ferroviaire est mauvaise ou n'est pas construite selon les normes appropriées.

De nombreux ouvrages ont été édités sur la voie standard en Europe et aux États-Unis, ainsi que sur la voie large en Russie. Cependant, outre quelques publications dont certaines références sont données dans la partie bibliographique de ce livre, il n'existe pratiquement pas d'ouvrage complet sur la voie métrique.

C'est justement pour contribuer à combler ce vide que le présent ouvrage est proposé. En s'engageant dans sa rédaction, l'auteur s'est fixé comme objectif principal de mettre, à la disposition des ingénieurs, des informations susceptibles de les orienter dans les décisions de modernisation des voies métriques.

Ce livre est une extension des différents cours que l'auteur a dispensés pendant la période allant de 1987 à 1996 à l'Ecole supérieure africaine des cadres de chemin de fer et de gestion des transports (ESACC-GT) de Brazzaville (Congo), aussi bien dans les cycles de professionnalisation que dans les perfectionnements techniques organisés par cette institution de formation ferroviaire de l'Afrique centrale et de l'ouest, créée par l'Union africaine des chemins de fer avec l'appui de la Coopération française et du gouvernement de la République du Congo.

L'auteur s'est beaucoup inspiré des ouvrages *La voie ferrée* et *Le rail* de Jean Alias, ancien directeur de l'équipement de la SNCF et des communications sur les études de tracé et la réalisation des lignes nouvelles faites par ce dernier lors du séminaire de formation continue organisé en novembre 1980 à Pointe-Noire (République du Congo), conjointement par l'Agence transcongolaise des communications et l'École nationale des ponts et chaussées de Paris, sous le haut patronage de l'Union africaine des chemins de fer, ainsi que des conférences qu'il a animées à l'ESACC-GT de Brazzaville au cours de la session de professionnalisation de l'année académique 1987-1988.

Des références sont faites au livre de V.A Profillidis (Railway Engineering) et aux ouvrages sur la voie ferrée du professeur G.M. Chahouniants dont l'auteur a bénéficié des enseignements alors étudiant à la faculté de construction ferroviaire à l'Université d'État de transport

---

[2] Il existe d'autres solutions, notamment le transbordement des marchandises ou les systèmes de changement automatique d'écartement tels que [31] : Talgo et CAF (Espagne), SUW (Pologne) et DBAG/Rail Type 5 (Allemagne).

ferroviaire de Moscou (MIIT), et du professeur Mme T.G. Yakovléva, qui a assuré la direction de sa thèse de doctorat, soutenue en juin 1983, dans la même université.

Les articles de Serge Montagné et Claude Chenuc sur les paramètres de tracé de voie métrique, ainsi que certains règlements de l'UIC, des notices générales des Chemins de fer français et des publications d'éminents spécialistes internationaux, en voie ferrée, ont constitué des références de choix dans cet ouvrage.

Ce livre est consacré principalement aux aspects du génie civil du chemin de fer. À la différence de beaucoup de manuels, essentiellement théoriques, un accent est mis dans cet ouvrage sur l'aspect pratique. Aussi, certains chapitres contiennent, outre une analyse théorique concise du phénomène étudié, des courbes, des graphiques et dans beaucoup de cas des exemples concrets de calcul sont présentés sur les thèmes étudiés, facilitant ainsi le travail de l'ingénieur.

Le premier chapitre donne un bref aperçu sur le phénomène d'interaction voie-véhicule ferroviaire, dont l'étude permet notamment de définir les normes et tolérances dans la construction et l'entretien des organes de roulement des véhicules et de la voie, et d'établir les conditions de circulation des trains en toute sécurité.

Le second chapitre, consacré à la plateforme ferroviaire, présente les dispositions récentes destinées à assurer à la fondation de la voie toute la portance nécessaire, ainsi que les aménagements indispensables à réaliser en fonction de cette portance, afin d'éviter des désagréments ultérieurs.

Ce chapitre aborde également le problème des assainissements longitudinaux qui conditionnent la stabilité de la plateforme, ainsi que celui de l'assainissement transversal. Les exemples de dimensionnement des fossés longitudinaux de plateforme et des buses métalliques résultent des cas concrets réalisés en zone tropicale dans le cadre des travaux d'amélioration du tracé du chemin de fer Congo-Océan, entre Bilinga et Dolisie, en République du Congo.

Le troisième chapitre traite naturellement des éléments constitutifs de la superstructure de la voie. À cet effet, une approche pour le choix du poids des rails à adopter est présentée. En courbe de faible rayon et soumis à une forte usure latérale des rails, ainsi que sur les lignes minières à forte charge par essieu, il est rappelé la nécessité de poser, dans la mesure du possible, des rails de nuance plus élevée que celle des rails de qualité courante.

Une comparaison des différents types de traverses est présentée. Par ailleurs, un accent particulier est mis sur les caractéristiques du ballast et sur la nécessité d'un bon dimensionnement de la couche « ballast + sous-ballast », afin d'éviter le phénomène de dégradation de la plateforme.

Le quatrième chapitre porte sur le comportement de la voie sous l'action des charges verticales. Outre les notions de calcul statique qui y sont rappelées, le calcul dynamique de la voie occupe une bonne place dans ce chapitre. Ce calcul dynamique permet notamment de déterminer, d'une manière pratique, les contraintes dynamiques dans le rail et les pressions exercées sur la traverse, dans le ballast et sur la plateforme, rendant ainsi possible la vérification de la résistance des éléments de la voie. En effet, le taux de travail des différents éléments qui constituent la chaîne de transmission des efforts exercés par les véhicules doit rester en tout élément de la voie et à tout moment inférieur au taux limite de rupture – ou de fatigue – du matériau constitutif de l'élément considéré [1].

La base théorique du calcul dynamique de la voie, exposée dans cet ouvrage, repose sur la « méthode pratique » des chemins de fer russes pour la voie large, dont la fiabilité est reconnue suffisante pour les vitesses des trains jusqu'à 120 km/h [106]. Les essais réalisés par l'Institut de recherche scientifique de transport ferroviaire (VNIIJT, en russe) du ministère des Chemins de fer de la Russie sur la circulation des wagons de voie d'écartement de 1,520 m sur voie d'écartement de 1,067 m, ont permis d'établir la possibilité d'utilisation de cette méthode sur la voie métrique [105].

Le cinquième chapitre est dédié aux paramètres de tracé de voie. La construction du tracé en plan, du profil en long et des profils en travers, ainsi que la rectification des courbes par la méthode des flèches et le principe de calcul de cubatures des terrassements pour l'exécution d'un projet d'infrastructure ferroviaire, y sont rappelés.

Dans le sixième chapitre consacré à la pose de la voie, l'accent est mis particulièrement sur la notion de dévers ou surhaussement qui, avec le tracé en plan et le profil en long mentionnés au chapitre V, constituent des éléments dont l'amélioration contribuent à l'augmentation des vitesses des trains.

Le chapitre VII traite de manière succinte des efforts transversaux exercés par les véhicules sur la voie. Les phénomènes de déripage (déraillement du véhicule provoqué par une déformation du châssis de voie) et de déraillement pur (montée de la roue sur le rail), sont examinés dans ce chapitre.

Le huitième chapitre est spécialement dédié à la détermination des résistances de la voie non-chargée (par les véhicules) soumise aux efforts thermiques. Ces résistances sont essentielles pour l'étude du comportement des longs rails soudés sous l'effet des variations de température.

Les longs rails soudés (L.R.S.), contenus dans le neuvième chapitre, occupent une place importante dans cet ouvrage, car ils constituent un des axes importants dans la modernisation de l'infrastructure ferroviaire. Les données des résistances de la voie non-chargée, objet du huitième chapitre, ainsi que la méthode de calcul de stabilité des L.R.S. présentée dans ce chapitre, sont les résultats des travaux de recherche réalisés sur la voie métrique dans le cadre de la thèse de doctorat de l'auteur.

La définition de l'intervalle de fixation des L.R.S., du dispositif de dilatation à joints multiples aux extrémités des L.R.S., de la longueur admissible des barres avec compression aux abouts, ainsi que la libération et l'homogénéisation des contraintes dans les L.R.S., sont décrites dans cet ouvrage. Le cas spécifique de la libération des contraintes dans les L.R.S. par utilisation des tendeurs hydrauliques fait l'objet de l'annexe II de l'ouvrage.

Le dixième chapitre est dédié aux appareils de voie ; une description succincte des différentes parties constitutives de ceux-ci y est faite. La méthodologie d'implantation d'un branchement simple est également rappelée.

Le onzième chapitre est dévolu aux aspects généraux de la maintenance de la voie. Les différentes rubriques de la maintenance sont présentées, notamment l'entretien courant et les renouvellements. Le cas particulier de l'entretien des longs rails soudés y est également traité. Les aspects relatifs à la programmation de l'entretien et à la mécanisation de la maintenance de la voie sont abordés.

Le douzième chapitre présente les principaux éléments d'étude de tracé d'une infrastructure ferroviaire. Les différentes phases depuis les études préliminaires jusqu'à l'étude du tracé au 1/1000, en passant par les études d'avant-projet, y sont décrites.

L'auteur exprime ses sincères remerciements à M. J.P. LOUBINOUX, directeur général de l'Union internationale des chemins de fer (UIC), pour la préface qu'il a bien voulu rédiger pour ce livre, et pour les échanges de vues qu'ils ont eus à propos de certains sujets.

Que M. Laurent MALANDA, ingénieur en chef au Chemin de fer Congo-Océan (CFCO), qui a bien voulu relire les matières des chapitres relatifs aux appareils de voie et à la maintenance de la voie, trouve ici l'expression de ma particulière reconnaissance.

Puisse, à travers cet ouvrage, être honorée la mémoire du Sénégalais Adama DIAGNE, ancien secrétaire général honoraire de l'Union africaine des chemins de fer, ancien conseiller technique supérieur à l'Union internationale des chemins de fer, pour son entier dévouement en faveur du développement du transport ferroviaire en Afrique, et pour l'appui multiforme qu'il n'a cessé de m'apporter au cours des moments importants de ma carrière internationale.

Il ne reste plus qu'à exprimer le souhait que cet ouvrage contribue utilement à la formation et à l'instruction des cadres de la voie dans les réseaux métriques.

Et comme rien n'est absolu et permanent en matière de connaissance, tous les avis et commentaires de la part des lecteurs seront les bienvenus.

Dr. Bernard ZOBA

CHAPITRE I
BREF APERÇU SUR L'INTERACTION DE LA VOIE ET DU MATÉRIEL ROULANT

1.1. Rôle et constitution de la voie

Le rôle de la voie ferrée est d'assurer en toute sécurité et confort le passage en vitesse des véhicules de chemin de fer.

La voie ferrée classique (photo 1) comporte deux rails dont l'inclinaison et l'écartement sont maintenus par des traverses reposant sur une épaisseur variable de ballast en principe isolé de la plateforme par une sous-couche [1] [8], comme le montre la figure 1.1 [2].

Photo 1 (Source : CFCO)

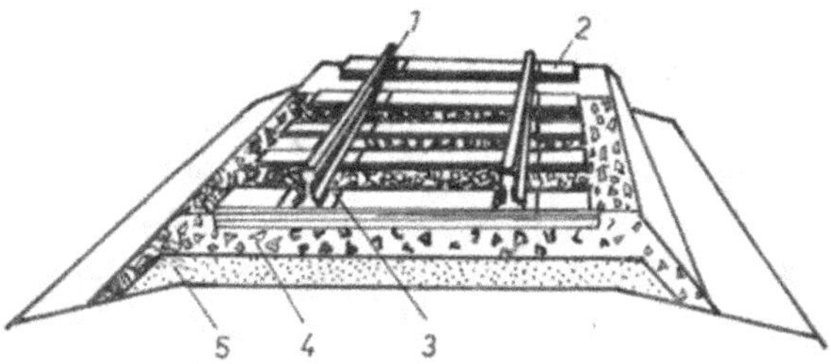

Fig. 1.1. Éléments constitutifs de la superstructure de la voie [2]
1- rail ; 2- traverse ; 3- attache ; 4- ballast ; 5-sous-ballast (sous-couche)

Les rails, les traverses et leurs attaches, le ballast, la sous-couche et les appareils de voie constituent la *superstructure* de la voie, tandis que la plateforme et les ouvrages d'art (ponts, tunnels, buses, murs de soutènement etc.) constituent l'*infrastructure* de la voie [2].

La voie ferrée réalise la fonction de *guidage* des véhicules ferroviaires, c'est-à-dire que le système mécanique qu'elle constitue asservit le véhicule à une trajectoire déterminée [5]. Comme tout système asservi, les liaisons ainsi créées sont génératrices d'efforts appliqués réciproquement à la voie et au véhicule [5].

Du fait du guidage précis des rails, la marche des trains ne dépend que d'un seul degré de liberté [1] (en comparaison avec les automobiles qui dépendent de deux degrés de liberté [4]), d'où une grande aptitude du chemin de fer à l'automatisation, ce qui permet une amélioration considérable des performances et du prix de revient [5].

La voie ferrée permet, grâce au contact métal-métal, d'obtenir une résistance au roulement très faible, moins de 3 kg par tonne remorquée [1], ce qui permet de remorquer des charges élevées avec un nombre réduit d'engins de traction, et au prix d'une faible consommation d'énergie. Cette faible résistance au roulement entraîne, en contrepartie de l'avantage précité, des distances de freinage croissant rapidement avec la vitesse, d'où la nécessité d'une signalisation de plus en plus élaborée.

Si la voie ferrée, née en 1825 (avec l'ouverture en Angleterre de la ligne Stockton-Darlington) ne s'est pas modifiée dans son principe, de profondes modifications de ses éléments constitutifs ont été réalisées pour les rendre aptes à la circulation des trains de plus en plus lourds et de plus en plus rapides ; l'objectif est d'assurer ces performances dans les meilleures conditions de sécurité et de confort.

Le bon fonctionnement de la voie ferrée impose que le taux de travail des différents éléments qui constituent la chaîne de transmission des efforts exercés par les véhicules reste, en tout élément de la voie et à tout moment, inférieur au taux limite de rupture - ou de fatigue – du matériau constitutif de l'élément considéré [5].

C'est bien ce que réalise la voie ferrée dans laquelle, les contraintes exercées par le contact rail-roue sont transmises, après une considérable réduction, au sol porteur [5]. En effet, au fur et à mesure que l'on descend du point de contact direct voie-véhicule sur la surface du champignon du rail, la pression se répartit progressivement sur une surface plus grande et au contact de la plateforme, se répartit uniformément à un niveau compatible avec le sol de cette dernière, dans l'ordre de 0,8 à 1 kg/cm^2 (Fig.1.2) [2].

En conséquence, on enregistre un affaiblissement des contraintes de l'ordre de plusieurs milliers de fois entre le point de contact sur la surface de roulement du rail où la charge dynamique de la roue est appliquée et la plateforme (Fig.1.2.).

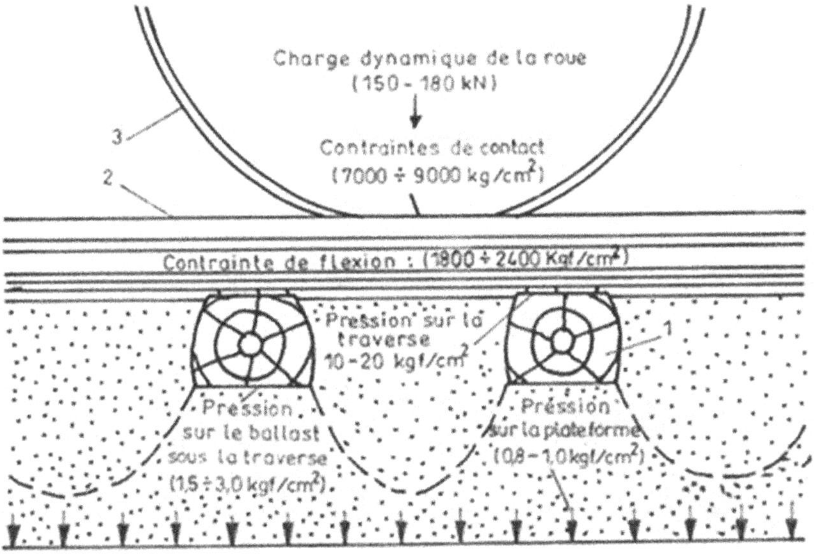

Fig. 1.2. Exemple de schéma de transmission de la charge d'une roue à la plateforme [2]
1 – traverse ; 2 – rail ; 3 – roue

L'étude du phénomène d'interaction voie-véhicule permet de définir, de manière justifiée, les normes et tolérances dans la construction et l'entretien des organes de roulement des véhicules et de la voie et, plus important encore, d'établir les conditions de circulation des trains en toute sécurité à grandes vitesses [3].

Il convient de mentionner que dans le domaine d'interaction voie-véhicule, la charge par essieu, la charge totale annuelle et la vitesse constituent les paramètres fondamentaux dans l'étude des efforts et de la fatigue supportés par la voie [8].

1.2. L'essieu ferroviaire

1.2.1. Caractéristique de l'essieu ferroviaire

Dans l'essieu « type chemin de fer », les roues font corps avec l'essieu et tournent avec lui.

L'essieu monté est composé de l'*essieu-axe* et de deux roues tel que représenté à la figure 1.3. Les roues peuvent être bandagées ou monoblocs,

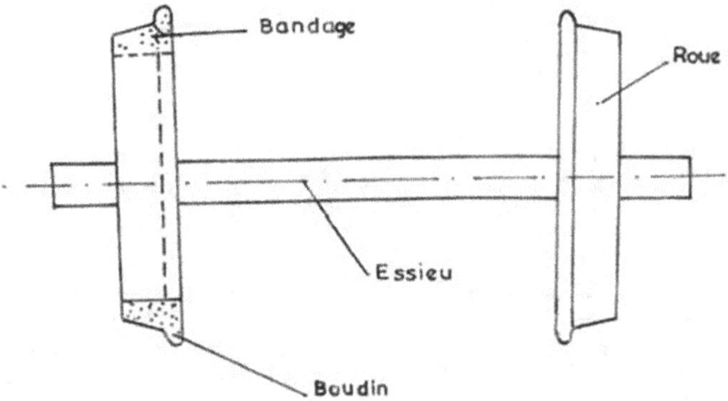

Fig. 1.3. L'essieu ferroviaire

Le *bandage* de la roue est un anneau en acier qui comprend le bandage proprement dit, sur lequel s'effectue le roulement, et le *boudin* (partie renflée) destiné à maintenir l'essieu entre les deux rails (Fig.1.4).

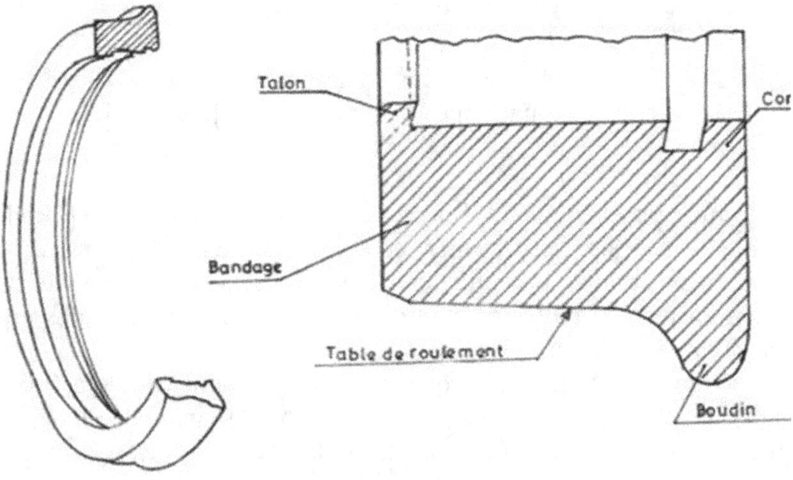

Fig. 1.4. Coupe transversale d'un bandage

L'essieu doit respecter des cotes précises pour pouvoir circuler sur une voie. Les limites de ces cotes sont comprises entre 1 410 mm et 1 426 mm pour la voie standard [1], mesurées dans le plan situé à 10 mm au-dessous des cercles de roulement, eux-mêmes sur la surface de roulement des roues, à une distance de 70 mm des flans intérieurs (Fig. 1.5). Ces valeurs sont comprises entre 1 042 mm et 1 055 mm pour la voie de 1 067 mm, et entre 970 mm et 986 mm pour la voie de 1 000 mm.

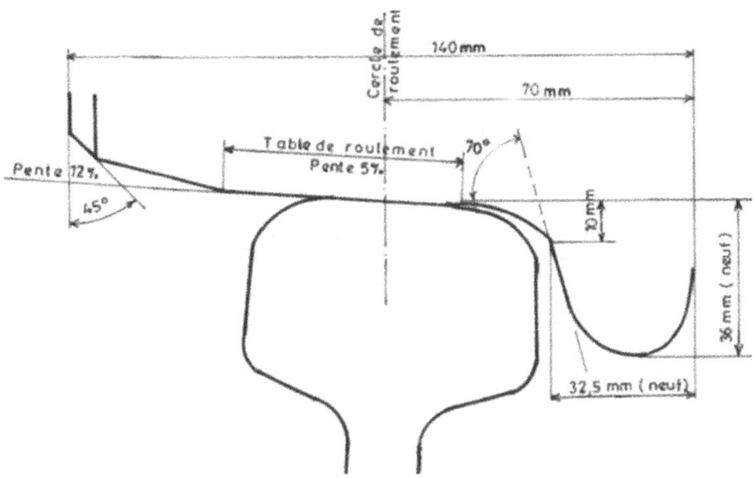

Fig. 1.5. Position d'un bandage sur un rail

L'écartement de la voie, mesurée en général à la cote, 14 mm [10] sous le plan de roulement (15 mm en France [1] et sur certains réseaux africains), varie par construction, puisque dans les courbes on admet une surlargeur sur la valeur théorique pour permettre l'inscription en courbe des véhicules à long empattement. À cette marge de construction, il faut ajouter des tolérances d'entretien variables suivant la catégorie de ligne comme nous le verrons au paragraphe 6.4 du chapitre VI.

En cours d'exploitation, le profil transversal de la roue change de forme ; il se produit une usure latérale du boudin. Cette usure peut être telle qu'une arête mordante se forme vers le bas (Fig. 1.6) ; il s'agit du « boudin tranchant » qui augmente considérablement l'usure latérale des rails par chanfreinage et qui doit être révisé dès que l'inclinaison du flanc intérieur du boudin atteint 14° par rapport à la verticale (valeur normale 20°).

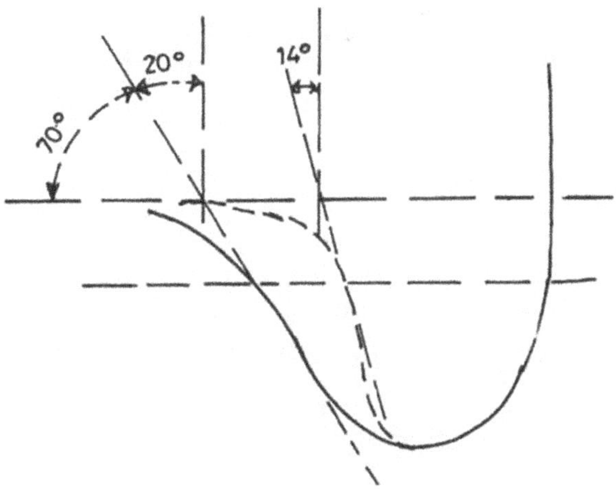

Fig. 1.6. Usure d'un boudin

1.2.2. Conicité des bandages

La solidarité des deux roues d'un même essieu impose une conicité, en général, de 1/20 (dans certains cas de 1/40) de la surface de roulement. Le but de cette conicité est de recentrer l'essieu dans l'axe de la voie en cas de sollicitation tendant à l'en écarter [5].

Dans la position médiane statique de l'essieu dans la voie, chaque roue repose sur le rail comme montré sur la figure 1.5. En raison de la conicité de la surface de roulement, les rails sont également posés sur les traverses avec une inclinaison de 1/20 ou 1/40 (Fig. 1.7) [4] de façon à limiter leur déversement sous l'action des efforts exercés par la roue.

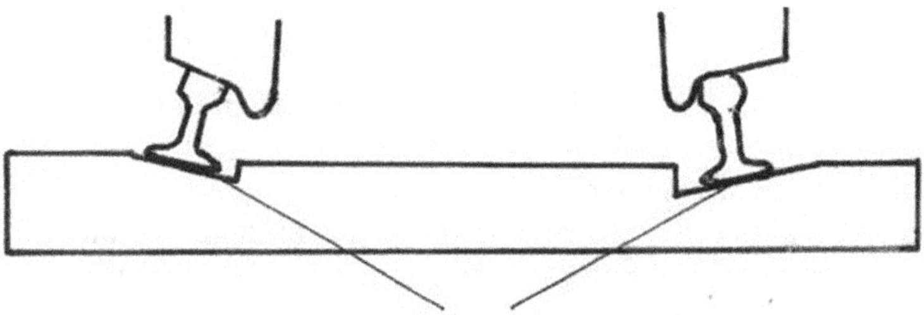

Fig. 1.7. Inclinaison des rails sur la traverse [4]

De part et d'autre de cette position médiane, l'essieu peut, dans un mouvement de lacet, occuper diverses positions limitées par le jeu qui résulte de la pose et des tolérances de la construction et d'entretien de l'essieu et de la voie [1].

1.3. Contact rail-roue

Le mouvement de la roue guidée par les deux rails constitue une caractéristique fondamentale de la voie ferrée comme nous l'avons évoqué précédemment.

Lorsqu'une roue circule sur un rail, le contact se fait par une petite surface de forme elliptique [1] [121]. Cette surface de contact se crée par suite des déformations élastiques de la roue et du rail dans la zone de contact avec pour conséquence l'apparition des contraintes très élevées dans le métal du rail, dont les plus importantes se développent dans les rails neufs sans usure, et se répartissent en profondeur du champignon [3].

La question de la détermination des contraintes de contact entre le rail et la roue sera traitée au paragraphe 4.4 du chapitre IV.

1.4. Oscillations transversales de la roue le long du rail

L'essieu ferroviaire peut être assimilé à un dicône (Fig. 1.8) [1] [4], figure géométrique constituée par deux cônes symétriques accolés par la base, d'angle au sommet γ égal à l'inclinaison des boudins (tgγ = 1/20 ou 1/40). Cette conception de l'essieu « chemin de fer », avec ses roues fixes assimilables à un dicône, tend à stabiliser l'essieu vers la position médiane définie précédemment.

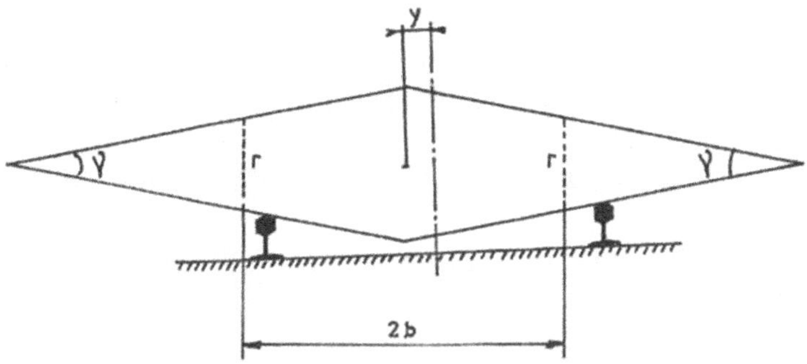

Fig. 1.8. Simulation d'un essieu ferroviaire par un dicône [1] [4]
tgγ = 1/20 ou 1/40
γ : déplacement transversal du centre de gravité du dicône par rapport à l'axe de la voie ;
r : rayon moyen de la roue (cercle de roulement du dicône en position moyenne).
2b : distance entre les deux cercles de roulement moyens.

Suite à la conicité de la surface de roulement, la roue suit un mouvement sinusoïdal de lacet le long du rail. Le jeu existant entre les rails et les boudins de roue offre aux véhicules des possibilités de déplacements latéraux qui provoquent le mouvement sinusoïdal du lacet du véhicule ferroviaire, auxquels s'opposent essentiellement les forces de contact rail-roue [1].

En définitive, la conicité effective est un paramètre essentiel du système roue-rail.

1.5. Efforts générés par les mouvements des véhicules ferroviaires

Les véhicules exercent sur la voie des efforts dans trois directions : longitudinale, verticale et transversale. On distingue ainsi [1] :

- Les efforts *longitudinaux :* Ces efforts sont essentiellement dus aux accélérations et freinages des trains. Les efforts longitudinaux sont pris en compte dans l'étude des ouvrages d'art[3].

[3] Dans le cas des L.R.S., la voie subit des efforts longitudinaux dus à des variations de température (efforts thermiques) qui peuvent être considérés comme des efforts statiques sur les lignes ferroviaires.

- Les efforts *verticaux* : Ces efforts se composent du poids propre du véhicule rapporté à un essieu - *charge par essieu* -, ainsi que d'une série de surcharges dynamiques. La détermination de l'effort dynamique maximale probable fait intervenir l'utilisation de la théorie des probabilités et de la statistique mathématique comme nous le verrons au point 4.3.2 du chapitre IV. Les efforts verticaux sont critiques pour le dimensionnement des différentes composantes de la superstructure de la voie et de la plateforme.
- Les efforts *transversaux* : Ces efforts ont une influence sur la sécurité de circulation des trains et peuvent, sous certaines conditions, causer le déraillement des trains. Nous aborderons la question des efforts transversaux au chapitre VII.

1.6. Classification des lignes en groupes UIC selon les caractéristiques du trafic

Différents types de véhicules ferroviaires circulent sur la voie ferrée : voitures des voyageurs, wagons des marchandises, locomotives de ligne, locomotives de manœuvre, etc. La somme algébrique des charges des véhicules ne peut pas donner une image fidèle de la charge roulante, parce qu'elle ne tient pas compte de la manière par laquelle la charge est appliquée, de la vitesse, etc. Aussi, un paramètre mieux élaboré, donnant une estimation fidèle de la charge de trafic qui passe sur la voie, est nécessaire [4].

C'est ainsi que l'Union internationale des chemins de fer (UIC) a établi une classification des voies de lignes sur la base d'un trafic fictif T_{f2} [68] calculé d'après la formule :

$$T_{f2} = S \cdot T_{f1} \quad (1.1)$$

Dans cette formule, T_{f1} désigne un tonnage théorique dont l'expression est la suivante [68] :

$$T_{f1} = T_v + K_m \cdot T_m + K_t \cdot T_t \quad (1.2)$$

où

T_v : tonnage journalier des voyageurs en tonnes brutes remorquées ;

T_m : tonnage journalier des marchandises en tonnes brutes remorquées ;

T_t : tonnage journalier des engins de traction en tonnes ;

K_m : coefficient normalement égal à 1,15, et pour les voies supportant un trafic prépondérant d'essieux de 20 tonnes, 1,30 ;

K_t : coefficient égal à 1,40 ;

S : coefficient de qualité de la voie :

S = 1,0 pour les lignes sans trafic-voyageurs ou comportant un trafic-voyageurs essentiellement local ;

S = 1,1 pour les lignes avec trafic mixte et $V_{max} \leq 120$ km/h ;

S = 1,2 pour les lignes avec trafic mixte et 120 km/h $< V_{max} \leq 140$ km/h ;

S = 1,25 pour les lignes avec trafic mixte et $V_{max} > 140$ km/h.

Les coefficients K_m et K_t tiennent compte à la fois de la charge et de l'agressivité des essieux.

Les voies des lignes ferroviaires sont classées, selon la valeur de leur trafic fictif journalier, en neuf groupes, selon les normes l'UIC ci-après [68], représentés à la figure 1.9 [4] :

Groupe 1		T_{f2}	$> 120\,000$
Groupe 2	$120\,000 \geq$	T_{f2}	$> 85\,000$
Groupe 3	$85\,000 \geq$	T_{f2}	$> 50\,000$
Groupe 4	$50\,000 \geq$	T_{f2}	$> 28\,000$
Groupe 5	$28\,000 \geq$	T_{f2}	$> 14\,000$
Groupe 6	$14\,000 \geq$	T_{f2}	$> 7\,000$
Groupe 7	$7\,000 \geq$	T_{f2}	$> 3\,500$
Groupe 8	$3\,500 \geq$	T_{f2}	$> 1\,500$
Groupe 9	$1\,500 \geq$	T_{f2}	

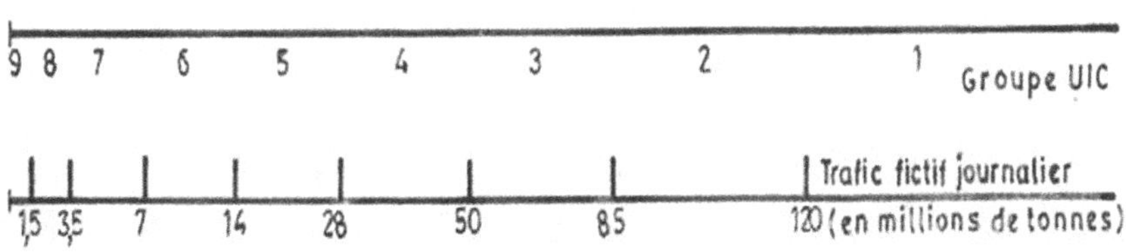

Fig. 1.9. Classification des voies des lignes en groupes UIC [4]

Dans le cadre de l'objectif de standardisation des spécifications techniques du matériel roulant, l'UIC [89] recommande, pour les voies métriques, une classification en fonction des différents environnements d'exploitation que l'on peut rencontrer sur ces voies. Nous mentionnerons ici les classes d'exploitation qui semblent présenter le plus d'intérêt :

Classe B1 : Exploitation des trains marchandises lourds jusqu'à 80 km/h et charge par essieu de 25 tonnes ;

Classe B2 : Exploitation des trains marchandises lourds jusqu'à 80 km/h et charge par essieu de 30 tonnes ;

Classe C : Exploitation des trains marchandises et voyageurs avec une vitesse comprise entre 60 et 100 km/h et charge par essieu jusqu'à 20 tonnes.

Les classes B1 et B2 sont beaucoup plus réservées au transport de masses telles que les minerais. La classe C est la configuration la plus commune sur les voies ferrées métriques [89]. Nous reviendrons sur ces classes d'exploitation dans les chapitres III et VI.

Avec des charges par essieu très élevées, le nombre de défauts de rails augmente considérablement et la voie exige de loin plus d'entretien [10].

CHAPITRE II
LA PLATEFORME DE LA VOIE

2.1. Importance et fonctions de la plateforme ferroviaire

On entend par *plateforme* la partie supérieure des déblais ou des remblais sur laquelle est posée la superstructure de la voie. Elle est particulièrement importante, en assurant que la qualité de la voie atteigne le niveau nécessaire requis pour la sécurité et le confort des trains.

La plateforme reçoit les charges statiques de la superstructure ainsi que les charges dynamiques du matériel roulant et les transmet à la base.

La plateforme est la « pièce maîtresse » de la voie ferrée [17], son élément porteur. On peut la considérer comme la fondation de la superstructure de la voie.

La plateforme ferroviaire doit remplir les fonctions suivantes [4] :

- permettre la circulation des trains voyageurs et marchandises en toute sécurité aux vitesses prévues ;
- supporter les lourdes charges par essieu imposées par les trains marchandises ;
- minimiser les coûts d'entretien futurs de la voie.

La partie supérieure de la plateforme constitue la *couche de forme* pentée généralement en forme de toit à 4% pour la voie unique [25].

Dans le cas d'un remblai, la couche de forme est constituée soit du même sol que le corps du remblai, soit d'un sol de meilleure qualité, mais qui se distingue dans le cas d'une voie neuve par un taux de compactage plus élevé [24] [25]:

- 95% de l'OPM (Optimum Proctor Modifié) sur une épaisseur minimale de 0,50 m pour la couche de forme ;
- 90% de l'OPN (Optimum Proctor Normal) pour le corps de remblai.

Dans le cas d'un déblai, la couche de forme est obtenue par profilage du fond de fouille lorsque le terrain en place a une compacité suffisante, soit par l'apport d'un sol de qualité supérieure compacté à 95% de l'OPM sur une épaisseur minimale de 0,30 m [7] [25]. La couche de forme est en général en latérite ou en graveleux.

2.2. Classification des plateformes du point de vue de la portance

2.2.1. Nécessité d'un classement des plateformes

L'intensité des sollicitations répétées exercées sur la plateforme doit être compatible avec la capacité de portance de cette dernière [5] [7]. Pour éviter le phénomène de dégradation de la plateforme, il y a lieu notamment [115] [69] :

- de connaître la qualité de la plateforme ;
- de dimensionner correctement l'épaisseur « ballast + sous-couche » (voir point 3.4.3 du chapitre III.) pour permettre d'obtenir au niveau de la partie supérieure de la plateforme des sollicitations de valeurs admissibles, compte tenu de l'indice de portance du sol.

Il est donc important d'effectuer un classement de la plateforme. À cet effet, il convient, conformément au code UIC 719 R [24] :

- tout d'abord d'apprécier la classe de qualité de chaque sol composant la plateforme,
- puis d'apprécier la classe de portance de la plateforme complète : couche de forme + sol sous-jacent.

2.2.2. Classes de qualité des sols

La qualité d'un sol dépend des deux paramètres ci-après [24] :

- la nature géotechnique du sol ;
- les conditions hydrogéologiques et hydrologiques locales. Ces conditions, pour ce qui concerne l'influence sur la portance des sols, sont réputées bonnes si :

    - la couche supérieure du sol considéré est hors de toute nappe naturelle (niveau de cette dernière mesuré avant toute opération de rabattement complémentaire en période climatique défavorable) ;
    - la plateforme n'est pas le siège de percolations naturelles nocives transversales, longitudinales ou verticales ;
    - les eaux de pluie sont évacuées correctement de la plateforme et les dispositifs longitudinaux ou transversaux d'assainissement sont en bon fonctionnement.

Si l'une au moins de ces trois conditions n'est pas remplie, les conditions hydrogéologiques et hydrologiques sont réputées mauvaises.

On distingue, selon que les conditions ci-avant sont bonnes ou mauvaises, les quatre classes de qualité QSi de sols présentées dans le tableau 2.1 qui peuvent s'interpréter de la façon suivante [24] [6] :

- QS0 : Sols impropres à la réalisation correcte des couches d'assise sus-jacentes. La solution est alors recherchée dans une opération de terrassement (purge ou curage). Ces sols ne sont pas pris en compte pour le dimensionnement des couches d'assise et des couches de forme ;
- QS1 : Sols mauvais, mais acceptables tels quels, dont on doit toujours se préoccuper du bon drainage. Ces sols peuvent éventuellement être transformés en sols de qualité meilleure par un traitement approprié (traitement aux liants, par exemple) ;
- QS2 : Sols moyens ;
- QS3 : Bons sols.

Tableau 2.1. Classes de qualité des sols [24]

Classification des sols (Identification géotechnique)	Classe de qualité des sols
0.1 Sols meubles organiques 0.2 Sols fins (comportant plus de 15 % de fines (1), foisonnés, humides et donc non compactables). 0.3 Sols thixotropes (2) (quick-clay par exemple). 0.4 Matériaux solubles (par exemple sol contenant du sel gemme ou du gypse). 0.5 Matériaux polluants (déchets industriels polluants, par exemple). 0.6 Sols mixtes «minéraux-organiques» (2).	QS0
1.1 Sols comportant plus de 40 % de fines (1). 1.2 Roches très évolutives par exemple : - Craies de $\rho d < 1{,}7\ t/m^3$ et de friabilité forte - Marnes - Schistes altérés	QS1
1.3 Sols comportant de 15 à 40 % de fines (1) 1.4 Roches évolutives par exemple : - Craies de $\rho d < 1{,}7\ t/m^3$ et de friabilité faible - Schistes non altérés 1.5 Roches tendres par exemple si Deval sec < 6 et Los Angeles > 33	QS1 (3)
2.1 Sols comportant de 5 à 15 % de fines (1) 2.2 Sables comportant moins de 5 % de fines (1) mais uniformes 2.3 Roches moyennement dures par exemple si $6 \leqslant$ Deval sec < 9 et $33 \geqslant$ Los Angeles > 30	QS2 (4)
3.1 Sols comportant moins de 5 % de fines (1) 3.2 Roches dures par exemple si Deval sec $\geqslant 9$ et Los Angeles $\leqslant 30$	QS3

(1) Les analyses granulométriques permettant d'évaluer ces pourcentages sont effectuées sur les passants à 60 mm. Les pourcentages indiqués ici sont des ordres de grandeur (les règles en usage diffèrent quelque peu suivant les Réseaux); ils peuvent être majorés d'une quantité pouvant atteindre 5 % sous réserve que les analyses portent sur un nombre d'échantillons suffisamment représentatif.

(2) Certains Réseaux placent ces sols dans certains cas en classe de qualité QS1.

(3) Ces sols peuvent être de qualité QS2 si l'on sait avec certitude que les conditions hydrogéologiques et hydrologiques sont bonnes.

(4) Ces sols peuvent être de qualité QS3 si l'on sait avec certitude que les conditions hydrogéologiques et hydrologiques sont bonnes.

2.3. Classes de portance des plateformes

La portance d'une plateforme dépend [24] [6] :

- de la qualité du sol constituant le corps de remblai ou du sol en place du fond de déblai ;
- de la qualité et de l'épaisseur de la couche de forme (lorsque cette dernière existe).

On distingue, en fonction des paramètres ci-avant, les trois classes de portance de plateformes suivantes [24] [6] :

- P1 : Plateforme mauvaise ;
- P2 : Plateforme moyenne ;
- P3 : Plateforme bonne.

Le tableau 2.2 permet de déterminer la classe de portance de la plateforme [24].

Tableau 2.2. Détermination de la classe de portance de la plateforme [24].

Classe de qualité du sol support	Classe de portance envisagée pour la plateforme	Couche de forme à mettre en œuvre pour obtenir cette classe de portance	
		Qualité	Epaisseur minimale en mètre
QS1	P1	QS1	–
	P2	Sol fin traité aux liants	0,30
	P2	QS2	0,55
	P2	QS3	0,40
	P3	QS3	0,60
QS2	P2	QS2	–
	P3	QS3	0,40
QS3	P3	QS3	–

La figure 2.1 définit, en fonction de la classe de portance de la plateforme, les différents aménagements à prévoir, à savoir [6] [7] :

- Sur la plateforme bonne :
  une simple couche de sous-ballast en grave propre bien graduée 0/31,5 mm [8] (c'est-à-dire dont les grosseurs de grains vont de 0 à 31,5 mm), comportant au moins 30% de concassé, compactée à 100% OPN ;
- Sur la plateforme moyenne :
  une couche sous-ballast
  + une couche de fondation en grave propre bien graduée, compactée à 100% OPN ;
  + un géotextile.
- Sur la plateforme mauvaise :
  une couche de sous-ballast ;
  + une couche de fondation ;
  + une couche anti-contaminante en sable propre ;
  + un géotextile.

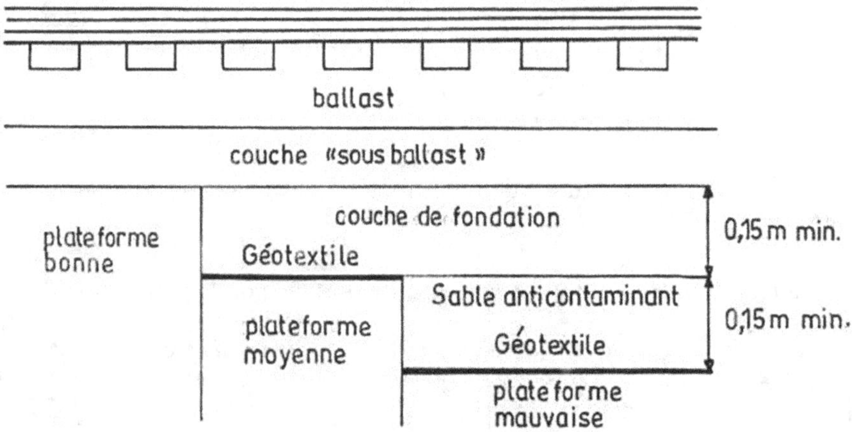

Fig. 2.1. Constitution des couches d'assise suivant la classe de portance de la plateforme [6] [7]

On notera que la couche « sous-ballast » existe dans tous les cas, même sur les plateformes rocheuses où elle sert de couche d'égalisation et où elle contribue à réduire la raideur de l'assise.

La couche de « fondation » (lorsqu'elle existe) permet la circulation des engins de chantiers (la couche « sous-ballast » étant mise en œuvre en fin de chantier, lorsque les travaux proprement dits sont terminés) [24].

La couche « anticontaminante » en sable évite la remontée des fines de la plateforme dans la sous-couche.

La question du dimensionnement de l'épaisseur globale « couche de ballast + sous-ballast » sera traitée au paragraphe 3.4.3 du chapitre III.

2.4. Classification des sols et roches en vue de leur réutilisation en remblai

Le tableau 2.3 [85] présente la classification qui s'applique à la réutilisation des sols tant en corps de remblai qu'en couche de forme.

Tableau 2.3. Aptitude des sols à la réutilisation en remblai [85]

Identification géotechnique
Sols non-réutilisables 0.1 Sols meubles organiques 0.2 Sols fins (comportant plus de 15 % de fines (1), foisonnés, humides et donc non-compactables) 0.3 Sols thixotropes (quick – clay par exemple) 0.4 Matériaux solubles (par exemple sol contenant du sel gemme ou du gypse) 0.5 Matériaux polluants (déchets industriels polluants, par exemple) 0.6 Sols mixtes "minéraux organiques" --- 1.1 Sols comportant plus de 40 % de fines (1) (lorsque ces sols sont très plastiques ou moyennement plastiques)
Sols réutilisables sous certaines conditions (teneur en eau, conditions climatiques, hauteur limitée de remblai, enveloppe de matériaux médiocres par un manteau de meilleure qualité, couches sandwich) : 1.1 Sols comportant plus de 40 % de fines (1) (lorsque ces sols sont peu plastiques) 1.2 Roches très évolutives par exemple : - Craies de $\rho_d < 1{,}7$ t/m^3 et de friabilité forte - Marnes - Schistes altérés --- 1.3 Sols comportant de 15 à 40 % de fines (1) 1.4 Roches évolutives par exemple : - Craies de $\rho_d < 1{,}7$ t/m^3 et de friabilité faible - Schistes non altérés 1.5 Roches tendres par exemple si Deval sec < 6 et Los Angeles > 33 --- 2.1 Sols comportant de 5 à 15 % de fines (1) 2.2 Sables comportant moins de 5 % de fines (1), mais uniformes
Sols toujours réutilisables : 2.3 Roches moyennement dures par exemple si 6 ≤ Deval sec < 9 et 33 ≥ Los Angeles > 30 --- 3.1 Sols comportant moins de 5% de fines (1) 3.2 Roches dures par exemple si Deval sec ≥ 9 : et Los Angeles ≤ 30

(1) Les analyses granulométriques permettant d'évaluer ces pourcentages sont effectuées sur les passants à 60 mm. Les pourcentages indiqués ici sont des ordres de grandeur (les règles en usage différent quelque peu suivant les réseaux) ; ils peuvent être majorés d'une quantité pouvant atteindre 5 % sous réserve que les analyses portent sur un nombre d'échantillons suffisamment représentatif.

Cependant, il y a lieu, pour les diverses applications, de limiter comme suit la grosseur des plus gros éléments :

- corps du remblai courant : D ≤ 600 mm et si possible ≤ ½ épaisseur des couches ;
- remblai derrière la maçonnerie d'ouvrages d'art mis en œuvre par couches minces en utilisant un petit compacteur : D ≤ 100 mm ;
- couche de forme en partie courante : D ≤ 200 mm.

Ce tableau détermine donc les sols réutilisables en tout temps, ceux qui sont à mettre en dépôt définitif et enfin ceux pouvant être employés suivant certaines conditions.

2.5. Profils en travers des plateformes en déblai et en remblai – Inclinaison des talus

On distingue généralement les trois principaux types de profils en travers des plateformes suivants indiqués sur la figure 2.2. [41] :

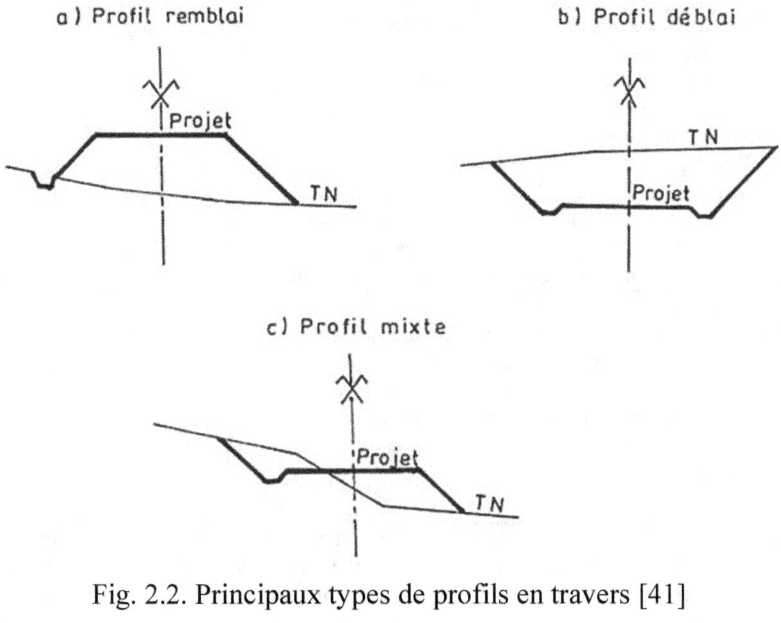

Fig. 2.2. Principaux types de profils en travers [41]

On utilise des profils en travers types et des profils en travers individuels. Les profils en travers types se subdivisent à leur tour en profils normaux et spéciaux [17].

Les profils en travers normaux sont utilisés en général sans calcul préalable, en relation avec les conditions locales déjà étudiées et connues.

Les profils spéciaux sont utilisés dans des conditions spéciales, par exemple en présence des sols rocheux, des marécages, etc.

Les profils individuels s'utilisent en cas de conditions topographiques, hydrologiques, géologiques difficiles, et lorsque la hauteur des talus est importante. Toutes les dimensions du profil sont alors déterminées sur la base des calculs concrets [17]. La photo 2 montre un exemple de profil individuel en déblai.

Photo 2 (Source : ATC)

L'inclinaison des talus s'exprime généralement par une fraction ayant pour numérateur la base horizontale et pour dénominateur la hauteur (Fig. 2.3) [41] ; c'est l'inverse de la pente qui s'exprime par la tangente. Les inclinaisons usuelles valent :

- en remblai : 3/2 ;
- en déblai : 1/4 dans le rocher, en général, et 1/3 dans les bonnes terres.

Mais, la pente est également utilisée. Conformément aux directives de l'UIC [24], en remblai, pour les sols utilisables selon le tableau 2.3 (paragraphe 2.4), on adopte généralement une pente dont la tangente est 1 :

1,5 ou 1 : 2. De plus, des bernes et banquettes de pied, etc. peuvent être nécessaires.

En déblai, les pentages varient selon la nature des terrains par exemple, en roche compacte non-évolutive et exempte de pendage et diaclasage défavorable : pente subverticale, mais avec piège à cailloux et bernes de largeur égale au 1/3 environ de la hauteur de chaque gradin ainsi constitué [24].

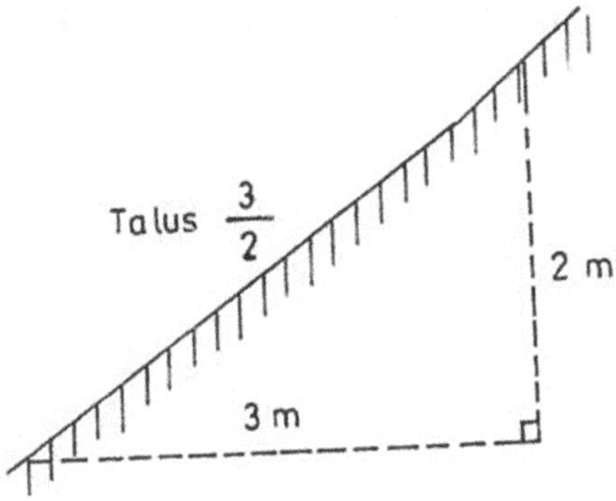

Fig. 2.3. Inclinaison des talus [41]

La figure 2.4 montre à titre d'exemple deux profils en travers spéciaux (profil mixte et profil en terrain rocheux) [90].

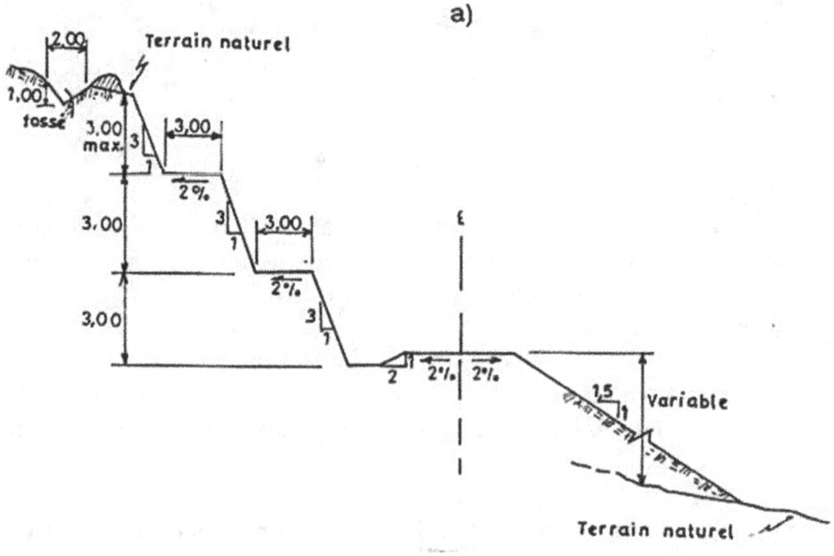

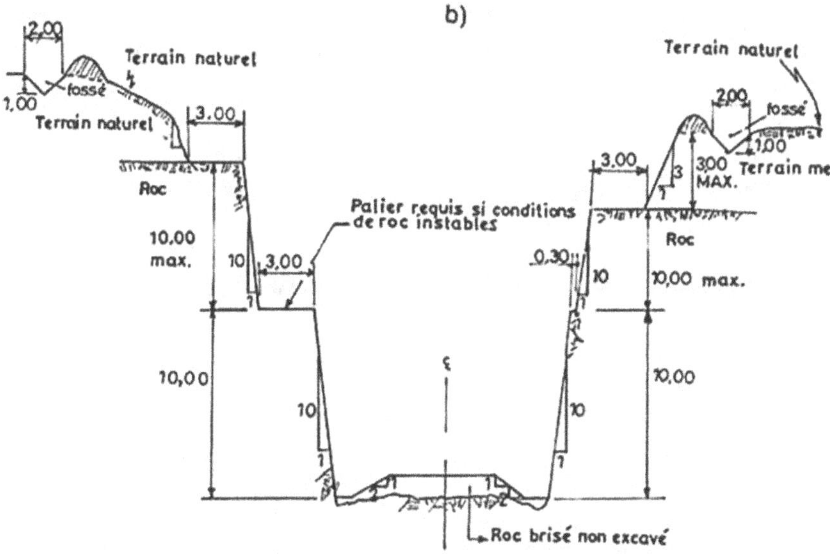

Fig. 2.4. Exemples de profils en travers spéciaux [90]

2.6. Evacuation des eaux

2.6.1. Assainissements longitudinaux

2.6.1.1. Importance des assainissements longitudinaux

Les assainissements longitudinaux conditionnent la stabilité de la plateforme ferroviaire. Un mauvais assainissement, se dégradant dans le temps, compromettra l'entretien ultérieur de la voie, donc la qualité et le confort des circulations ferroviaires [6].

Il est donc important d'évacuer au plus vite les eaux zénithales susceptibles d'arriver sur la plateforme. Pour cela, il est nécessaire [7] :

– de penter correctement dans le sens transversal, les interfaces « ballast – sous-ballast » et « sous-ballast – plateforme » vers les dispositifs d'assainissement longitudinaux (déblais) ou vers l'extérieur (remblais). La pente transversale ne doit pas être inférieure à 3% ; les recommandations de l'UIC sont de 4 à 6% [25] ;
- de dimensionner correctement les dispositifs d'assainissement longitudinaux en considérant par exemple les orages décennaux. Ce dimensionnement fait intervenir des notions d'hydrologie et d'hydraulique[4].

[4] L'hydrologie est la science qui traite de l'occurrence, de la distribution et de la circulation de l'eau sur notre planète [91]. L'hydraulique est la science qui traite des lois d'équilibre et du

Sur les voies métriques, l'assainissement longitudinal est généralement assuré par des fossés en terre de forme trapézoïdale ou plus rarement triangulaire [25]. Le recours aux fossés revêtus est réservé aux traversées de terrains instables ou érodables et conserve donc un caractère exceptionnel.

L'importance d'établir un réseau de drainage simplifié et efficace, et surtout d'en assurer un entretien régulier et un suivi, doit être bien perçue par les réseaux [25].

2.6.1.2. Dimensionnement des fossés longitudinaux de plateforme

2.6.1.2.1. Détermination du débit décennal du fossé

Le rôle des fossés longitudinaux est de collecter le ruissellement transversal venant de la plateforme, des talus de déblais ou remblais, éventuellement de la zone de déforestage et du terrain naturel, pour évacuer l'eau à l'extérieur de l'emprise. Les surfaces de drainage considérées sont de petites dimensions et sont constituées essentiellement par l'ensemble « plateforme–talus ». Dans ce contexte, on utilise la méthode dite « rationnelle » pour calculer les dimensions des fossés [87] [23].

Du point de vue de l'hydrologie, l'étude du dimensionnement se ramène essentiellement à la connaissance des intensités des averses, des surfaces drainées, à l'évaluation du coefficient de ruissellement et du temps de concentration.

Les données sur les averses sont obtenues dans des stations de météorologie. L'exploitation statistique des échantillons des pluies maximales journalières et des averses de fortes intensités disponibles sur plusieurs années, permettent de calculer notamment les éléments principaux suivants :

- *Pluie décennale* P_{10} (en mm) ou *centennale* P_{100} (en mm) de temps de retour 10 ans ou 100 ans ;
- *Relation* « *intensité-durée* » des pluies.

L'intensité I est la hauteur d'eau tombée dans l'unité de temps (mm/h) ; la durée est l'intervalle de temps qui s'écoule entre le début et la fin de la pluie observée. Le tableau 2.4 donne un exemple de la relation intensité-durée des pluies [90].

---

mouvement des liquides, ainsi que des modes d'application de ces lois à la résolution des problèmes pratiques [88].

Tableau 2.4. Exemple de relation « intensité-durée » des pluies [90]

Poste	Durée (mn)	Intensité maximale moyenne I (mm/h)
Maya – Maya	5	190
	10	170
	15	150
	20	135
	30	115
	40	104
	50	94
	60	81

Le débit décennal à évacuer peut ensuite être calculé par la formule suivante [88] [86] :

$$Q_{10} = C \cdot I \cdot A/3,6 = 0,2778\, C \cdot I \cdot A \qquad (2.1)$$

où :

Q_{10} : débit décennal, en m^3/s ;
C : coefficient de ruissellement. Le tableau 2.5 donne les valeurs du coefficient de ruissellement par nature de sol [86] ;
A : surface drainée, en km^2 ;
I : intensité de l'averse correspondant au temps de concentration T_c de la pluie sur la surface drainée ;

Le temps de concentration T_c est, dans un bassin versant, la durée la plus longue mise par une goutte pour parvenir à l'exutoire [130].

Tableau 2.5. Valeurs du coefficient de ruissellement [86]

Nature du sol	Coefficient de ruissellement C
Surface revêtue	0,95
Rocheux	0,90
Légèrement perméable dénudé	0,70
Partiellement cultivé ou couvert de végétation	0,50
Sol absorbant cultivé	0,40
Sol absorbant sableux	0,30
Grandes forêts	0,20
Plateforme ferroviaire (remblais, déblais)	0,40 – 0,50

Pour calculer le débit en un point donné, on prendra comme intensité celle qui correspond au temps de concentration [130].

Il existe différentes formules pour calculer le temps de concentration, mais en pratique, en terrain drainé urbain, le temps entre la chute de la goutte et le collecteur le plus proche est souvent évalué à 5 mn [130] ; ce qui est également le cas du temps de concentration de la surface réceptrice du déblai [87]. Nous en reparlerons au point 2.6.1.2.3.

2.6.1.2.2. Calcul hydraulique du fossé

Le débit décennal étant connu, le dimensionnement définitif du fossé peut s'effectuer ensuite par l'application des formules hydrauliques, en considérant le fossé comme un canal en régime d'écoulement uniforme.

En effet, si dans un canal la pente et la section sont constantes, la vitesse reste constante, l'écoulement est uniforme. Dans ce cas, le débit et la vitesse sont reliés par la formule suivante [132] :

$$Q = S \cdot V \tag{2.2}$$

où :

Q : débit dans le canal compte tenu de ses caractéristiques géométriques, en m^3/s ;
S : section mouillée du canal ;
V : vitesse moyenne d'écoulement.

En pratique, pour la détermination de Q, on utilise la formule de Manning-Strickler [88] :

$$Q = \frac{1}{n} \cdot S \cdot R^{2/3} \cdot \sqrt{i} \tag{2.3}$$

où

i : pente du fond du canal ;
R : rayon hydraulique ;
n : coefficient de rugosité des parois (Tableau 2.6.) ;
S : section mouillée du canal.

Tableau 2.6. Valeurs du coefficient de rugosité des parois [88]

Type de parois	Valeurs du coefficient de rugosité n
Sol lisse et imperméable	0,02
Terrain meuble	0,025 – 0,030
Savane plus ou moins dense	0,20 - 0,40
Forêt avec tapis végétal plus ou moins dense	0,60 - 0,80
Tuyaux en béton	0,013
Fossés en béton, fossés revêtus en maçonnerie	0,017
Fossé en terre non revêtu	0,025 - 0,030
Fossé roche	0,025 - 0,033
Buse en béton	0,013
Dalot en béton	0,017
Buse métallique sans radier	0,025
Buse métallique avec radier de protection	0,018

La figure 2.5 présente les principales sections transversales des canaux (trapézoïdale symétrique, triangulaire et rectangulaire) [132].

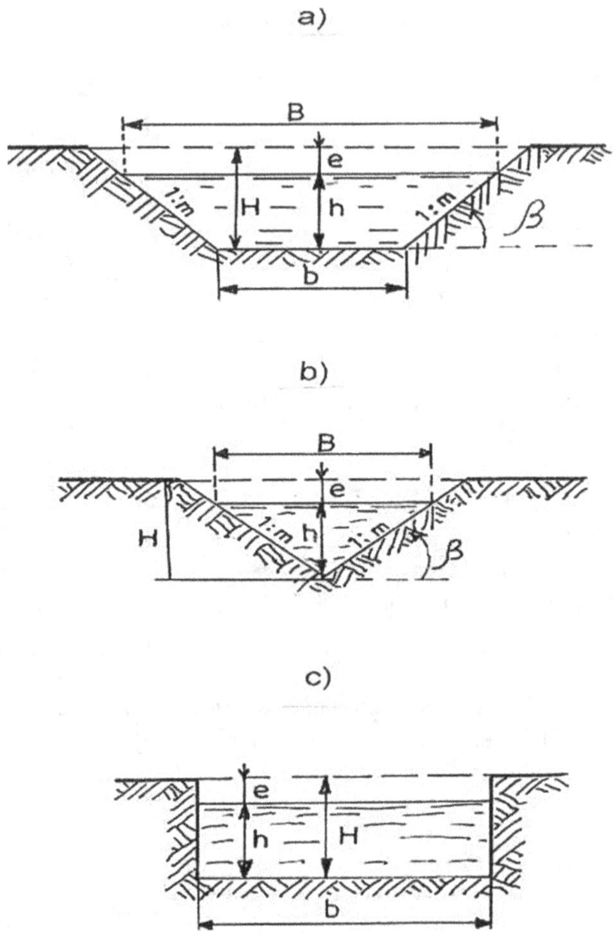

Fig. 2.5. Principales sections transversales des canaux [132]

Nous désignerons par :

h : hauteur d'eau au-dessus du fond ou tirant d'eau ;
H : profondeur maximale du fossé, avec H = 1,2 h [87] ;
b : largeur au plafond ;
e : revanche du fossé ; en moyenne e = 20% de h [87] ;
B : largeur à la surface libre ;
1: m : pente du talus ;
S : section mouillée du canal (portion de section transversale occupée par l'eau) ;
χ : périmètre mouillé (longueur de la ligne de contact entre la surface mouillée et le lit) ;
R : rayon hydraulique.

Le tableau 2.7 donne les éléments hydrauliques des différents canaux et leurs dimensions [131].

Tableau 2.7. Dimensions des éléments hydrauliques des canaux [131]

Section trapézoïdale	Section triangulaire	Section rectangulaire
$1{:}m = tg\beta$		
$B = b + 2mh$	$B = 2mh$	$B = b$
$S = (b+mh)h$	$b = 0$	$S = bh$
$\chi = b + kh$	$S = mh^2$	$\chi = b + 2h$
$k = 2\sqrt{1 + m^2}$	$\chi = 2h\sqrt{1 + m^2}$	
$R = \frac{S}{\chi}$		

Après avoir déterminé le débit maximal admissible Q du fossé par la formule 2.3, on le compare au débit décennal (formule 2.1). Si le fossé est bien dimensionné, on devra avoir $Q > Q_{10}$.

On calcule ensuite la vitesse d'écoulement du fossé à partir de la formule (2.2) et on la compare à la vitesse limite à ne pas dépasser pour éviter l'érosion, dont différentes valeurs sont données dans le tableau 2.8 [86] [88].

Tableau 2.8. Vitesses limites pour la sécurité contre l'érosion [88] [86]

Cours d'eau naturels	
Argile	0,25 m/s
Sable	0,50 m/s
Graviers	0,95 m/s
Schistes tendres	1,85 m/s
Roches litées	2,25 m/s
Roches dures	3,70 m/s
Ouvrages en béton ou métalliques	
Collecteur en béton, fossé revêtu	3 m/s
Ouvrages hydrauliques en béton	5 m/s
Buse métallique	3 m/s

2.6.1.2.3. Exemple d'application

Soit à dimensionner un fossé en terre non-revêtu de schistes tendres de forme trapézoïdale, aménagé le long d'une plateforme ferroviaire en déblai dont la surface réceptrice est représentée sur la figure 2.6 [87].

Les critères de dimensionnement sont les suivants :

- longueur de la surface réceptrice L = 400 m ;
- pente du fossé (pente moyenne d'écoulement) : i = 0,010 ;
- largeur au fond : b = 0,50 m
- pentes des berges : 1: m = 1:1,5
- profondeur du fossé : H = 0,60 m
- relation « intensité-durée » des averses : voir tableau 2.4 (point 2.6.1.2.1)

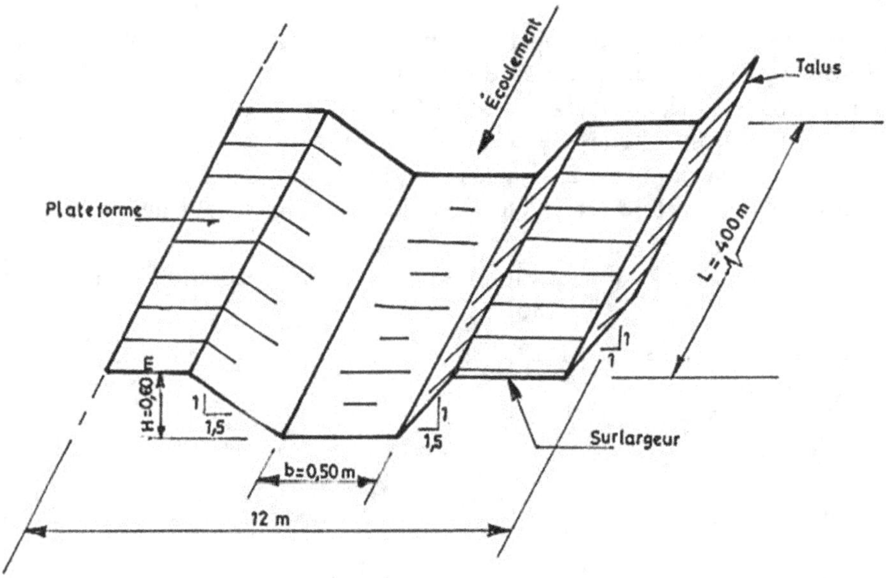

Fig. 2.6. Exemple de surface réceptrice de plateforme en déblai [87]

Déterminons tout d'abord le débit décennal du fossé. Le bassin versant est, dans ce cas précis, constitué par l'ensemble « plateforme- talus de déblai » comme indiqué sur la figure 2.6. Ce bassin versant étant de faible dimension, on utilise la méthode rationnelle.

Comme mentionné au point 2.6.1.2.1., le temps de concentration de la surface réceptrice du déblai peut être prise égale à 5 mn ; valeur par laquelle est évaluée, en pratique, en terrain drainé urbain, le temps entre la chute de la goutte et le collecteur le plus proche.

Nous prendrons donc, à partir du tableau 2.4, comme valeur d'intensité des averses, celle correspondant à $T_c = 5$ min, soit I = 190 mm/h.

Pour le calcul de la surface de drainage A (surface réceptrice de l'écoulement), la partie inclinée est prise égale à sa projection par rapport au plan horizontal. Aussi, connaissant la longueur d'écoulement (longueur réceptrice) égale à 400 m et sa largeur 12 m comme indiqué sur la figure 2.6, nous aurons : $A = 400 \times 12 = 4\,800\ m^2 = 0{,}0048\ km^2$.

Comme il s'agit d'une plateforme ferroviaire, nous prendrons pour valeur du coefficient de ruissellement : C = 0,4 (voir tableau 2.5). Le débit décennal sera donc :

$$Q_{10} = 0{,}2778 \cdot 0{,}4 \cdot 190 \cdot 0{,}0048 = 0{,}10\ m^3/s$$

Les éléments hydrauliques du fossé se présentent comme suit :

- tirant d'eau : $h = \frac{H}{1{,}2} = \frac{0{,}60}{1{,}2} = 0{,}50$ m.
- Section mouillée S : le fossé étant de forme trapézoïdale, nous avons (voir tableau 2.7) :

  $$S = (b+mh)h, \text{ soit } S = (0{,}50 + 1{,}5 \cdot 0{,}50)0{,}50 = 0{,}625\ m^2$$

- Périmètre mouillé $\chi = b + kh$

  avec $k = 2\sqrt{1+m^2} = 2\sqrt{1+1{,}5^2} = 3{,}6$

  d'où $\chi = 0{,}50 + 3{,}6 \cdot 0{,}50 = 2{,}30$ m

- Rayon hydraulique $R = \frac{S}{\chi} = \frac{0{,}625}{2{,}30} = 0{,}27$ m

Disposant de tous les éléments hydrauliques et prenant comme valeur du coefficient de rugosité n = 0,025, avec i = 0,010, nous pouvons à présent calculer le débit maximal admissible du fossé par la formule (2.4) de Manning-Strickler :

$$Q = \frac{1}{0{,}025} \cdot 0{,}625 \cdot 0{,}27^{2/3} \cdot \sqrt{0{,}010} = 1{,}0\ m^3/s$$

Le débit maximal admissible du fossé Q est supérieur au débit décennal Q_{10}. En conséquence, la dimension du fossé est sécuritaire pour débiter un débit supérieur à la valeur décennale.

Calculons enfin la vitesse moyenne d'écoulement. De la formule (2.2), on déduit :

$$V = \frac{Q}{S} = \frac{1,0}{0,625} = 1,6 \text{ m/s}$$

La vitesse d'écoulement dans le fossé est inférieure à la vitesse limite, soit 1,87 m/s (tableau 2.8) pour les schistes tendres ; la sécurité à l'entraînement des matériaux du fond et des talus du fossé (sécurité à l'érosion) est assurée.

2.6.2. Assainissement transversal, dimensionnement d'une buse non en charge

2.6.2.1. Détermination du débit des crues pour les bassins de faible superficie

Du point de vue de l'hydrologie, le dimensionnement d'une buse se ramène à la connaissance des données hydrométriques.

Pour les cours d'eau d'une certaine importance, il existe en principe des stations de jaugeage où l'on mesure les débits de ces cours d'eau de la manière suivante :

- enregistrement systématique des hauteurs d'eau (H), ce qui permet d'obtenir la courbe H = f(t) (Hauteur = fonction du temps) ;
- établissement de la relation H = f(Q) (Hauteur = fonction du débit) ;
- obtention de l'hydrogramme qui est la courbe Q = f(t) (débit = fonction du temps) [91] [86].

Un exemple d'hydrogramme est montré sur la figure 2.7 [86].

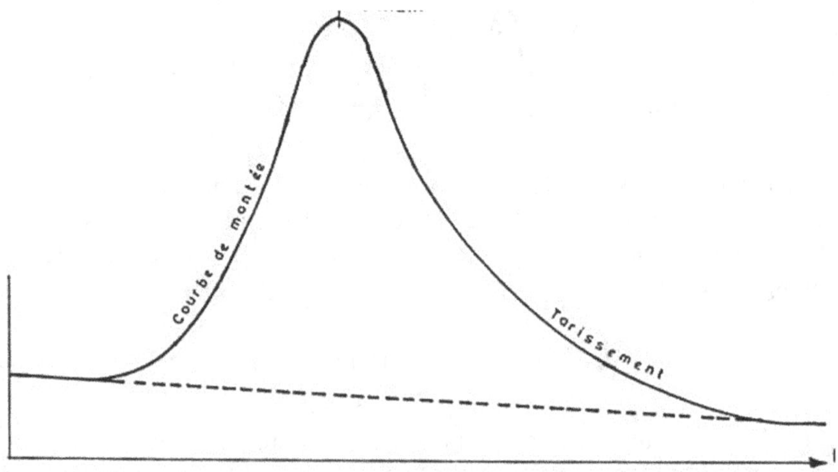

Fig. 2.7. Exemple d'hydrogramme [86].

Les relevés de débit sur plusieurs années permettent, à partir des études statistiques, de déterminer les débits des crues décennales ou centennales des cours d'eau importants (pour des bassins importants).

Le débit des crues des cours d'eau drainés par des bassins versants de faible superficie (inférieure à 100 km²) peut être estimé par la formule suivante selon l'Office de recherche scientifique et technique Outre-mer (ORSTOM) [86] :

$$Q_{10} = \frac{P_{10} \cdot K_a \cdot K_r \cdot K \cdot S \cdot 10^3}{T_b \cdot 3600} + Q_0 \qquad (2.4)$$

où

Q_{10} : débit de crue décennal, m^3/s:

P_{10} : pluie décennale (mm) ;

S : superficie du bassin versant (km^2);

K_a : coefficient d'abattement dont les valeurs, selon ORSTOM, sont données dans le tableau 2.9 [86].

Tableau 2.9. Valeurs du coefficient d'abattement K_a selon l'ORSTOM [86]

Superficie du basin versant S (km^2)	K_a
0 ÷ 25	1
25 ÷ 50	0,95
50 ÷ 100	0,90

K_r : coefficient de ruissellement (tableau 2.5)

K : coefficient de forme de l'hydrogramme : K varie entre 2,3 et 2,5 [86] ;

Q_0 : débit de base (m^3/s) ; pour les petits cours d'eau : $Q_0 = 0$

T_b : temps de base : intervalle de temps compris entre le commencement et la fin du ruissellement provoqué par l'averse ou temps entre la montée de crue et le tarissement total de la crue (voir l'hydrogramme).

Le temps de base peut être déterminé par la formule suivante [86] :

$$T_b = 3 \cdot S^{1/3}, \text{ en heures} \qquad (2.5)$$

Où

S : superficie du bassin versant en km^2.

2.6.2.2. Dimensionnement d'une buse non en charge

Dans un tuyau, lorsque l'écoulement n'est pas en charge, c'est-à-dire lorsque l'eau ne remplit pas entièrement la section, la surface libre est à la pression atmosphérique. Les lois de l'écoulement sont les mêmes que dans un canal à ciel ouvert.

La buse non en charge (buse à surface libre) doit être dimensionnée de telle sorte que le débit décennal de transit corresponde au tirant d'eau égal au ¾ du diamètre [87].

Étant donné que la buse fonctionne à surface libre, la dimension de la buse dépend de la pente adoptée. Les formules suivantes permettent de déterminer le diamètre de la buse en mètre en fonction du débit selon le critère ci-dessus mentionné [87].

- Buse à faible pente : $i_o \leq 3\%$;

$$D = \left(\frac{1{,}06}{i_o^{1/2}} \cdot Q_{10}\right)^{0{,}375} \qquad (2.6)$$

- Buse à forte pente : $i_o > 3\%$;

$$D = 0{,}811 \cdot Q_{10}^{0{,}40} \qquad (2.7)$$

où D : le diamètre de la buse en m ;
Q_{10} : le débit de crue décennal déterminé par la formule (2.4).

2.6.2.3. Exemple d'application

Soit à dimensionner les buses métalliques suivantes sous la voie :

a) 1er cas : PK 61 + 553
Surface du bassin : S = 0,30 km²
Pente de la buse : $i_0 = 2{,}4\%$

b) 2ème cas : PK 61 + 755
Surface du bassin : S = 0,03 km²
Pente de la buse : $i_0 = 8{,}1\%$

Les éléments de calcul communs aux deux buses sont les suivants:

- Pluie décennale : $P_{10} = 120$ mm ;
- Coefficient de forme de l'hydrogramme : K = 2,4 ;
- Débit de base négligeable ($Q_0 = 0$) ;
- Diamètres des buses métalliques commercialisées [120] :
  0,91 m ; 1,07 m ; 1,22 m ; 1,37 m ; 1,52 m ; 1,68 m ; 1,83 m ; 1,87 m ; 1,90 m ;1,98 m ; 2,0 m ; 2,12 m ; 2,29 m ; 2,44 m ; 2,59 m ; 2,74 m ; 3,05 m.

Les buses devront être dimensionnées de telle manière que le débit décennal de transit puisse correspondre au tirant d'eau égal au ¾ du diamètre de la buse.

- 1er cas : PK 61 + 553

Déterminons les différents paramètres :

- Coefficient d'abattement : la surface du bassin étant inférieure à 25 km^2, $K_a = 1$ (voir tableau 2.9).
- Coefficient de ruissellement : nous prendrons $K_r = 0,40$, ce qui correspond au sol partiellement cultivé ou couvert de végétation (voir tableau 2.5).
- Temps de base : selon la formule (2.5), $T_b = 3 \cdot S^{1/3} = 3 \cdot 0,3^{1/3} = 2$ h
- Débit décennal : selon la formule (2.4) :

$$Q_{10} = \frac{120 \cdot 1 \cdot 0,40 \cdot 2,4 \cdot 0,3 \cdot 1000}{2 \cdot 3600} = 4,8 \text{ m}^3/\text{s}$$

- Diamètre de la buse

  La pente de la buse (2,4%) étant inférieure à 3%, nous utiliserons la formule (2.6) :

$$D = \left(\frac{1,06}{2,4^{0,5}} \cdot 4,8\right)^{0,375} = 1,56 \text{ m}$$

Nous retiendrons la buse métallique commercialisée de diamètre D = 1,68 m.

- 2ème cas : PK 61 + 755

  • Temps de base : $T_b = 3S^{1/3} = 3 \cdot 0,03^{1/3} = 0,93$ h

Les autres paramètres étant identiques à ceux du 1er cas, déterminons le débit décennal :

• Débit décennal (formule 2.4) :

$$Q_{10} = \frac{120 \cdot 1 \cdot 0,40 \cdot 2,4 \cdot 0,03 \cdot 1000}{0,93 \cdot 3600} = 1,03 \text{ m}^3/\text{s}$$

• Diamètre de la buse : la pente de la buse (8,1%) étant supérieure à 3%, nous utiliserons la formule (2.7), d'où :

$$D = 0,811 \cdot 1,03^{0,40} = 0,82 \text{ m}$$

Nous retiendrons la buse métallique commercialisée de diamètre D = 0,91 m.

CHAPITRE III.
ÉLÉMENTS CONSTITUTIFS DE LA SUPERSTRUCTURE DE LA VOIE

3.1. Rails

3.1.1. Fonctions du rail

Les rails ont pour fonctions de :

- reprendre les charges résultant des roues et les distribuer aux éléments sous-jacents de la superstructure ;
- guider les roues du matériel roulant.

Le rail est la « pièce maîtresse » de la superstructure de la voie [116] ; les efforts qu'il supporte se transmettent aux traverses, soit directement, soit par l'intermédiaire de selles ou de semelles élastiques.

Dans l'histoire des chemins de fer, le rail a subi une longue évolution. Aujourd'hui, seul le rail à patin de l'Américain Stevens introduit en Angleterre vers 1836 par l'ingénieur anglais, Charles Vignole, est largement utilisé [1]. Il convient d'y ajouter le rail à gorge (Fig. 3.1) employé dans les voies encastrées dans les chaussées en particulier dans les ports et qui tire également sa forme du profil Vignole.

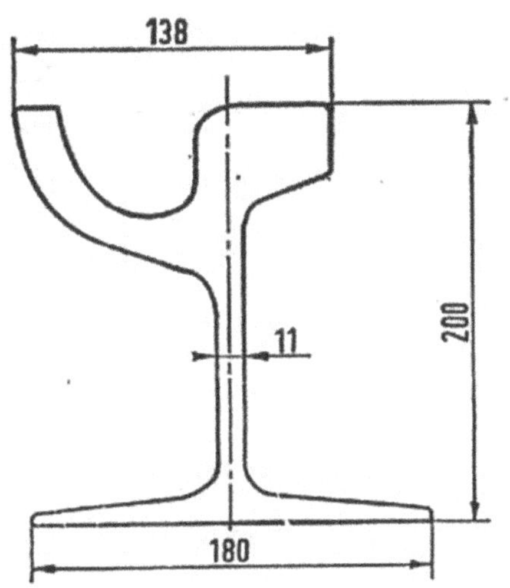

Fig. 3.1. Rail à gorge [1]

3.1.2. Caractéristiques essentielles du rail à patin

3.1.2.1. Aspects généraux

Le rail à patin couramment désigné sous le nom de Vignole, et dont la nomenclature est présentée à la figure 3.2 [1], se caractérise par une base élargie qui permet une fixation facile sur les traverses, soit directement, soit par l'intermédiaire de selles métalliques. Sa forme est largement conditionnée par la nécessité d'assemblage des rails entre eux, principalement à travers l'éclissage.

La figure 3.3 présente les cotes principales des rails UIC 50 et UIC 54 [4].

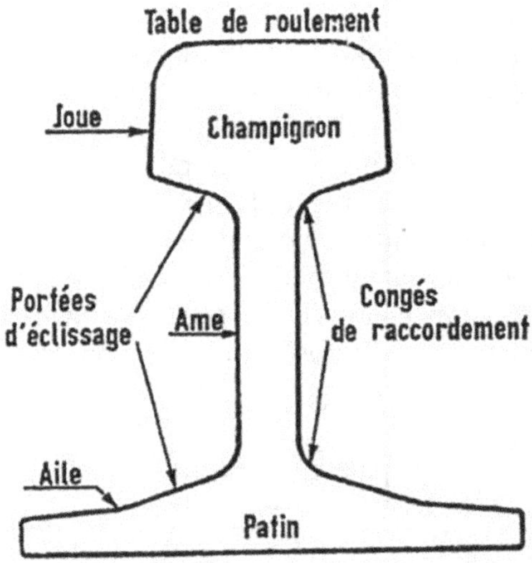

Fig. 3.2. Nomenclature de rail [1]

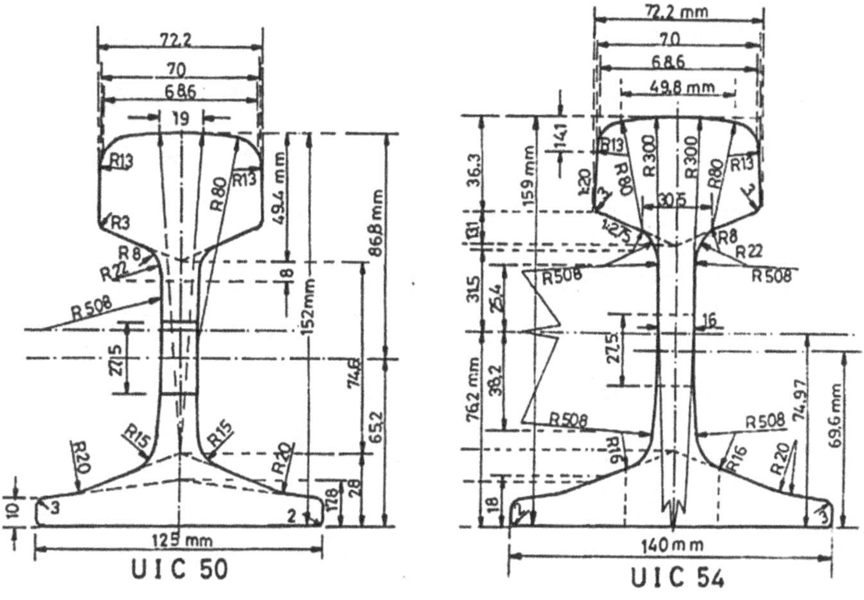

Fig. 3.3. Cotes principales des rails UIC 50 et UIC 54 [4]

Il convient de mentionner que la caractéristique essentielle d'un rail, en dehors de sa forme, est son poids au mètre linéaire [1]. On cherche à utiliser l'augmentation de poids pour augmenter l'inertie verticale du rail, ce qui se traduit généralement par des profils, non pas géométriquement semblables, mais de plus en plus élancés.

Le tableau 3.1. ci-après présente les principales caractéristiques de quelques types de rails en voie métrique.

Tableau 3.1. Caractéristiques de quelques types de rails en voie métrique

Type de rails	Section des rails S (cm^2)	Distance de l'axe neutre au sommet V (cm)	Distance de l'axe neutre à la base G (cm)	Moment d'inertie par rapport à l'axe neutre horizontal I (cm^4)	Module de résistance (cm^4)	
					Par rapport au sommet $\frac{I}{V}$	Par rapport à la base $\frac{I}{G}$
S30 (30 kg/m)	38,45	6,195	6,354	836,96	136,08	131,7
S40 (36 kg/m)	46,55	6,8	6,0	1019,7	149	169
U33 (46 kg/m)	59,06	7,78	6,72	1587,9	204	236
U36 (50 kg/m)	64,0	8,13	7,17	2018,9	248	281

3.1.2.2. Le champignon

Le champignon est caractérisé par sa largeur, sa hauteur, le bombement de sa table de roulement et l'inclinaison de ses faces latérales [1]. La largeur doit être suffisante pour résister à l'écrasement sous l'effet des charges et pour permettre un tracé correct des congés de raccordement de l'âme et du champignon. La hauteur donne toujours une marge d'usure verticale suffisante.

La forme du dessus du champignon (bombement) joue un rôle important, car elle influe sur la répartition des contraintes notamment dans la zone de contact rail-roue.

L'inclinaison des faces latérales (joues du champignon) doit être telle qu'il ne puisse y avoir contact entre boudin et face intérieure du champignon lorsque l'essieu roule en alignement, mais seulement en courbe [1]. Cette inclinaison a été fixée au 1/20.

3.1.2.3. Le patin

Le patin est caractérisé essentiellement par sa largeur et par l'épaisseur et la forme des ailes. La largeur conditionne la rigidité du rail dans le plan horizontal et sa résistance au déversement.

L'épaisseur et la forme des ailes sont essentiellement fixées par des considérations d'équilibrage entre la section du patin et celle du champignon et par les possibilités du laminage [1].

3.1.2.4. L'âme et les portées d'éclissage

L'épaisseur de l'âme doit tenir compte des efforts tranchants qu'elle supporte et des sollicitations élevées qui se développent au voisinage des trous d'éclissage. L'épaisseur doit être également suffisante pour résister à la corrosion ; elle varie de 15 à 17 mm pour les profils modernes [1].

Les congés de raccordement sont des points délicats, particulièrement sur les lignes très chargées.

L'inclinaison des portées d'éclissage est importante pour la tenue des joints. Si cette inclinaison est forte (1/2), il y aura un faible enfoncement des éclisses mais des contraintes élevées dans les boulons de fixation d'éclisses. Au contraire, une inclinaison faible (1/4) fatigue moins les boulons et complique notamment le problème du raccordement à l'âme. La solution de compromis adoptée est celle qui fixe à 1/2,75 l'inclinaison des portées d'éclisses [1].

3.1.3. Nuance des rails

La nuance des rails est liée aux conditions d'élaboration de l'acier et à sa composition chimique ; on la caractérise par sa résistance à la traction. Pour les rails de qualité courante, cette résistance est comprise entre 685 et 835 N/mm^2 [1].

L'acier à rail de qualité courante, qui n'est pas d'une nuance élevée, donne entière satisfaction dans la grande majorité des cas, mais ne résout pas le problème des rails posés en courbe de faible rayon et soumis à une forte usure latérale, ainsi que celui des rails destinés aux lignes minières à charge par essieu élevée. Dans ces divers cas, un rail de nuance plus élevée est nécessaire [8]. C'est ainsi qu'on emploie de plus en plus des rails plus durs, dont la résistance à la traction minimale est de 885 N/mm^2 et qui va jusqu'à 950 ou 970 N/mm^2. Au-delà de ces valeurs, il faut employer des aciers spéciaux notamment des aciers ayant subi un traitement thermique dont la résistance peut atteindre ou dépasser 1 000 à 1 100 N/mm^2, ou des aciers alliés [8].

Le tableau 3.2 indique la composition chimique de quelques nuances de rails. Ces données sont très importantes notamment dans le cadre des essais de réception des rails [9].

Tableau 3.2. Composition chimique de rails [9]

Qualité	Composition chimique				
	Carbone C %	Manganèse Mn %	Silicium Si %	Phosphore P_{max} %	Soufre S_{max} %
Nuance 70	0,40 - 0,60	0,80 - 1,25	0,05 - 0,35	0,055	0,05
Nuance 90 A	0,60 - 0,80	0,80 - 1,30	0,10 - 0,50	0,05	0,05
Nuance 90 B	0,55 - 0,75	1,30 - 1,70	0,10 - 0,50	0,05	0,05

Il convient de mentionner que les rails en acier allié utilisés en Europe ont une composition chimique dérivée de celle des rails de nuance 90 par augmentation de la teneur en silicium additionné au chrome [8]. À titre d'exemple, la nuance utilisée par les chemins de fer français comprend ainsi de 0,6 à 0,7% de silicium et de 0,8 à 0,9% de chrome. Pour obtenir une résistance à la traction voisine de 1 130 N/mm^2, une petite quantité (0,12%) de vanadium est ajoutée à cette analyse. De tels rails sont assez onéreux, mais le fait que leur durée de vie est de plusieurs fois celle des rails de nuance 90, leur emploi justifie économiquement le coût [8].

Comme mentionné précédemment, dans les courbes de faible rayon, il est indispensable de mettre en voie des rails naturellement durs pour rapprocher, autant que faire se peut, la vie des rails en courbe et celle des rails livrés généralement en nuance normale et soumis à des fatigues mécaniques moins importantes en alignement et en courbe de grand rayon [74].

Selon l'UIC [89], pour les voies métriques des classes d'exploitation B1 et B2, les rails dont le champignon a subi une trempe ou des rails en acier allié sont utilisés avec une résistance minimale à la traction 1 100 MPa (1100 N/mm^2). Les voies métriques de classe C peuvent utiliser des rails avec une résistance à la traction minimale de 700 MPa (700 N/mm^2).

3.1.4. Essais de réception

Les rails sont en général fabriqués suivant la « Fiche technique UIC 860 ». Les cahiers des charges déterminent en particulier les essais de réception qu'ils imposent aux rails. Ces essais cherchent surtout à déceler la fragilité et les imperfections de fabrication du métal essentielles pour la qualité mécanique du rail. Ces essais sont les suivants [1] :

- essais de choc ;
- essais de traction ;
- essais macrographiques (étude de la structure des métaux et alliages à l'œil nu ou avec un faible grossissement) ;
- essais de dureté (dureté Brinell).

3.1.5. Défauts des rails

3.1.5.1. Catalogue UIC des défauts de rails

Les discontinuités internes qui peuvent donner lieu à la fatigue du rail sont appelées défauts des rails. Les dégradations de nature mécanique qui se produisent sous l'effet des trains en circulation sont également considérées comme des défauts [4].

L'analyse complète des défauts a notamment été faite par l'UIC qui a édité un catalogue permettant au personnel d'entretien de reconnaître les défauts constatés sur les rails en service [36].

On peut classer les défauts en trois groupes [1].

- défauts dus à la fabrication ;
- défauts dus à l'utilisation ;
- usure ondulatoire.

Les défauts dus à la fabrication se classent en deux catégories :

- défauts de surface naissant au moment de la coulée ou du laminage. Exemple : fentes longitudinales du patin ;
- défauts d'origine interne, liés aux soins apportés à l'affinage de l'acier et à l'élaboration des lingots provoquant des fissurations transversales de fatigue, ou « taches ovales ».

Les principaux défauts dus à l'utilisation peuvent être classés ainsi :

- défauts dus aux circulations ; les ruptures fragiles provoquées par les méplats et les ruptures progressives provoquées par les patinages sont les principales causes des défauts attribuables aux bandages ;
- défauts dus à l'environnement principalement suite au phénomène de corrosion ;
- blessures diverses.

3.1.5.2. Examen de quelques principaux défauts de rails

3.1.5.2.1. Fissuration transversale progressive (Tache ovale)

La fissuration transversale progressive (défaut de rail UIC 211) [36], d'origine interne (Fig.3.4a et 3.4b) se développe à partir d'un centre ou noyau situé à l'intérieur du champignon, d'une fissuration horizontale interne ou très exceptionnellement d'un défibrage profond du congé de roulement. Il s'agit d'un défaut dû à la fabrication. La forme caractéristique de la fissuration progressive est à l'origine de l'appellation « Tache ovale ».

Lorsque la rupture survient avant que le défaut ne soit visible, on observe une surface lisse et brillante, de forme plus ou moins ovale, avec généralement des zones concentriques, qui marquent la progression de la fissuration (Fig. 3.4c).

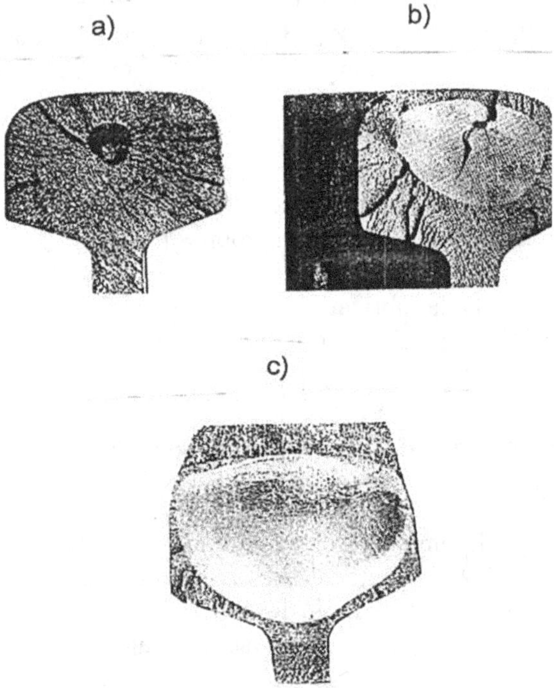

Fig. 3.4. Fissuration transversale progressive
(Tache ovale) [36]

Ce défaut grave peut se répéter sur un même rail et créer de grandes lacunes dans le cas des ruptures multiples. Il peut revêtir un caractère épidémique pour les rails d'une même fabrication.

3.1.5.2.2. Fissuration horizontale

Ce défaut (Défaut de rail UIC 212) [36] tend à détacher progressivement la partie supérieure du champignon, selon une surface approximativement parallèle à la table de roulement. Ce défaut est dû à la fabrication.

Il apparaît d'abord une fissuration sur la face extérieure du champignon à une distance avoisinant généralement 15 mm de la surface de roulement (Fig. 3.5a).

La fissuration horizontale peut s'incurver vers le bas et donner lieu à une fissuration transversale (Fig. 3.5b – fissuration composée) et enfin à une rupture.

a)

b)

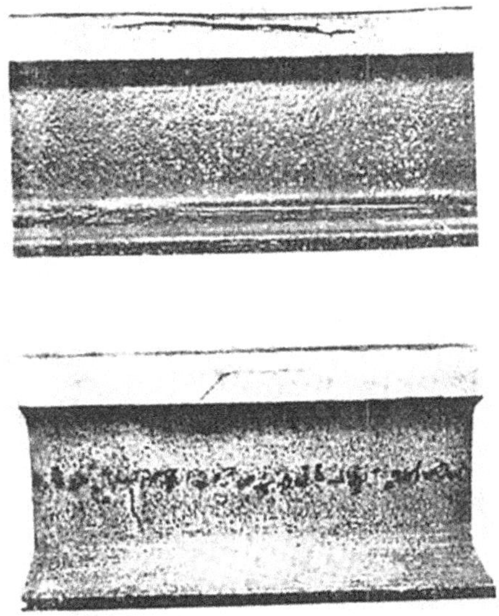

Fig. 3.5. Fissuration horizontale [36]

3.1.5.2.3. Fissuration verticale longitudinale

Ce défaut (Défaut de rail UIC 113) [36] tend à séparer progressivement le champignon en deux parties selon un plan parallèle à l'âme du rail (Fig. 3.6). Ce défaut est également dû à la fabrication.

Dès que le défaut atteint la table de roulement, il se signale par une ligne noire sur celle-ci. On observe alors un affaissement de la table de roulement et un élargissement du champignon qui correspond à l'ouverture de la fissure.

Fig. 3.6. Fissuration verticale longitudinale [36]

3.1.5.2.4. Usure ondulatoire à ondes courtes

L'usure ondulatoire à ondes courtes (Défaut de rail UIC 2201) [36] est caractérisée par une succession pseudopériodique, sur la surface de roulement, de crêtes brillantes et de creux sombres (Fig. 3.7). La longueur d'onde est généralement comprise entre 3 et 8 cm.

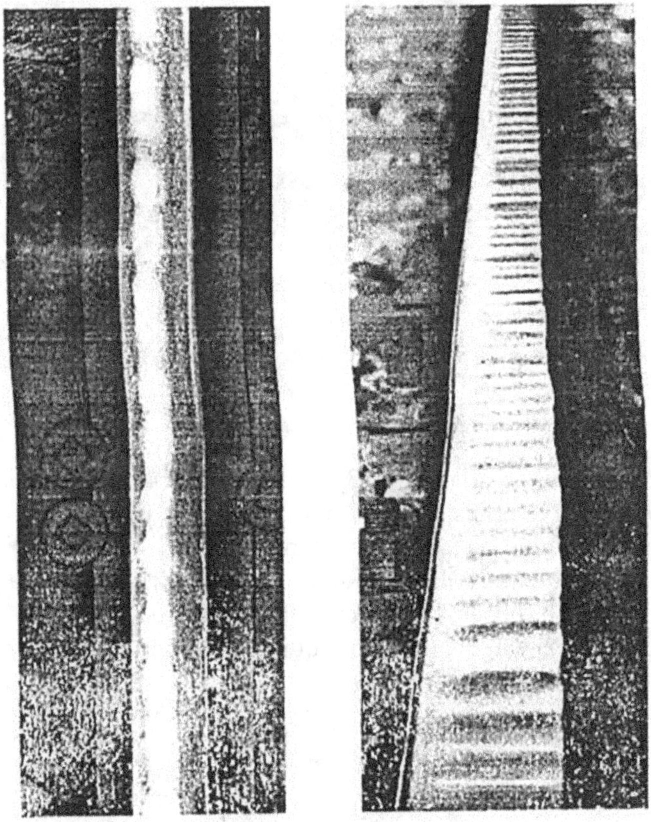

Fig. 3.7. Usure ondulatoire à ondes courtes [36]

3.1.5.2.5. Usure ondulatoire à ondes longues

L'usure ondulatoire à ondes longues (Défaut de rail UIC 2202) [36] est caractérisée par des dénivellations de la surface de roulement, plus ou moins accentuées et irrégulières par rapport à un profil rectiligne idéal. La longueur d'onde varie généralement de 8 à 30 cm environ. Ce défaut apparaît préférentiellement sur les files basses de la courbe.

Le seul remède actuel vis-à-vis de ces deux phénomènes est le meulage afin de reconstituer un profil correct des rails.

3.1.5.2.6. Usure latérale

L'usure latérale (ou chanfreinage) des rails situés sur les files hautes des courbes (Défaut de rail UIC 2203) [36], surtout de faible rayon, résulte des sollicitations du matériel roulant (circulations avec insuffisance de dévers) (Fig. 3.8). À titre d'exemple, dans un rayon de 300 m, l'usure des rails de la file haute, toutes conditions égales par ailleurs, est de 5,2 fois plus forte qu'en alignement droit [119]. Cette usure peut être combattue par l'utilisation de rails durs ou par graissage (voir points 3.1.3 et 3.1.7).

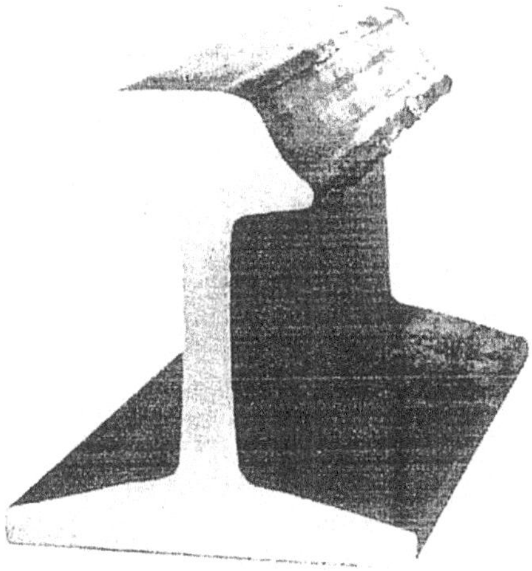

Fig. 3.8. Usure latérale [36]

Le retrait des rails affectés de cette usure est dicté par le risque de montée des bandages à partir d'une certaine valeur d'affaiblissement du profil (fonction de l'angle de chanfreinage et de l'atteinte du congé inférieur du champignon).

3.1.5.3. Valeurs admissibles d'usure des rails

3.1.5.3.1. Usure verticale

L'usure verticale maximale admissible du rail est une fonction de la vitesse maximale du train et de la charge de trafic de la ligne. Les tableaux 3.3 et 3.4 montrent les valeurs maximales de l'usure verticale du champignon de rail selon les prescriptions des chemins de fer britanniques et allemands [4].

Tableau 3.3. Usure verticale maximale de rail (159 mm de hauteur) selon les chemins de fer britanniques [4]

Vitesse maximale (km/h)	Usure verticale maximale admissible du champignon de rail (mm)
>160	9
120 - 160	12
80 - 120	15
< 80	18

Tableau 3.4. Usure verticale maximale admissible de rail (154 mm de hauteur) selon les chemins de fer allemands [4]

Type de ligne	Usure verticale maximale admissible (mm)
Lignes avec un tonnage annuel dépassant 19 millions de tonnes ou un tonnage journalier dépassant 25 000 tonnes ou des vitesses supérieures à 140 km/h ou plus de 120 trains par jour	12
Lignes avec un tonnage annuel dépassant 7,5 millions de tonnes ou avec un tonnage journalier compris entre 20 000 et 25 000 tonnes	20
Lignes avec un tonnage annuel supérieur à 1,75 millions de tonnes	26

Il convient de noter que l'usure du rail par les roues des locomotives est d'environ 6 fois plus élevée que celle due aux roues du matériel remorqué [4].

3.1.5.3.2. Usure latérale

L'usure latérale maximale admissible selon les chemins de fer britanniques est définie conformément au point de référence situé à 3 mm au-dessus du point le plus bas du champignon du rail et à un angle de 26° à l'axe vertical du rail (Fig. 3.9a) [4].

Les chemins de fer allemands [4] déterminent l'usure latérale maximale

(Fig. 3.9b) sur la ligne MN, où M est le centre de gravité du champignon du rail. Sur les voies principales et pour le profil UIC 60, l'usure latérale ne doit pas dépasser 18 mm.

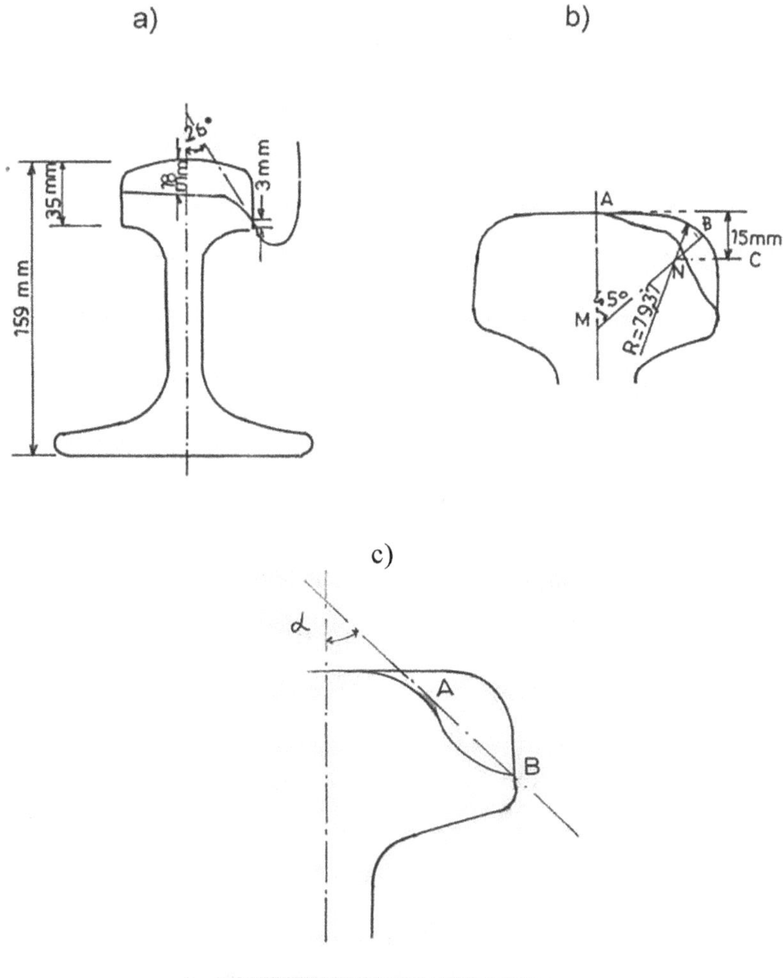

Fig. 3.9. Détermination de l'usure latérale

a) Chemins de fer britanniques [4]
b) Chemins de fer allemands [4]
c) Chemins de fer français [40]

Aux chemins de fer français, l'usure latérale se mesure par l'angle de chanfreinage α qui est déterminé par l'inclinaison de l'axe vertical du rail et de la droite tangente en A et B au profil d'usure (Fig. 3.9c) [40]. La définition de la valeur maximale de l'angle α est fonction des caractéristiques du matériel roulant ; cet angle ne doit pas excéder 30°. La mesure doit être exécutée sur le profil réel du rail (la bavure provoquée par un fluage éventuel du champignon et les gonflements du patin dus à l'oxydation doivent être enlevés). Le retrait est impératif lorsque l'angle de 30° est atteint sur :

- plus de la moitié de la longueur du rail dans le cas de pose en barres normales où l'usure est généralement irrégulière ;
- plus de la moitié d'une zone pouvant intéresser plusieurs barres élémentaires dans le cas de pose en L.R.S. où l'usure a généralement tendance à être plus homogène.

3.1.5.3.3. Limites d'usure totale des rails

On détermine les limites d'usure totale des rails selon la formule suivante [40] :

$$\text{Usure totale} = UV + \frac{UL}{2} \tag{3.1}$$

où :
UV : usure verticale ;
UL : usure latérale mesurée à 15 mm sous le plan de roulement.

Le tableau 3.5 donne des valeurs limites d'usure totale de quelques types de rails [40].

Tableau 3.5. Limites d'usure totale des rails imposant leur retrait des voies principales [40]

Type de rail	Limites d'usure totale en mm	
	Charge par essieu > 20 t	Charge par essieu de 20 t à 14 t
S40	12	13
U 33 – U 50	18	19
UIC 54 - UIC 60	20	22

3.1.6. Graissage des rails

Le graissage des rails est une opération vivement recommandée dans les courbes de faible rayon afin d'augmenter la durée de vie des rails de la file haute. Le tableau 3.6 donne à titre indicatif les pourcentages approximatifs de la durée de vie d'un rail en courbe par rapport à l'alignement droit selon l'Association américaine des ingénieurs de chemin de fer (AREA) [82].

Tableau 3.6. Pourcentage approximatif de durée de vie du rail en courbe [82].

Rayon de la courbe	Pourcentage approximatif de la durée de vie du rail en courbe par rapport à l'alignement droit	
	Voie non-graissée	Voie graissée
200 m	15%	40%
350 m	40%	60%
500 m	55%	80%
800 m	75%	90%

Le graissage est réalisé soit automatiquement par les locomotives à partir d'un rayon limite, soit à partir des graisseurs fixes, les roues de circulation entraînant la graisse sur quelques centaines de mètres [1].

3.1.7. Choix du poids de rail

Le paramètre essentiel dans le choix d'un type de rail à adopter est son poids linéaire.

Le poids du rail à employer en fonction des conditions d'exploitation (charge par essieu, trafic, vitesse) peut être approximativement déterminé à partir des formules empiriques. Parmi les nombreuses formules existant à l'heure actuelle, celle qui paraît la plus appropriée est la suivante [9] [116] :

$$P = 2{,}25Q + 3 \qquad (3.2)$$

où

P : le poids métrique en kilos du profil à adopter ;

Q : la charge par essieu, en tonnes.

Cette formule est valable pour les charges par essieu comprises entre 15 et 35 tonnes, pour des vitesses de trains de voyageurs à essieux légers n'excédant pas 200 km/h, et des vitesses des trains-marchandises lourds de l'ordre de 70 à 80 km/h [9] [116].

L'armement adopté par les Chemins de fer français pour les voies principales, tient compte à la fois de la nécessaire adaptation du poids du rail au tonnage qui y circule et au souci d'équilibrer la durée de vie des rails et des traverses [5] [1]. Les critères d'utilisation sont les suivants (Tableau 3.7) [5].

Tableau 3.7. Choix de section de rail en fonction du tonnage [5]

<table>
<tr><td rowspan="2">Nature des traverses</td><td colspan="3">Trafic journalier (en milliers de tonnes)</td></tr>
<tr><td>T < 25 000</td><td>25 000 ≤ T ≤ 35 000</td><td>T > 35 000</td></tr>
<tr><td>Bois</td><td rowspan="2">Rail UIC 50</td><td>Rail UIC 50</td><td rowspan="2">Rail UIC 60</td></tr>
<tr><td>Béton</td><td>Rail UIC 60</td></tr>
</table>

Les chemins de fer tanzaniens (écartement 1,000 m) prévoient les sections de rails lourds présentées dans le tableau 3.8 en fonction de la charge par essieu et de la vitesse maximale [34].

Tableau 3.8. Vitesses maximales admissibles pour les sections de rails lourds [34]

Type de rail	Charge par essieu (en tonnes)	Vitesse maximale (km/h)
UIC 46 (46 kg/m)	18 t de 18 t à 21 t	115 80
UIC 50 (50 kg/m)	18 t* de 18 t à 21 t* 22,5 t**	115 80 115

* si l'écartement des traverses est supérieur à 0,65 m

** si l'écartement des traverses est égal ou inférieur à 0,65 m

En Russie notamment, où les charges par essieu sont plus élevées qu'en Europe occidentale, on emploie des profils plus lourds : 65 kg/m et 75 kg/m, respectivement sur 87,7% et 2,9% des lignes principales [17].

Pour les voies métriques conformément au classement spécifique mentionné au paragraphe 1.8 (chapitre I.), l'UIC recommande les poids de rails suivants [89] :

- pour la classe B1 (transport des marchandises lourdes jusqu'à 80 km/h, avec une charge par essieu de 25 tonnes) : 60 kg/m ;

- pour la classe B2 (transport des marchandises lourdes jusqu'à 80 km/h avec une charge par essieu de 30 tonnes) : 68 kg/m ;
- pour la classe C (transport des marchandises et voyageurs, vitesse entre 60 et 100 km/h avec une charge par essieu jusqu'à 20 tonnes) : > 40 kg/m.

3.1.8. Avantages des rails lourds

Les rails lourds, parmi les nombreux avantages qu'ils présentent, ont un effet très important en ceci qu'ils permettent de réduire la détérioration de la voie.

En effet, quand le poids du rail augmente, son moment d'inertie verticale augmente, corrélativement sa rigidité verticale (qui caractérise sa résistance à la flexion dans le sens vertical) augmente. Nous aborderons cette question au chapitre IV.

L'augmentation du poids linéaire du rail contribue à l'augmentation de la durée de vie des rails et à la réduction des dépenses d'entretien. Les calculs effectués par les chemins de fer hongrois (MAV) ont établi une réduction de ces dépenses de l'ordre de 25 à 35% [72].

La tendance sera donc de choisir le type d'armement le plus endurant en fonction des conditions d'exploitation de la ligne considérée, exigeant moins d'opérations d'entretien et permettant, malgré l'accroissement éventuel des charges et des vitesses, de réduire constamment les dépenses d'entretien de la voie [74].

3.1.9. Soudage des rails

3.1.9.1. Soudage avec métal d'apport

Le soudage des rails s'effectue selon les procédés qui se classent en deux catégories suivant qu'il y a, ou non, un apport de métal pour réaliser l'assemblage.

Dans le soudage avec métal d'apport, celui-ci coulé entre les deux abouts de rails à assembler peut être apporté par l'aluminothermie ou par soudage à l'arc. Nous nous limiterons à l'examen du « soudage par aluminothermie ».

Dans le soudage par l'aluminothermie, le mélange d'oxyde de fer (Fe_2O_3) et d'aluminium (Al) en présence d'une source de chaleur suffisante, provoque une réaction exothermique donnant de l'alumine Al_2O_3 qui surnage sur le fer [1] :

$$Fe_2O_3 + 2\,Al \rightarrow Al_2O_3 + 2\,Fe \tag{3.3}$$

Pour procéder à l'opération, on règle d'abord l'intervalle entre les deux rails à assembler et on dresse en plan et en profil les deux abouts à souder.

Un moule en sable, fabriqué à l'avance, est disposé de part et d'autre des deux rails. Un creuset est disposé sur le toit, puis rempli du mélange aluminothermique. Celui-ci est enflammé, puis, la réaction terminée, le creuset est débouché ; le métal liquide remplit alors le moule. Le corindon formé au cours de la réaction demeure à la partie supérieure du moule, qui est tranchée aussitôt après démoulage. Un meulage de dégrossissage, puis de finition, termine l'opération [1].

La quantité de chaleur apportée par le métal liquide (la température du jet de coulée est de 1980 ± 10 °C) suffit d'une part pour fondre les deux extrémités et, d'autre part, pour assurer à la soudure un refroidissement suffisamment lent pour éviter la formation des structures de trempe [1].

Avec l'introduction des douilles auto-combustibles qui, placées à la base du creuset, évitent l'appréciation de la fin de réaction, l'intervention humaine se réduit désormais au réglage du joint et à la mise en place correcte du moule. Les seules précautions à prendre sont le réglage correct de l'intercalaire, le nettoyage et le séchage correct des abouts, précautions indispensables d'ailleurs quel que soit le mode de soudage, et l'étuvage des creusets [1].

Le préchauffage des abouts à 850 °C avant la coulée est caractéristique de l'ancien procédé de soudage ; actuellement c'est la soudure à préchauffage limité (température des abouts à 500 °C) qui s'est généralisée.

3.1.9.2. Soudage sans métal d'apport

Nous traiterons ici du soudage par « étincelage continu » (Photo 3). Dans ce procédé, le contact des pièces à souder se localise à leurs aspérités. Le courant électrique se trouve alors concentré en ces points qui sont sièges d'échauffements intenses : le métal est porté à température d'ébullition et les contacts éclatent en gerbes d'étincelles laissant à leur place un cratère [1].

Un nouveau rapprochement des pièces provoque de nouveaux contacts et le processus recommence. Au bout d'un certain temps, la totalité des surfaces à souder est portée au blanc soudant et on termine l'opération par un forgeage qui expulse les parties liquides et assure la soudure [1].

Photo 3 (Source : ATC)

3.1.10. Perçage des rails

Lorsqu'ils doivent être éclissés, les rails sont percés de préférence en usine. Le perçage aux extrémités des rails des trous destinés à l'éclissage est un choix délicat. Les trous percés dans l'âme des rails en diminuent la résistance à la fatigue. Il peut en résulter des fissurations (étoilures). Ce risque de fissuration peut être aggravé par une exécution incorrecte du perçage.

Le diamètre, la position géométrique et la qualité de l'usinage des trous d'éclissage conditionnent le comportement en service des abouts éclissés.

Le perçage des trous doit être exécuté par forage, les parois étant bien cylindriques et lisses, sans bavures et aux abords légèrement chanfreinés sur les deux faces de l'âme.

Les seuls perçages autorisés en voie sont :

- perçage de trous d'éclissage après la mise à la longueur des rails livrés percés à une seule extrémité, ou pour remplacement d'éclisses à 4 trous par des éclisses à 6 trous. Ce perçage doit être exécuté avec le plus de précision possible. Il convient pour cela d'utiliser un gabarit de pointage. Les trous sont à percer au diamètre de 23 mn pour les rails unifiés et 30 mm pour les anciens rails. La présence en voie principale d'un trou inutilisé dans un rail ou dans une éclisse doit être tout à fait exceptionnelle ;
- perçage de trous de diamètre 25 mm par alésage de trous de 23 mm

pour la réalisation en voie de joints isolants collés (J.I.C) ;

- perçage de trous de diamètre 7 mm ou 13 mm pour assurer le passage du courant de signalisation ;
- perçage pour adaptation du matériel S.E.S (calage, griffes d'aiguilles).

3.1.11. Longueur des rails

On distingue différentes longueurs élémentaires des rails : 12, 12,5, 14, 18, 24, 25 et 36 m. En vue de maintenir le faux équerrage à une valeur acceptable dans les courbes (joints concordants), des rails courts (plus courts que les rails normaux) peuvent être introduits sur la file intérieure. Ces rails courts peuvent également être nécessaires pour régulariser les jeux de dilatation en voie éclissée.

3.1.12. Réutilisation des rails déposés

Les rails déposés, lors d'opérations de renouvellement de voie, notamment, sont normalement réutilisés après avoir subi un traitement approprié dans un atelier spécialisé. Ce traitement comprend la découpe des abouts, le contrôle de la qualité du rail par sondage ultrasonore (recherche et détection de défauts éventuels, notamment évolutifs) et le reprofilage réalisé par une reprofileuse ou une raboteuse [1].

Les rails ainsi récupérés sont ensuite réutilisés en procédant à leur assemblage par soudage, en vue d'obtenir soit des rails de longueur usuelle, soit des longs rails soudés (L.R.S.).

3.1.13. Estimation de la durée de vie des rails

Lorsque le profil et la nuance d'acier sont bien adaptés au trafic, les rails et la superstructure vieillissent simultanément [8]. Par contre, une qualité métallurgique de l'acier mal adaptée aux conditions de trafic peut entraîner des retraits prématurés pour défauts de fatigue de rails appartenant à certaines fabrications.

Le retrait prématuré de quelques rails d'une fabrication entraîne fatalement le retrait dans le temps de toute la fabrication [8].

La figure 3.10 montre à titre d'exemple les courbes d'évolution des retraits de rails en fonction du tonnage, obtenues par les chemins de fer russes [119]. Les Russes admettent pour durée de vie des rails, le retrait cumulé égal à 6 rails par km pour le profil R 50 (50 kg) et 5 rails par km pour le profil R 65 (65 kg). Les tonnages normalisés pour lesquels les rails sont retirés en série sont 350 millions de tonnes brutes pour le profil R 50 et 500 millions de tonnes brutes pour le profil R 65 [119].

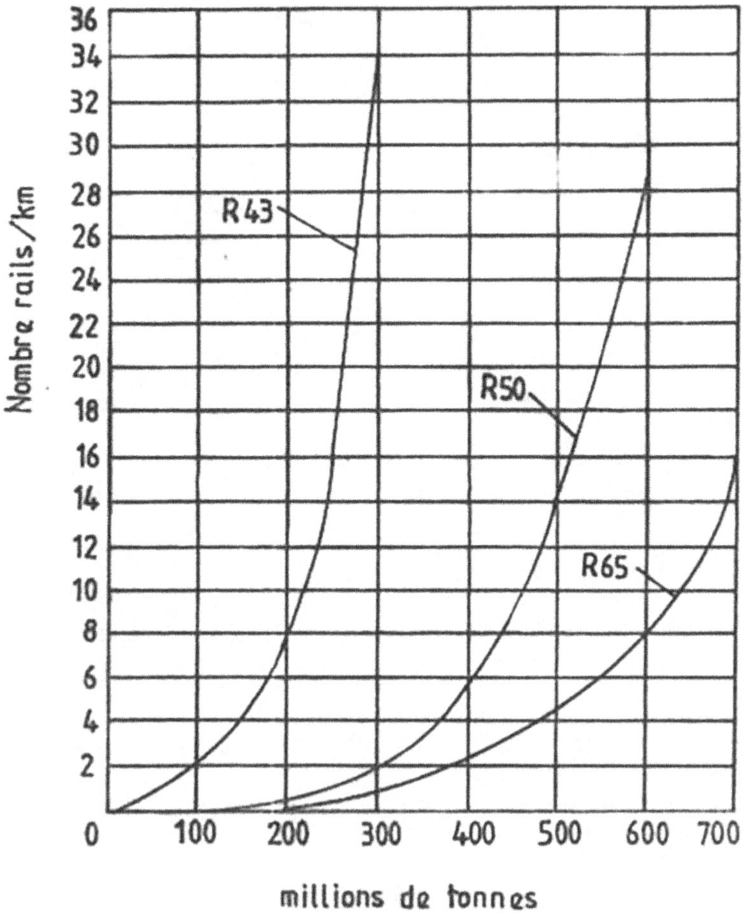

Fig. 3.10. Évolution des retraits de rails en fonction du tonnage [119]

Le tonnage correspondant au retrait en série des rails peut être déterminé avec plus de précision en utilisant le modèle probabiliste de durée de vie des rails par l'application de la « loi de Weibull » [8] [9] qui permet, dès que l'on connaît les premiers retraits, de tracer une droite dans le plan tonnage – pourcentage de retraits. La figure 3.11 montre à titre indicatif des droites de Weibull [9].

Selon les données des chemins de fer français, le tonnage moyen (en millions de tonnes) que peut supporter le rail est [9] : 500 MT pour U 80, 400 MT pour U 36 et 300 MT pour U 33.

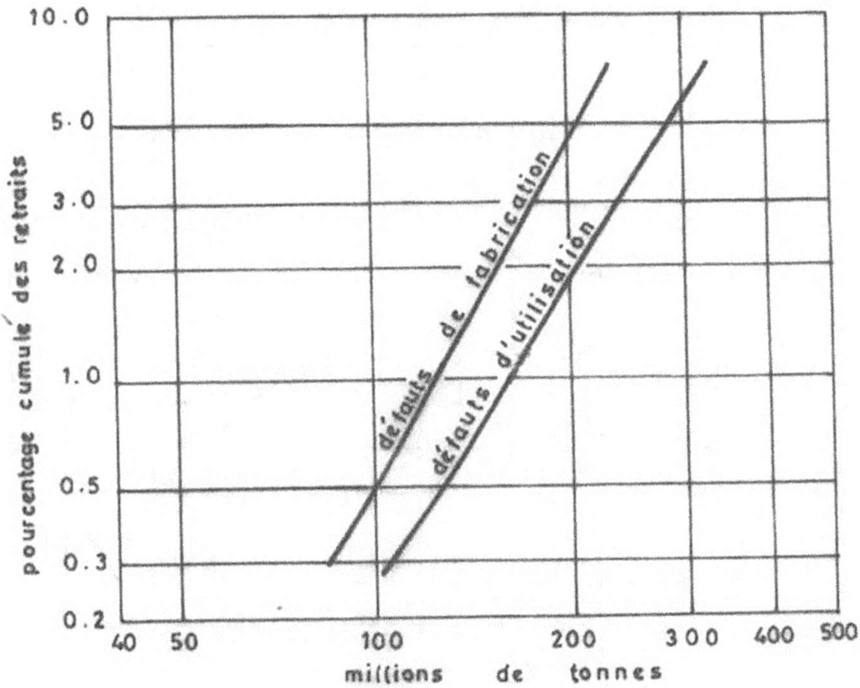

Fig. 3.11. Pourcentage cumulé des retraits de rails en fonction du tonnage [9]

Il est possible d'allonger la durée de vie des rails à travers les principales mesures ci-après [119] :

- amélioration de la qualité du métal du rail, y compris par un traitement thermique ;
- utilisation des longs rails soudés (L.R.S) et utilisation de barres longues ;
- rechargement des extrémités usées des rails ;
- amélioration de la constitution de la superstructure de la voie dans son ensemble ;
- graissage des rails en courbe (voir point 3.1.7) ;
- amélioration systématique de l'entretien courant des rails et de la voie dans son ensemble.

3.2. Traverses

3.2.1. Rôle et types de traverses

Les traverses jouent un triple rôle [1] :

- transmission des charges du rail au ballast ;
- maintien de l'écartement des deux files de rails ;
- maintien de l'inclinaison au 1/20 du rail Vignole.

Les traverses font appel à trois types de matériaux : bois, métal et béton armé. En réalité, le choix d'un type de traverses est un problème économique, que l'on peut résoudre par un calcul de bilan actualisé, dans lequel on fait intervenir les éléments suivants [1] :

- prix d'achat de la traverse et des dispositifs de fixation ou d'isolement spéciaux qu'elle impose ;
- durée de vie ;
- valeur de récupération ;
- frais d'entretien actualisés sur la durée de vie totale.

Le tableau 3.9 présente les éléments principaux de comparaison des différents types de traverses [117].

Tableau 3.9. Comparaison des différents types de traverses [117]

Principales propriétés	Traverses en bois	Traverses en béton	Traverses métalliques
Durée de vie maximale	35 ans	50–60 ans	70 ans
Nature d'entretien en voie	Manuel – mécanisé	Mécanisé	Manuel – mécanisé
Nécessité d'entretien suivi en voie	Oui	Non	Non
Correction du nivellement–dressage	Aisée	Aisée	Délicate
Sensibilité aux déraillements	Faible	Très forte	Forte
Stabilité latérale de la voie	Moyenne	Excellente	Très bonne
Types d'attaches compatibles	Rigides– élastiques	Elastiques	Rigides–élastiques
Sensibilité aux termites	Très grande	Nulle	Nulle
Possibilité de production locale	Oui	Oui	Non
Possibilité de régénération	Faible	Nulle	Moyenne
Valeur de récupération	Faible	Nulle	Elevée

3.2.2. Traverses métalliques

La traverse métallique est un produit industriel de fabrication simple. Elle est constituée d'un laminé en forme d'U renversé, embouti à ses extrémités, pour former des bêches qui s'enfoncent dans le ballast et s'opposent au déplacement transversal de la voie [1]. La figure 3.12 représente une traverse métallique pour voie métrique.

Inventée en 1864, la traverse métallique a connu un développement important à partir de 1880 dans certains pays (Allemagne, Suisse). Elle a été très utilisée dans les pays tropicaux en raison de son immunité aux termites.

La traverse métallique est relativement légère (environ 40 kg pour la voie métrique et 70 ÷ 80 kg/m pour la voie standard) et facile à poser. Mais cette légèreté même la handicape dans les voies à circulations lourdes et très rapides. Elle est bruyante et, étant conductrice, ne permet d'isoler une file de rails par rapport à l'autre qu'au prix des dispositifs d'isolement spéciaux [1].

Les traverses métalliques peuvent être réparées par remise en forme, rechargement de métal à proximité des lumières des attaches, soudure électrique des fissures.

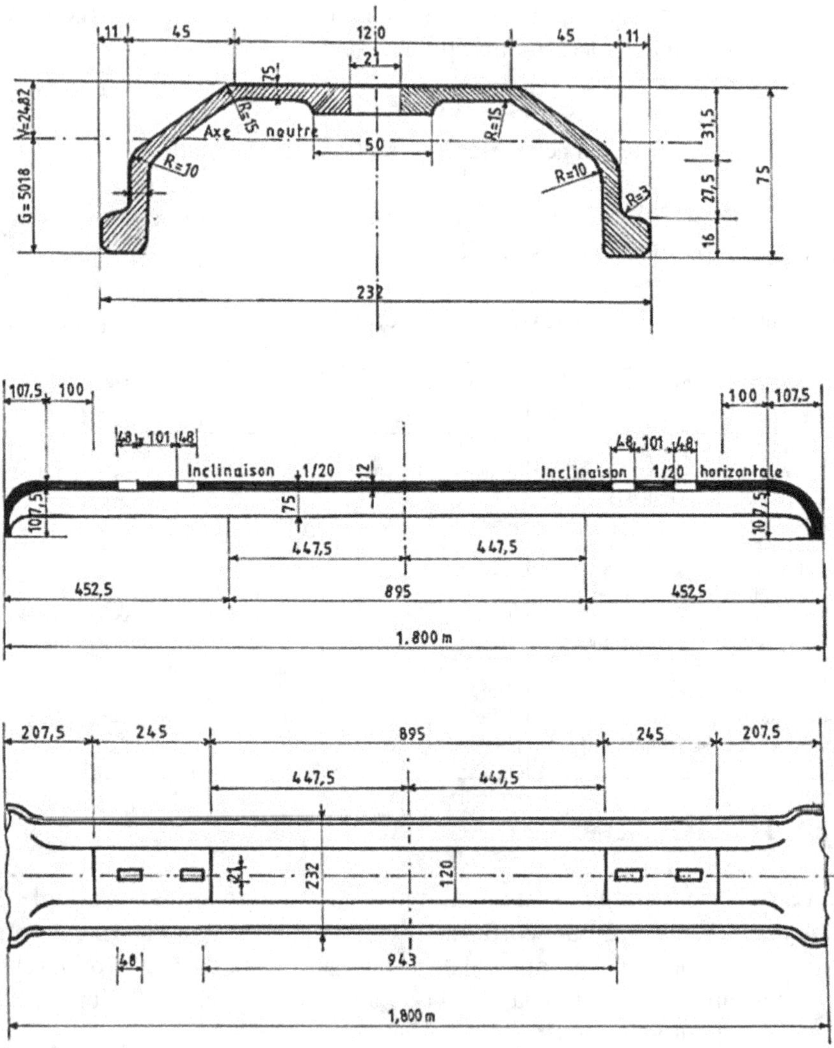

Fig. 3.12. Traverse métallique type 7/20
(Voie métrique de 1,067 m)

3.2.3. Traverses en bois

3.2.3.1. Description

Les traverses en bois assurent une meilleure distribution des charges par rapport à d'autres types de traverses [4]. Elles sont en conséquence indiquées pour les voies posées sur des plateformes de qualité moyenne ou mauvaise, là où les traverses en béton exigeraient comparativement une épaisseur de ballast plus importante [1].

Le bois utilisé doit être dur. Les essences européennes suivantes sont utilisées pour la fabrication des traverses : le chêne et le hêtre. Les essences exotiques les plus utilisées sont : l'azobé, le bilinga, le moabi, etc.

La fabrication des traverses comporte trois stades [8] :

- l'abattage des arbres, leur délardage, leur débitage en traverses blanches ;
- la dessiccation, le frettage, l'entaillage et le perçage ;
- l'imprégnation.

Après leur réception dans les scieries, les traverses blanches sont expédiées vers les chantiers spéciaux de préparation [1].

3.2.3.2. Préparation des traverses

3.2.3.2.1. Dessiccation

Les traverses sont stockées pour assurer la dessiccation du bois en piles aérées. La durée du stockage varie avec l'essence [1] : 4 à 6 mois pour le hêtre, 8 à 12 mois pour le chêne et 12 mois pour les bois tropicaux.

3.2.3.2.2. Frettage

En cours de dessiccation, de nombreuses fentes apparaissent aux extrémités des traverses. Ces traverses sont alors frettées. Cette opération consiste à ceinturer les extrémités de la traverse par un collier métallique énergiquement serré.

3.2.3.2.3. Entaillage – Perçage

Cette opération est effectuée sur des machines semi-automatiques en fonction des impératifs, principalement le type de pose auquel est destinée la traverse, et de l'écartement de la voie.

3.2.3.2.4. Imprégnation

L'imprégnation est réalisée avec de la créosote, huile lourde provenant de la distillation du goudron de houille. À cet effet, les traverses sont chargées dans des chariots à arcades pouvant recevoir chacun une quarantaine de pièces.

Ces chariots roulent sur une voie étroite pénétrant dans un cylindre d'imprégnation (autoclave) dont les extrémités sont obturées par des portes étanches. La longueur des autoclaves varie de 10 à 30 m ; elle permet de traiter 150 à 400 traverses au cours d'une même opération [1].

Un des procédés généralement utilisé pour l'imprégnation est le *Procédé Bethel* dit à cellules pleines.

Dans ce procédé, la succession des phases est la suivante [1] :

- vide à 65 cm de mercure pendant 30 min en vue d'extraire l'air contenu dans le bois ;
- pression de 8 à 10 bars pendant 60 min environ avec chauffage à 90 °C ;
- vidange de la créosote ;
- vide à 60 cm de mercure pendant 20 min dit « vide de ressuage » destiné à éliminer le liquide en excédent.

3.2.3.3. Dimensions

Les caractéristiques géométriques des traverses en bois sont définies dans la directive technique UIC 863-0. Les traverses en bois pour la voie standard (France) ont 2,60 m de longueur et la section peut avoir l'une des formes représentées sur la figure 3.13 [1] avec des dimensions qui s'étagent de la manière suivante :

- pour la largeur de la face inférieure (l) de 0,26 à 0,23 m ;
- pour l'épaisseur (e) de 0,16 à 0,13 m ;
- pour le découvert de la face supérieure (d) de 0,20 à 0,13 m.

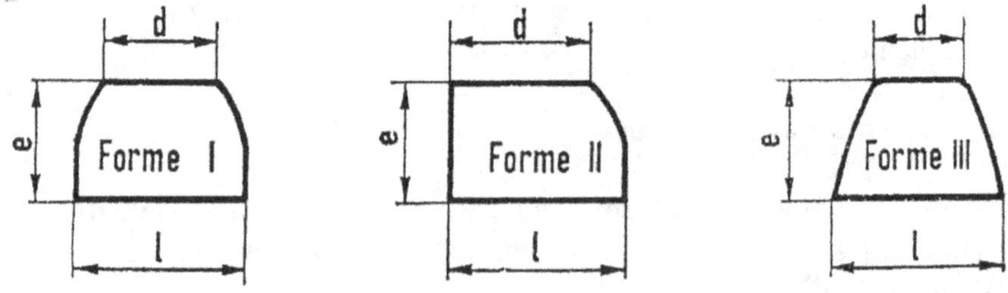

Fig. 3.13. Formes des traverses en bois utilisées en France [1]

En Afrique, les traverses en bois pour la voie métrique ont généralement la forme représentée sur la figure 3.14 [34] (cas des chemins de fer tanzaniens). Seules les dimensions varient ; à titre d'exemple, au Chemin de fer Congo-Océan (République du Congo) les dimensions sont : longueur 2,0 m, épaisseur 0,15 m, largeur 0,20 m.

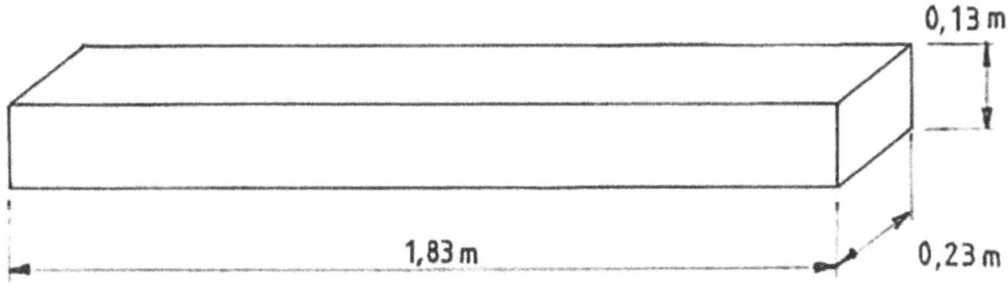

Fig. 3.14. Forme des traverses en bois utilisées en voie métrique [34]

3.2.4. Traverses en béton armé

On distingue deux types de traverses en béton armé :

- la traverse bi-bloc constituée de deux sections trapézoïdales (blochets) en béton armé réunis par une entretoise métallique (traverse mixte) ;
- la traverse monobloc en béton précontraint réalisée, soit par *prétention*, soit par *post-tension* [4].

La figure 3.15 montre les caractéristiques géométriques de la traverse bi-bloc U 31 des chemins de fer français de poids égal à 180 kg pour la voie standard pour les lignes des groupes UIC 3, 4 et 5 [4].

La traverse bi-bloc a été développée en France et les principaux utilisateurs sont les pays suivants [4] : Algérie, Belgique, Brésil, Danemark, Grèce, Mexique, Hollande, Portugal, Espagne, Tunisie, etc.

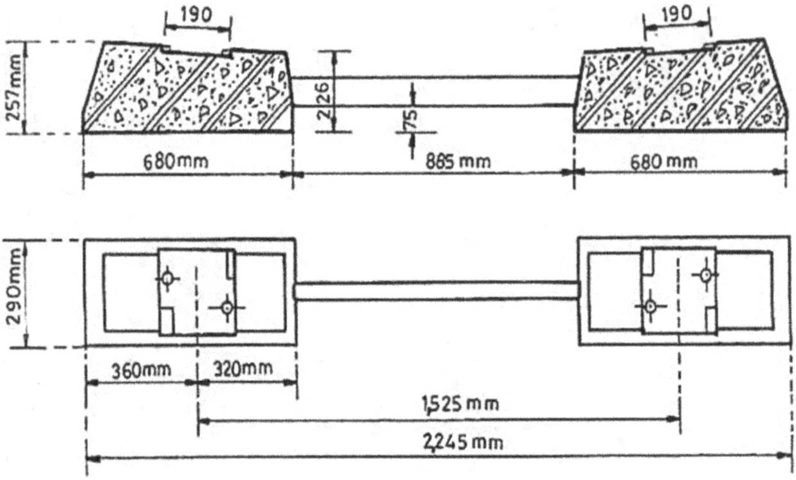

Fig. 3.15. Traverse bi-bloc U 31 [4]
(Chemins de Fer Français)

La figure 3.16 montre les caractéristiques géométriques des traverses monoblocs des chemins de fer britanniques et allemands [4].

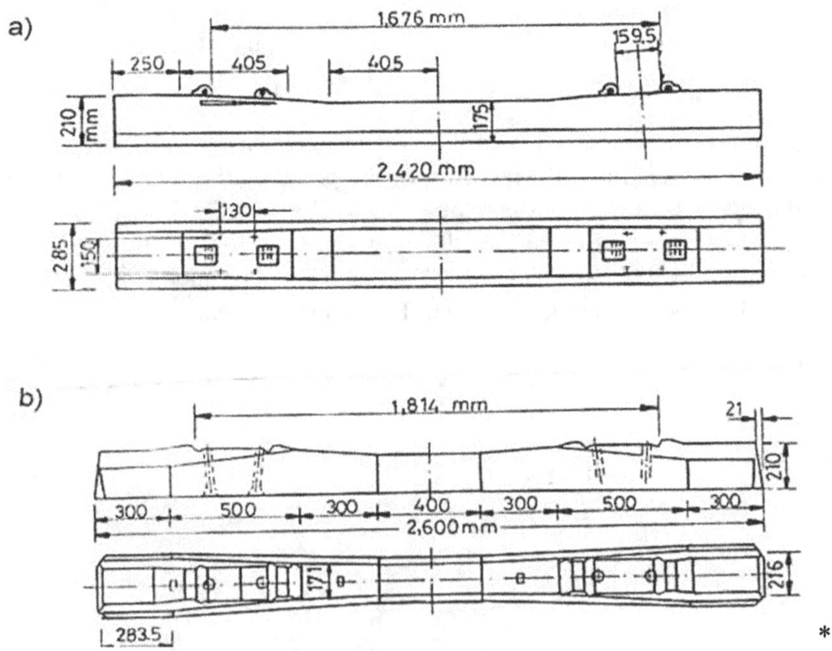

*

Fig. 3.16. Caractéristiques géométriques des traverses monoblocs [4]
a) Chemins de fer Britanniques ; b) Chemins de fer Allemands

La photo 4 montre un tronçon de la double voie à écartement standard sur les traverses en béton monoblocs du réseau ferré en construction du train urbain de la ville d'Addis Abeba (Éthiopie).

Photo 4 (Source : auteur)

La traverse monobloc en béton précontraint par *prétention* a été développée au Royaume Uni et les principaux utilisateurs sont les pays suivants [4] : Australie, Canada, Hongrie, Iraq, Japon, Norvège, Pologne, Afrique du Sud, Suède, États-Unis d'Amérique, Russie.

La traverse monobloc en béton précontraint par *post-tension* a été développée, quant à elle, en Allemagne et les principaux utilisateurs sont [4] : Autriche, Finlande, Inde, Italie, Mexique, Turquie.

Sur l'ensemble des nouvelles installations des traverses en béton, la traverse bi-bloc représente 20% et la traverse monobloc 80% [4].

Selon [8], en France, la traverse en béton précontraint a été, uniquement pour des raisons économiques, victorieusement concurrencée par la traverse mixte qui s'est améliorée simultanément.

Qu'il s'agisse d'un type de traverses ou de l'autre, la fabrication des traverses en béton est délicate et exige un béton de haute qualité et de grandes précautions [5].

Les traverses en béton étant d'élasticité plus faible que celles en bois, il convient d'en éviter la pose en zones de mauvaises plateformes, ou tout au moins de compenser cet inconvénient par une épaisseur supplémentaire de ballast d'au moins 10 cm [5].

Selon [4], l'utilisation des traverses en béton armé sur les voies en courbe est un sujet controversé. En effet, sur leurs voies métriques, les chemins de fer sud africains n'utilisent pas de traverses en béton armé dans les courbes de rayon inférieur à 300 m. Par contre, les chemins de fer canadiens, qui connaissent des températures extrêmes (- 40 °C à + 30 °C), posent des traverses en béton armé dans toutes les courbes de rayon inférieur à 870 m, y compris dans beaucoup de moins de 200 m de rayon, avec des longs rails soudés et sans surlargeur de voie [4].

3.3. Les attaches

3.3.1. Rôle des attaches

Le rôle des attaches est de :

- fixer le rail aux traverses :
- assurer la résistance longitudinale et latérale de la voie ;
- maintenir l'écartement de la voie et l'inclinaison au 1/20 du rail sur la traverse de manière constante ;
- transférer les charges du rail à la traverse ;
- assurer l'isolation électrique des rails vis-à-vis de la base.

Par ailleurs, les attaches doivent être d'installation et d'entretien faciles.

3.3.2. Attaches sur les traverses en bois

Le rail est fixé sur les traverses en bois par des tirefonds (vis à bois) ou par des crampons (clous à section carrée) [1]. Le tirefond (Fig. 3.17) permet d'obtenir une adhérence parfaite du rail sur la traverse.

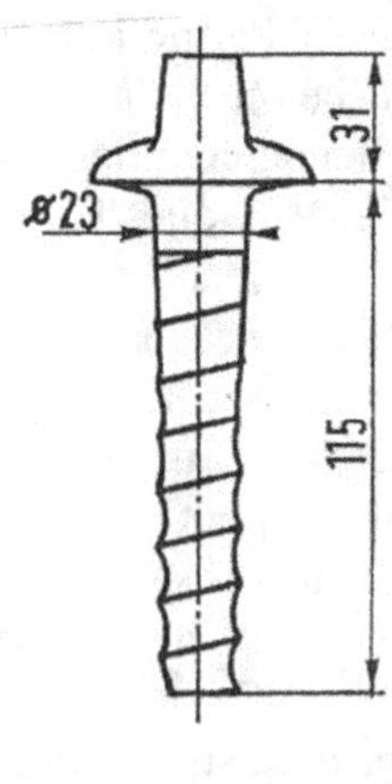

Fig. 3.17. Tirefonds 23 – 115 [1]

Les crampons (Fig. 3.18) sont presque exclusivement utilisés par les chemins de fer américains et constituent un des types d'attaches les plus répandues sur les chemins de fer russes [17].

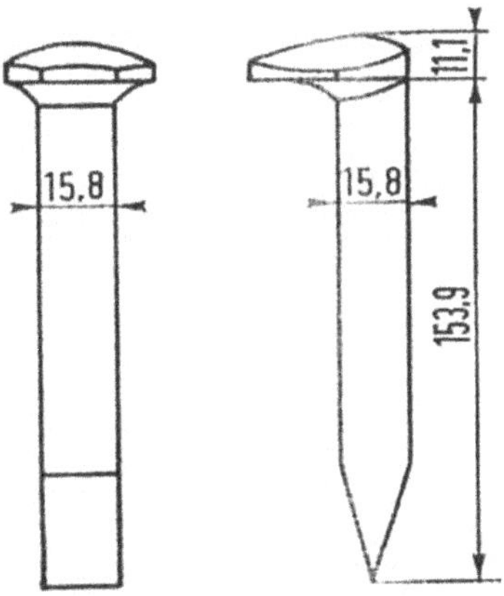

Fig. 3.18. Crampon [1]

Le crampon maintient bien l'écartement de la voie. Il est facile à poser. Par contre, il serre mal le patin du rail sur la traverse, et l'on constate rapidement des battements prononcés du rail au passage des essieux [5].

La pose sur crampons nécessite l'utilisation d'un nombre considérable d'anti-cheminants (Fig. 3.19 [2]).

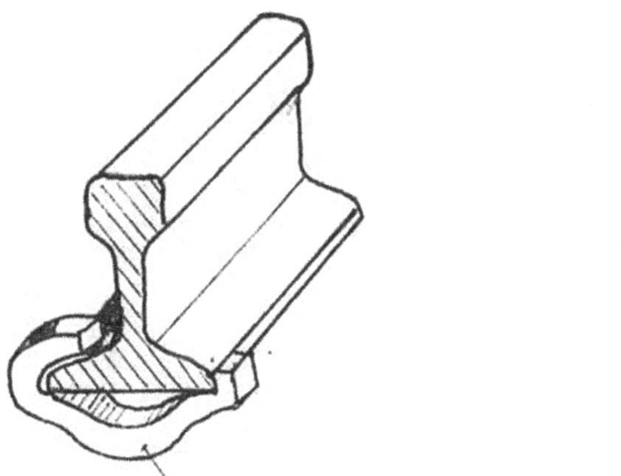

Fig. 3.19. Anti-cheminant pour la pose sur crampons [2]

3.3.3. Attaches sur traverses métalliques

Le rail est fixé à l'aide de boulons qui prennent appui sur les crapauds fixant le patin du rail dans les conditions indiquées à la figure 3.20 [1].

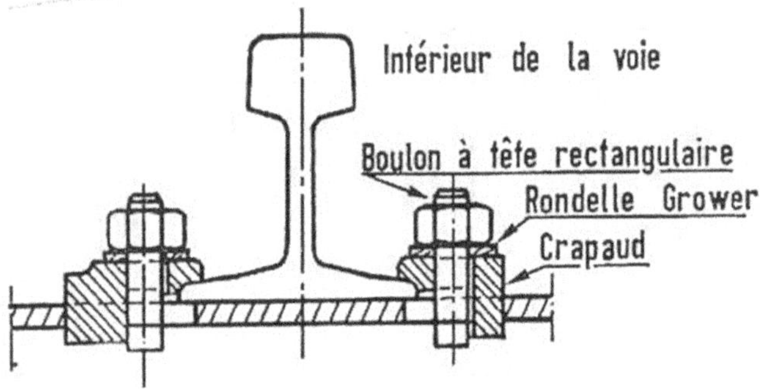

Fig. 3.20. Attache classique pour traverse métallique [1]

Ces crapauds sont serrés par des écrous vissés sur des boulons et la combinaison de deux ou trois modèles de crapauds permet de réaliser une gamme progressive d'écartement de la voie. La photo 5 montre un tronçon de voie posé sur des traverses métalliques.

Photo 5 (Source : CFCO)

3.3.4. Attaches sur traverses en béton armé

Dans les traverses en béton modernes, le rail est fixé à l'aide d'un boulon-tirefond vissé dans une gaine isolante ou non, elle-même scellée dans la traverse, ou à l'aide d'un boulon à tête-marteau RS [8].

Tous les types d'attaches élastiques mentionnés au point 3.3.6 sont utilisés sur les traverses en béton.

3.3.5. Types de pose

La voie peut être posée sur la traverse avec ou sans l'intermédiaire d'une selle métallique dont le rôle est de mieux répartir les efforts sur la table de sabotage. Cette selle joue en outre un rôle important dans les voies posées en courbe en diminuant les efforts exercés sur le patin du rail sur la partie extérieure de la table de sabotage et sur les têtes de tirefonds [1].

Dans la voie posée avec selle, l'attache peut être *directe* ou *indirecte*. Dans l'attache directe normalement utilisée en France, c'est le même dispositif de tirefond qui sert à fixer à la fois la selle et le rail sur la traverse [1].

Au contraire dans la pose indirecte, dont le type principal est l'attache K des Chemins de fer allemands (Fig. 3.21) très répandue dans toute l'Europe centrale et en Russie, la fixation de la selle sur la traverse est indépendante de la fixation du rail sur la selle. La selle est fixée sur la traverse soit avec des crampons, éventuellement élastiques, soit plus généralement avec des tirefonds sous la tête desquels on peut incorporer une rondelle élastique. Le rail est fixé sur la selle par l'intermédiaire des boulons dont la tête prend appui sur un épaulement de cette selle. Le boulon est fixé avec des rondelles élastiques, mais on peut également le remplacer par des dispositifs élastiques [1].

La fixation indirecte est nettement plus onéreuse que la fixation directe [8].

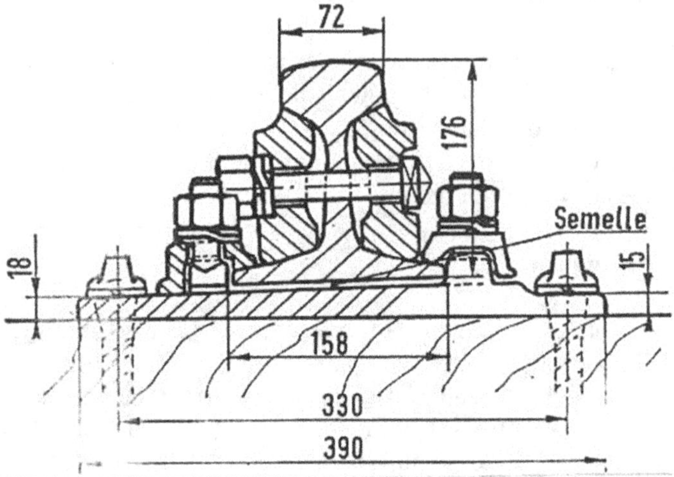

Fig. 3.21. Attache double type K [1]

Sous l'action des charges roulantes, l'effet des attaches s'atténue et, à la longue, arrive une déconsolidation de ces dernières. Ceci résulte principalement des phénomènes suivants : usure au contact avec le patin du rail et les plaquettes d'appui ou la selle, encastrement du rail ou de la selle dans les tables de sabotage des traverses, diminution d'épaisseur de la semelle élastique [126].

3.3.6. Attaches élastiques

Les attaches élastiques forment un intermédiaire doublement élastique entre rail et traverse, c'est-à-dire opposent une résistance élastique aux mouvements relatifs dans le sens vertical, aussi bien vers le haut que vers le bas [1].

Les attaches élastiques sont les plus recommandées pour les voies modernes, car elles permettent un serrage plus efficace. Elles sont utilisées aussi bien sur les traverses en bois que sur les traverses en béton.

Il existe de nombreux types d'attaches élastiques dans le monde ; les plus représentatives à l'heure actuelle sont les attaches Nabla (France), Vossloh (Allemagne) et Pandrol (Royaume Uni). Ces attaches sont montrées à la figure 3.22.

Pour les traverses métalliques, sur les chemins de fer français, la pose élastique permettant de réaliser des L.R.S est obtenue par l'introduction d'une semelle en caoutchouc entre le rail et la traverse, l'utilisation d'un crapaud surélevé de 4 mm et d'un boulon de 24-80/54 au lieu de 24-70/54, et l'utilisation d'une rondelle-ressort en remplacement de la rondelle WL24 [1].

Mentionnons que l'attache double K telle que définie précédemment est également considérée comme une attache élastique.

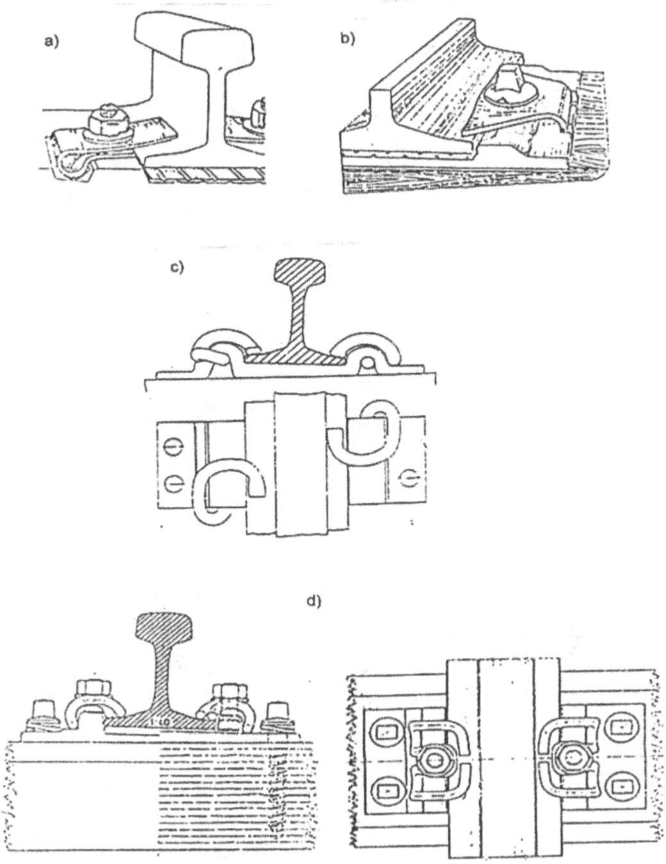

Fig. 3.22. Exemples d'attaches élastiques
a) RN ; b) Nabla ; c) Pandrol; d) Vossloh

La photo 6 montre l'attache élastique en pose directe utilisée sur le réseau du train urbain en construction de la ville d'Addis Abeba (Éthiopie).

Les photos 7 et 8 montrent des tronçons de voie métrique posés sur les traverses en bois respectivement avec attaches Nabla et Pandrol (République du Congo).

Photo 6 (Source : auteur)

Photo 7 (Source : CFCO)

Photo 8 (Source : CFCO)

3.4. Le ballast

3.4.1. Fonctions du ballast et du sous-ballast

Le terme « ballast » dans l'ingénierie ferroviaire désigne la couche en pierres concassées sur laquelle reposent les traverses [4].

Le ballast assure les fonctions suivantes :

- supporter les efforts qui lui sont transmis par les traverses et les répartir sur la plateforme ;
- assurer, grâce à sa granulométrie particulière, le drainage et l'évacuation rapide des eaux zénithales ;
- constituer un amortisseur de vibrations ;
- assurer la stabilité longitudinale et latérale de la voie ;
- permettre, au moyen du bourrage-dressage mécanisé, la rectification rapide du nivellement et du tracé en plan de la voie.

En général, la granulométrie du ballast est 25 – 50 mm (25/50) [8], c'est-à-dire qu'un pourcentage limité d'éléments de ballast est retenu par une maille de 50 × 50 mm et un pourcentage limité des éléments passe à travers une maille de 25 × 25 mm). Certains pays adoptent d'autres granulométries, par exemple 14 – 50 mm (14/50) aux chemins de fer britanniques [4] et 25 – 60 mm (25/60) aux chemins de fer russes [17].

Sous le ballast, on pose une couche de « *sous-ballast* » *(sous-couche)* dont les fonctions sont les suivantes :

- protéger la partie supérieure de la plateforme contre l'érosion résultant du poinçonnement du ballast et de l'action des eaux de pluie ;
- évacuer rapidement les eaux de pluie grâce au pentage transversal (3 ÷5%) [7];
- répartir les charges transmises afin d'obtenir sur la plateforme des valeurs de pression admissibles ;
- éviter la remontée des éléments fins du sol dans le ballast ;
- protéger la plateforme contre les effets du gel.

La sous-couche est, sur une voie neuve, constituée de matériaux bien gradués ; sur la voie ancienne, elle est le plus souvent constituée d'un mélange de produits de dégarnissage, de grave, de sable, de scories et de sol [7].

Le ballast et la sous-couche sont les deux composantes des « couches d'assise » de la voie. La figure 3.23 représente le profil en travers type selon l'UIC [24].

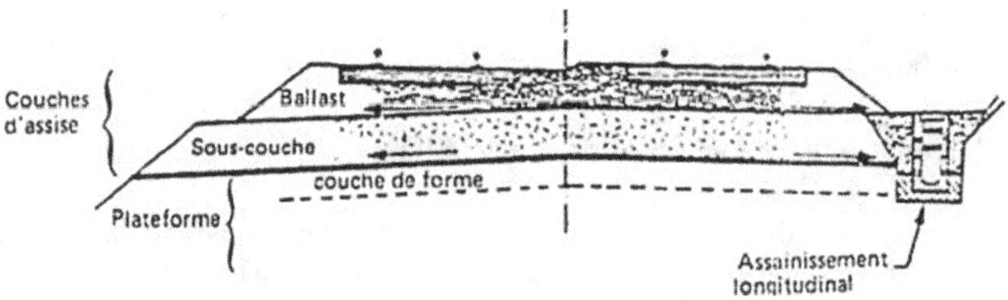

Fig. 3.23. Profil en travers type des couches d'assise [24]

3.4.2. Dureté du ballast

3.4.2.1. Essais Deval

Compte tenu de la vitesse élevée et du bourrage mécanique, il est nécessaire que le ballast ait une dureté suffisante, autrement il se désintègre et ne peut pas remplir ses fonctions. La dureté du ballast se détermine par des « essais Deval » et « Los Angeles » en laboratoire. Les essais Los Angeles seront traités au point 3.4.2.3.

Les essais Deval sont des essais de fatigue qui permettent d'apprécier la résistance à l'attrition des granulats (usure des grains). Cette attrition diffère selon que l'essai est réalisé à sec ou en présence d'eau [85] [8].

Les essais « Deval sec » ou « Deval humide », qui sont adaptés aux granulats, type « gros gravier », tels que le ballast, s'effectuent dans un appareil constitué de deux cylindres, inclinés sur leur axe de rotation horizontal (Fig. 3.24) [85] [8].

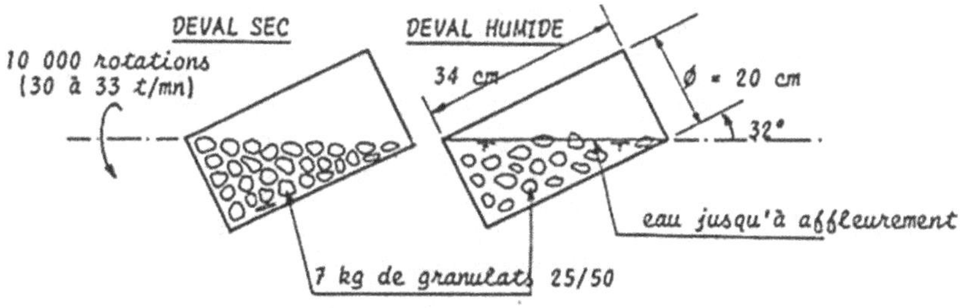

Fig. 3.24. Essais Deval [85] [8]

Dans le cas du ballast, les caractéristiques des matériaux essayés sont : 7 kg de granulats 25/50, reconstitués pondéralement dans les proportions suivantes : 25/40 = 60% et 40/50 = 40%.

L'appareil effectue 10 000 rotations à une vitesse comprise entre 30 et 33 tours par minute.

Le coefficient Deval sec (DS) ou Deval humide (DH) est déterminé par la formule suivante :

$$\text{DS (ou DH)} = \frac{2800}{m} \quad (3.6)$$

où m est la masse en grammes des éléments de grosseur inférieure à 1,6 mm produits par l'attrition dans chacun des cylindres.

Ce coefficient doit être au moins de 14 pour les pierres dites « dures » et de 12 pour les calcaires [1].

Les coefficients Deval sont d'autant plus élevés que la résistance à l'attrition est plus grande.

3.4.2.2. Essais Micro-Deval

Les essais « Micro-Deval sec » ou « Micro-Deval humide » sont utilisables pour les granulats de moindre grosseur, notamment le gravier sableux couramment appelé « grave » pour la couche du sous-ballast et la couche de fondation.

Ces essais s'effectuent dans l'appareil représenté sur la figure 3.25 [85] [8]. On adjoint aux échantillons des granulats de charges de billes d'acier. Le cylindre effectue 12 000 rotations à une vitesse de 100 tours par minute.

Classe granulaire d'échantillon	Charge de billes par cylindre
4 - 6,3	2 kg
6,3 - 10	4 kg
10 - 14	5 kg

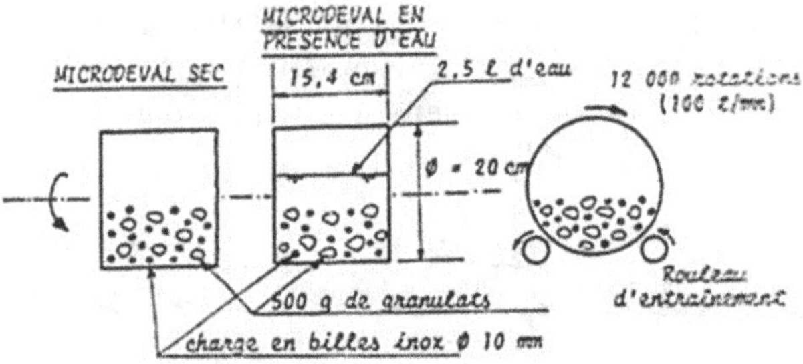

Fig. 3.25. Essais Micro Deval [85] [8]

Les coefficients Micro-Deval se déterminent par la formule suivante :

$$\text{MDS (ou MDE)} = 100\,\frac{m}{500} \qquad (3.7)$$

où m est la masse en grammes des éléments de grosseur inférieure à 1,6 mm formés au cours de l'essai dans chacun des cylindres.

Les coefficients Micro-Deval sont d'autant plus faibles que la résistance à l'attrition est plus grande.

3.4.2.3. Essai Los Angeles

L'essai « Los Angeles » permet d'apprécier la résistance aux chocs d'un granulat. Cet essai s'effectue dans l'appareil représenté sur la figure 3.26 [85] [8].

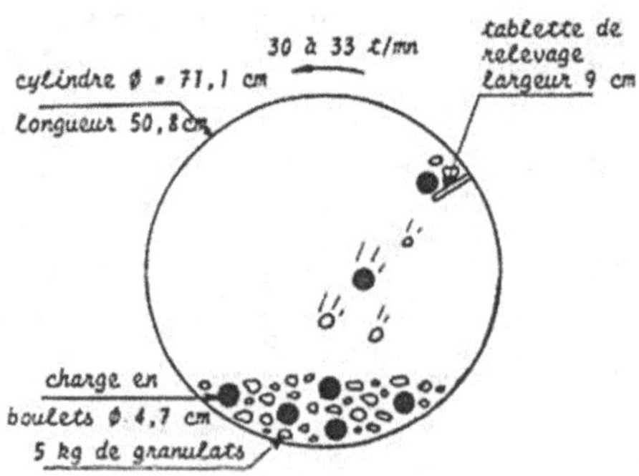

Classe granulaire de l'échantillon	Nombre de boulets	Nombre de tours
4 - 6,3	7	500
6,3 - 10	9	500
10 - 14	11	500
10 - 25	11	500
16 - 31^{5}	12	500
25 - 50	12	1000

Fig. 3.26. Essais Los Angeles [85] [8]

Une tablette interne au cylindre provoque la chute des boulets et du granulat à chaque rotation. Le coefficient Los Angeles se détermine par la formule suivante :

$$LA = 100 \frac{m}{5\,000} \qquad (3.8)$$

où m est la masse en grammes des éléments de grosseur inférieure à 1,6 mm formés au cours de l'essai.

Le coefficient Los Angeles doit être inférieur ou égal à 20 [23].

Le coefficient Los Angeles est d'autant plus faible que la résistance aux chocs est plus élevée.

3.4.2.4. Exemples de valeurs de coefficients Deval, Micro Deval et Los Angeles

Le tableau 3.10 présente des exemples de valeurs de coefficients Deval, Micro Deval et Los Angeles des cas particuliers des roches saines non-altérées [85].

Tableau 3.10. Exemples de valeurs des coefficients Deval, Micro Deval et Los Angeles (cas des roches saines non-altérées) [85].

	Poids volumique (γ) en kN/m3	Porosité (n) en %	DS	MDE	LA
Granite	26,5	0,5	15	10	20
Microgranite ou rhyolite	26,5	0,5	20	8	13
Diorite	30	0,5	14	12	16
Microdiorite	29	0,5	20	8	13
Andésite	26	2	13	11	15
Ophite	30	0,5	16	13	14
Basalte	29	0,5	19	10	15
Gneiss	26	1	15	10	20
Amphibolite	28	1	22	16	16
Cornéenne	26	0,2	22	10	14
Quartzite	26,5	0,5	20	5	15
Leptynite	26	0,5	15	9	20
Silex	26	0,2	13		19
Calcaires	15	40	0,5	100	100
	18	30	1,5	60	85
	20	25	2,5	40	70
	22	18	4,5	27	60
	24	10	7	20	40
	26	5	11	16	23
	27	0,5	15	12	15

En pratique, les résultats peuvent être très péjorés par l'altération ; de plus, ils présentent fréquemment, dans une même carrière d'extraction, une forte dispersion [85].

3.4.2.5. Dureté globale (DRG)

La notion de « dureté globale » est utilisée dans les prescriptions pour granulats de couches d'assise ferroviaire (ballast, grave pour couche sous-ballast, grave pour couche de fondation) [85] [8]. Elle prend en compte à la fois :

- la résistance à l'attrition (DS, DH, MDE) ;
- la fragilité (LA).

L'abaque de la figure 3.27 [85] [8] permet de déterminer le coefficient de dureté globale (DRG).

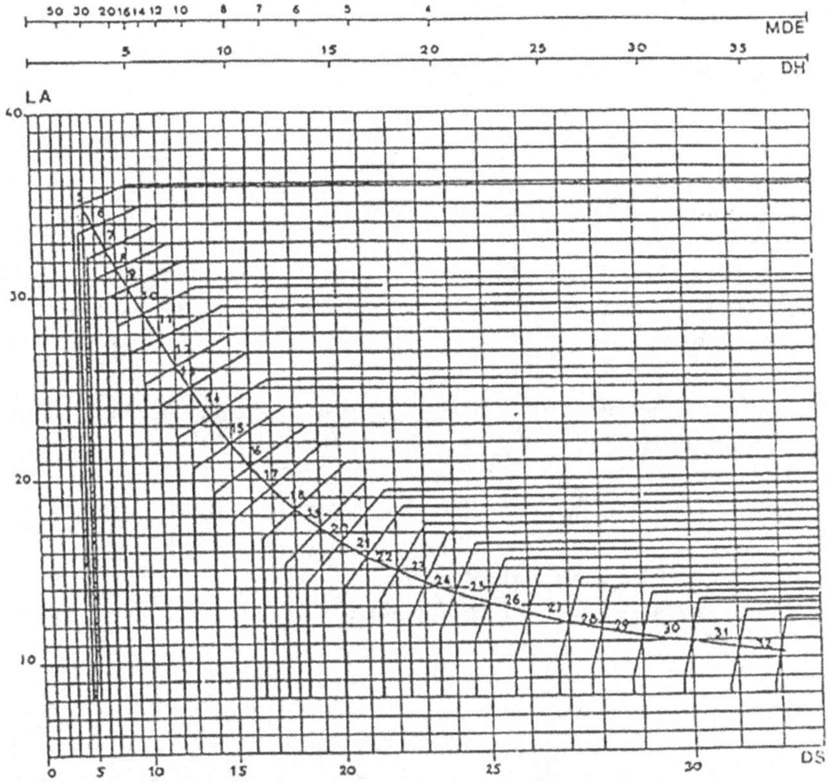

LA, *coefficient Los Angeles ;* DS, *coefficient Deval sec ;* DH, *coefficient Deval humide* · MDE, *coefficient Microdeval en présence d'eau*

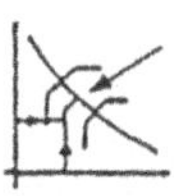

Fig. 3.27. Détermination du coefficient de dureté DR d'un échantillon en fonction des coefficients « Los Angeles » et « Deval » ou « Micro Deval » [85] [8].

Le coefficient de dureté globale exigé pour le ballast varie selon la nature des traverses et la nature du trafic [8]:

• Traverses en bois

Groupes UIC 1 à 6 : V > 200 km/h, DRG souhaitable : 17 ; mini : 14
V < 200 km/h, DRG souhaitable : 17 ; mini : 14
Groupes UIC 7 à 9 : DRG mini : 13,5

• Traverses en béton de longueur ≥ 2,40 m
Groupes UIC 1 à 6 : V > 200 km/h, DRG souhaitable : 20 ; mini : 17
V < 200 km/h, DRG souhaitable : 17 ; mini : 15
Groupes UIC 7 à 9 : DRG mini : 14

• Traverses en béton de longueur < 2,40 m

Groupes UIC 1 à 6 : V < 200 km/h, DRG souhaitable : 18 ; mini : 15.

Groupes UIC 7 à 9 : DRG mini : 14.

Le coefficient de dureté globale de la grave de la couche « sous-ballast » doit être au moins égal à 12 ; il doit être au moins égal à 10 pour la grave de « couche de fondation » [8].

3.4.3. Dimensionnement de l'épaisseur globale de la couche « ballast + sous-ballast »

L'épaisseur globale de la couche « ballast + sous-ballast » varie :

- avec le type et l'épaisseur des traverses ;
- avec les caractéristiques du trafic (tonnage supporté et charge par essieu) [7].

Le dimensionnement des structures d'assise pour des lignes nouvelles doit être établi en considérant notamment que le matelas « ballast + sous-couche » doit être suffisamment épais pour que les sollicitations exercées sur le sol de la plateforme ne dépassent pas la résistance à la fatigue de ce dernier [8] comme nous le verrons au point 4.3.4.4.4 du chapitre IV.

Pour ce qui concerne les lignes anciennes, les structures d'assise sous-dimensionnées se manifestent par une évolution plus rapide de la dégradation de nivellement ; le remède consiste alors à augmenter l'épaisseur de la couche de ballast [8]. Ce point sera évoqué au paragraphe 11.4 du chapitre XI.

Les épaisseurs totales normales des structures préconisées sont résumées dans le tableau 3.11 [8].

Tableau 3.11.Épaisseurs globales de la couche « ballast + sous-ballast » [8]

	Classe de qualité de sol QS_i	Lignes à V 200km/h	Trafic					
			Groupes UIC des lignes					
			1 – 2 – 3		4–5–6–7 avec voyageurs		7 sans voyageurs 8-9	
	Type de traverses		Bois	béton	bois	béton	bois	béton
Épaisseur normale «ballast+ sous-ballast » (cm)	QS_1	85	75	80	65	70	55	60
	QS_2	70	60	65	50	55	40	45
	QS_3	50	40	45	30	35	25	30

L'épaisseur de la couche sous-ballast est de 20 cm sur les chemins de fer russes [17] (voies d'écartement de 1,520 m). Pour la voie métrique, l'épaisseur de 10 cm a été adoptée sur le tronçon de ligne réalignée du Chemin de fer Congo-Océan (CFCO) en République du Congo, l'épaisseur de la couche de ballast étant de 20 cm.

Pour les voies métriques, l'UIC [89] recommande les épaisseurs suivantes de la couche de ballast pour les principales classes d'exploitation mentionnées au paragraphe 1.8 (chapitre I) :

- Classe B1 (transport des marchandises lourdes jusqu'à 80 km/h avec une charge de 25 tonnes par essieu) : 25 cm ;
- Classe B2 (transport des marchandises lourdes jusqu'à 80 km/h avec une charge de 30 tonnes par essieu) : 30 cm ;
- Classe C (transport des marchandises et des voyageurs, vitesse entre 60 et 100 km/h, charge par essieu jusqu'à 20 tonnes) : 20 - 25 cm.

À ces épaisseurs de couche de ballast, il faut bien évidemment ajouter une couche de sous-ballast.

La construction d'une ligne nouvelle s'amortissant sur une très longue période, il convient de tenir compte des perspectives à long terme dans le dimensionnement de l'épaisseur globale de la couche « ballast + sous-ballast », car toute erreur dans la détermination des épaisseurs de couches n'est réparable qu'à un coût prohibitif [25].

Par ailleurs, pour pallier les défauts géométriques, il convient d'assurer une épaisseur correcte de ballast sous les traverses, afin de permettre un relevage suffisant de la voie pour la niveler par bourrage mécanique lourd [74].

3.4.4. Profils du ballast

Les figures 3.28a, 3.28b et 3.28c montrent, à titre d'exemple, quelques profils de ballast utilisés respectivement en République du Congo, au Gabon et au Maroc [25].

Il convient de mentionner que, en dehors du profil normal, des profils renforcés sont également utilisés notamment dans les courbes de faible rayon. Ce point sera abordé au paragraphe 8.3 du chapitre VIII.

a)

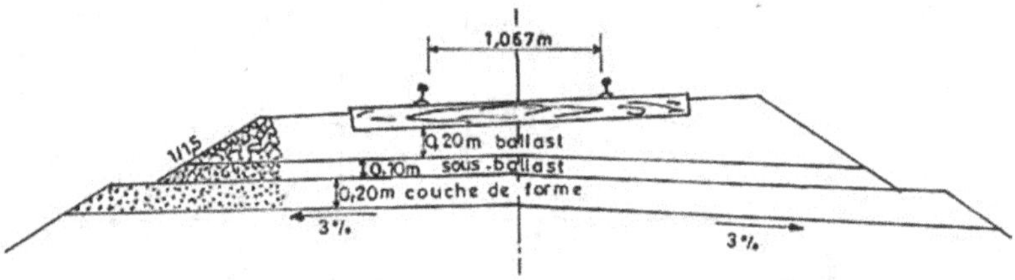

b)

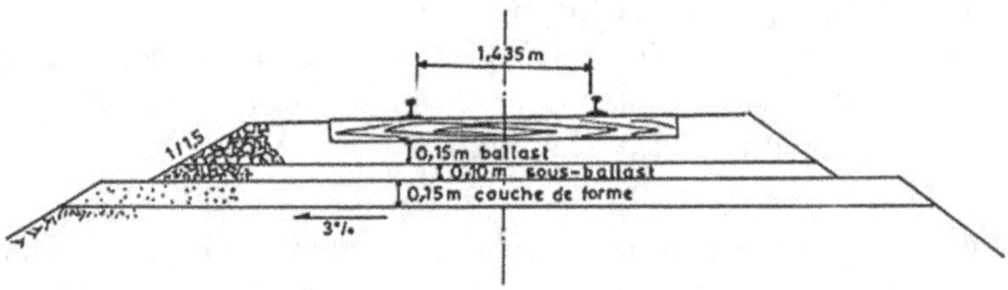

c)

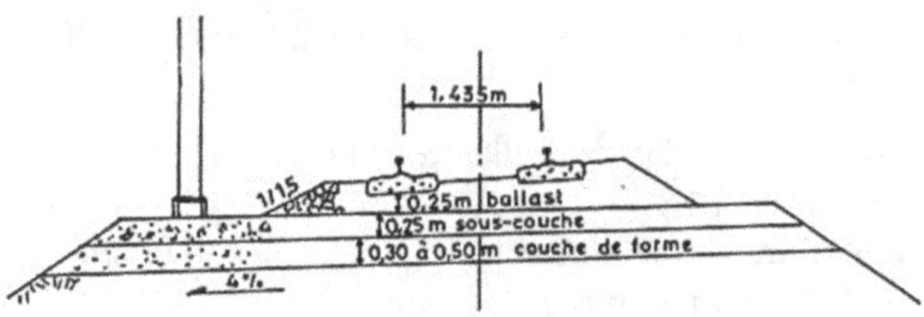

Fig. 3.28. Profils en travers des couches d'assise [7]
a) Congo Brazzaville ; b) Gabon ; c) Maroc

CHAPITRE IV.
COMPORTEMENT DE LA VOIE SOUS L'ACTION DES CHARGES VERTICALES

4.1. Caractéristiques techniques de la voie

On caractérise l'élasticité verticale de la voie sous charge à l'aide d'un certain nombre de paramètres dont les principaux sont les suivants :

a) Coefficient de ballast

Le coefficient de ballast C caractérise les propriétés élastiques du ballast sous la traverse [1] [26] [121] :

$$C = \frac{p}{y} \tag{4.1}$$

où

p : la pression exercée sur 1 cm^2 de la surface d'appui de la traverse ;
y : l'enfoncement élastique de la traverse.

Si on exprime p en daN/cm^2 et y en cm, C s'exprimera donc en daN/cm^3.
Le coefficient C se détermine expérimentalement et ses valeurs en fonction de la qualité de plateforme sont les suivantes [1] : 3 daN/cm^3 pour la plateforme médiocre ; 9 daN/cm^3 pour la plateforme moyenne, et 18 daN/cm^3 pour la plateforme bonne.

b) Module d'élasticité du support du rail[5]

Dans les calculs de la voie, on remplace en général le coefficient de ballast C par un autre paramètre qui caractérise l'élasticité du support continu de la file de rail. Il s'agit du *module d'élasticité du support du rail* U en flexion verticale [121] [17] :

$$U = \frac{q}{y} \tag{4.2}$$

où

y : l'enfoncement élastique du rail ;
q : la réaction unitaire du support élastique continu du rail, égale à l'intensité de la charge uniformément répartie sur le rail.

Si on exprime q en daN/cm et y en cm, U s'exprimera alors en daN/cm^2.

[5] Ce paramètre est désigné par « Module de voie » dans [1] et [8].

Les paramètres U et C peuvent être approximativement reliés par l'expression suivante [26] [121]:

$$U = \frac{ab}{2l_{tr}} C\alpha \tag{4.3}$$

où

a : longueur de la traverse ;
b : largeur de la partie inférieure de la traverse ;
α : le coefficient de flexion des traverses :

- pour la traverse en bois, $\alpha = 0{,}75 \div 0{,}85$ [17];
- pour la traverse en béton, $\alpha = 0{,}85 \div 0{,}90$ [17];
- pour la traverse en bois sur la voie métrique, nous pouvons retenir $\alpha = 0{,}80$ [37];

l_{tr} : l'espacement des traverses d'axe en axe.

À titre d'exemple, en voie métrique, pour une traverse en bois de longueur a = 2 m (200 cm), de largeur b = 0,20 m (20 cm) avec une distance entre les axes des traverses l_{tr} = 0,60 m (60 cm), nous aurons, en considérant une plateforme moyenne (C = 9) :

$$U = \frac{200 \cdot 20}{2 \cdot 60} \cdot 9 \cdot 0{,}8 = 240 \text{ daN/cm}^2$$

Selon [1] pour une voie standard de 50 kg/m, U est respectivement égal à 96 daN/cm^2 pour une « plateforme médiocre », 288 daN/cm^2 pour une « plateforme moyenne » et 576 daN/cm^2 pour une « plateforme bonne ».

Pour la voie métrique, nous pouvons retenir, dans les calculs, comme valeur moyenne U = 200 daN/cm^2 ($\approx$ 200 kg/cm^2) pour la traverse en bois et la plateforme moyenne [37] [45].

4.2. Comportement statique de la voie sous l'action des charges verticales

4.2.1. Déformation élastique du rail

Nous nous baserons sur l'étude de Zimmermann dans laquelle, on considère le rail comme une poutre de longueur indéfinie reposant sur un support élastique continu horizontal, de module d'élasticité U constant, et soumis à l'action d'une charge verticale concentrée P immobile exercée par la roue d'un véhicule (Fig. 4.1) [45].

Nous désignerons par :

M : le moment fléchissant du rail ;
T : l'effort tranchant dans le rail ;
U : le module d'élasticité du support du rail ;
E : le module d'élasticité de l'acier à rail ;
I : le moment d'inertie du rail par rapport à l'axe neutre horizontal;
q : la réaction unitaire du support élastique du rail, égale à l'intensité de la charge uniformément répartie sur le rail.

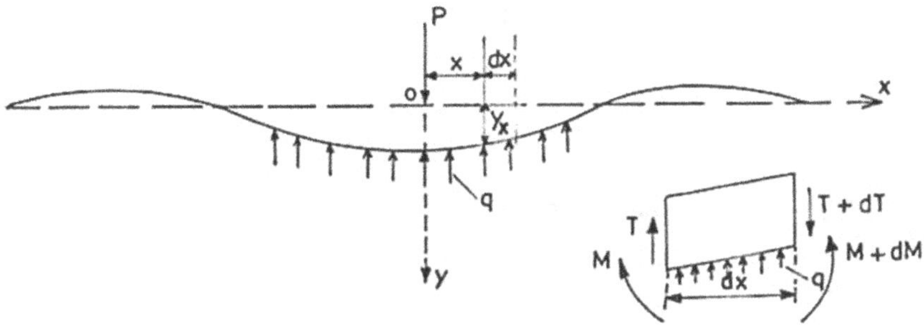

Fig. 4.1. Schéma de déformation d'un rail de longueur indéfinie reposant sur un support élastique horizontal continu, sous l'action de la charge P d'une roue [45]

Si on néglige les forces d'origine thermique dues à la dilatation contrariée, l'équilibre d'un élément de voie de longueur dx (Fig. 4.1) exige (voir cours de Résistance des matériaux) :

$$\frac{dT}{dx} = q \tag{4.4}$$

$$\frac{dM}{dx} = T \tag{4.5}$$

d'où :

$$\frac{d^2M}{dx^2} = q \tag{4.6}$$

Selon l'expression (4.2) :

$$q = Uy \tag{4.7}$$

d'où, compte tenu de l'expression (4.6), on obtient :

$$\frac{d^2M}{dx^2} = Uy \qquad (4.8)$$

Par ailleurs, l'équation différentielle de l'axe déformé du rail est (voir étude de flexion en Résistance des matériaux) :

$$\frac{d^2y}{dx^2} = -\frac{M}{EI} \qquad (4.9)$$

En différenciant deux fois l'expression (4.9) et en tenant compte de l'expression (4.8), on obtient :

$$\frac{d^4y}{dx^4} = -\frac{d^2M}{dx^2EI} = -\frac{U}{EI}\,y$$

ou bien :

$$\frac{d^4y}{dx^4} + \frac{U}{EI}\,y = 0 \qquad (4.10)$$

En posant [15] [17] :

$$\frac{U}{EI} = 4k^4 \qquad (4.11)$$

on obtient :

$$\frac{d^4y}{dx^4} + 4\,k^4y = 0 \qquad (4.12)$$

avec :

$$k = \sqrt[4]{\frac{U}{4EI}} \qquad (4.13)$$

où k est le coefficient de rigidité relative du rail et du support du rail en flexion verticale [123] [17], avec $k \approx 1 \div 2\ m^{-1}$ [17] [18].

Après intégration successive de l'équation (4.12), on obtient l'équation de l'axe déformé du rail. Cette équation est complexe, sa forme est la suivante [17] :

$$y = e^{kx}(C_1\cos kx + C_2\sin kx) + e^{-kx}(C_3\cos kx + C_4\sin kx) \qquad (4.14)$$

L'enfoncement élastique du rail y, le moment fléchissant M et l'effort transmis à la traverse Q qui se produisent dans les sections du rail sous l'action d'une charge unique concentrée P, se déterminent par les expressions suivantes [17] :

$$y = \frac{k}{2U} P\, e^{-kx}(\cos kx + \sin kx) = k\frac{P}{2U}\eta_{(kx)} \quad (4.15)$$

$$Q = \frac{kl_{tr}}{2} P\, e^{-kx}(\cos kx + \sin kx) = \frac{kl_{tr}}{2} P\eta_{(kx)} \quad (4.16)$$

$$M = \frac{1}{4k} P\, e^{-kx}(\cos kx - \sin kx) = \frac{1}{4k} P\mu_{(kx)} \quad (4.17)$$

où

l_{tr} : la distance entre les axes des traverses consécutives ;

$$\eta_{(kx)} = e^{-kx}(\cos kx + \sin kx) \quad (4.18)$$

$$\mu_{(kx)} = e^{-kx}(\cos kx - \sin kx) \quad (4.19)$$

$\eta_{(kx)}$ et $\mu_{(kx)}$: les ordonnées des lignes d'influence pour l'enfoncement élastique et l'effort transmis à la traverse, et du moment fléchissant.

Les diagrammes des fonctions de $\mu_{(kx)}$ et $\eta_{(kx)}$ sont représentés sur la figure 4.2 [17] [18]. Les valeurs concrètes de μ et η se déterminent à partir du tableau de l'Annexe I. en fonction de kx [26] [18], où x est l'abscisse du point considéré.

Pour une charge concentrée P, les valeurs maximales de y, Q et M s'obtiennent au droit de la section où s'exerce la charge (pour x = 0). Dans ce cas $\boldsymbol{\mu} = 1$, $\boldsymbol{\eta} = 1$ (voir Fig. 4.2).

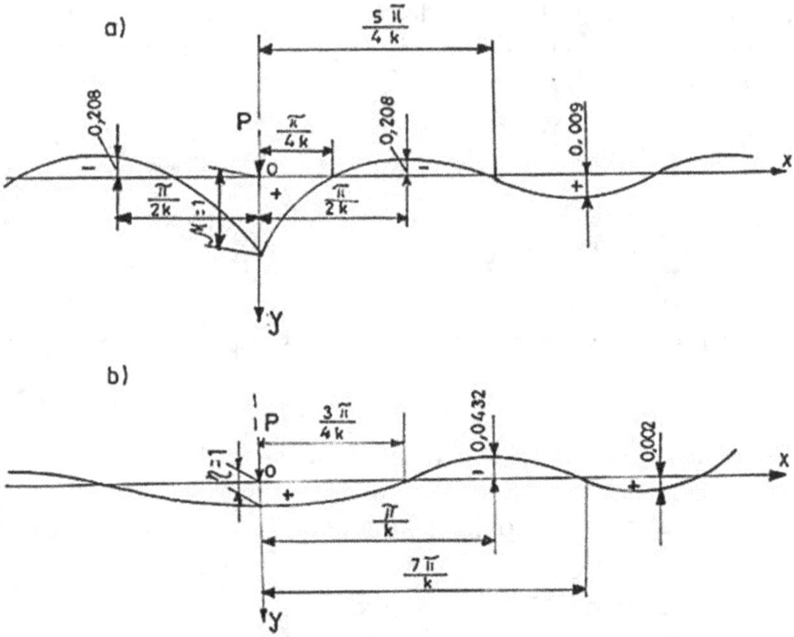

Fig. 4.2. Graphiques des fonctions $\mu_{(kx)}$ et $\eta_{(kx)}$ [17] [18]

a) $\mu_{(kx)} = e^{-kx}(\cos kx - \sin kx)$

b) $\eta_{(kx)} = e^{-kx}(\cos kx + \sin kx)$

On a donc :

$$y_{max} = \frac{k}{2U}P \quad (4.20)$$

$$Q_{max} = \frac{kl_{tr}}{2}P \quad (4.21)$$

$$M_{max} = \frac{1}{4k}P \quad (4.22)$$

Dans le cas d'un système de charges agissant sur le rail (Fig. 4.3), on obtient :

$$y = \frac{k}{2U}\Sigma P_i \eta_i \quad (4.23)$$

$$Q = \frac{kl_{tr}}{2}\Sigma P_i \eta_i \quad (4.24)$$

$$M = \frac{1}{4k}\Sigma P_i \mu_i \quad (4.25)$$

Il convient de noter que l'influence des roues situées à plus de 3,5 m de la roue de calcul est négligeable [123] [26].

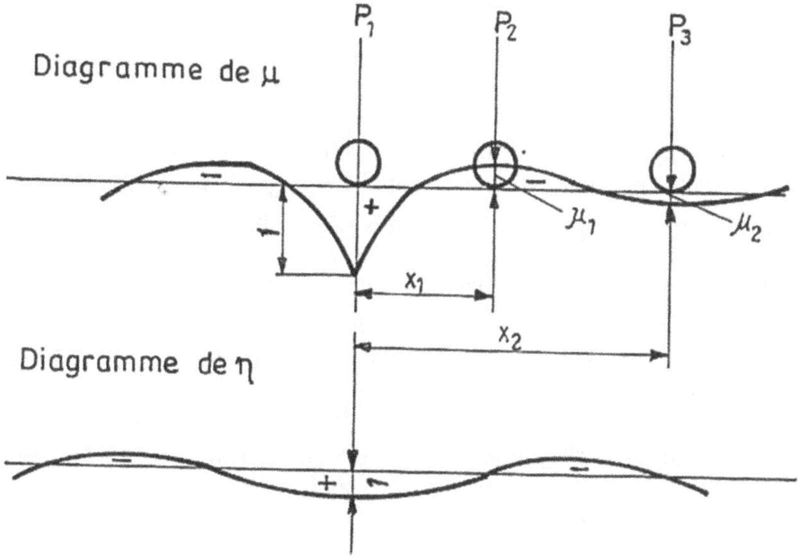

Fig. 4.3. Cas d'un système de charges [17] [123]

4.2.2. Intérêt de l'étude statique de la voie

L'application directe de la méthode de Zimmermann donne un ordre de grandeur :

- du moment fléchissant et, partant, des contraintes statiques de flexion entraînées par la charge d'une roue ;
- de l'effort transmis à la traverse ;
- de l'enfoncement du rail.

Cette méthode sert de base à bien des comparaisons de profils de rails, soumis à des charges statiques d'intensité différentes ; ce qui permet d'orienter le choix d'un profil capable de répondre à une charge maximale par essieu donné [1].

On démontre aisément que lorsque la rigidité du rail augmente, en fait lorsque son poids augmente :

- la contrainte de flexion subie par le rail diminue, le rail se fatigue moins et sa durée de vie augmente ;

- l'effort transmis à la traverse diminue, donc les pressions sur le ballast et l'amplitude de vibrations de ce dernier diminuent, la détérioration de la voie se trouve réduite ;
- l'enfoncement du rail diminue, d'où une certaine amélioration de la tenue du nivellement.

Mais l'augmentation de l'inertie du rail a plus d'intérêt pour diminuer les contraintes du rail que pour améliorer la tenue du nivellement [1]. C'est la raison de l'emploi, sur les lignes à forte charge par essieu, des rails de plus en plus lourds, comme mentionné au point 3.1.9 du chapitre III.

Par contre, l'augmentation du travelage (nombre de traverses au kilomètre de voie) est plus intéressante pour la conservation du nivellement que pour la fatigue des rails. C'est cette méthode qui consiste à augmenter le nombre de traverses au kilomètre qui est la plus efficace dans le cas des fondations particulièrement mauvaises [1].

Les courbes des figures 4.4, 4.5 et 4.6 illustrent l'évolution de ces différents paramètres en fonction du moment d'inertie vertical du rail. Ces courbes, que nous avions obtenues à partir d'un calcul effectué par la méthode de Zimmermann évoquée ci-dessus [55], concernent les types de rails suivants : S30 (30 kg/m), S40 (36 kg/m), U33 (46kg/m) et U36 (50 kg/m), selon les données de base ci-après :

- locomotive BB-BB (Photo 9) de charge par essieu égale à 17 tonnes (charge statique par roue : Q_s = 8,375 tonnes) [107] ;
- travelage : 1722 tr/km ;
- qualité de plateforme : moyenne.

Ces courbes montrent parfaitement que, lorsque le moment d'inertie vertical du rail augmente, toutes les caractéristiques ci-dessus mentionnées s'améliorent. À titre d'exemple, toutes conditions égales par ailleurs, en passant du rail S30 (30 kg/m) au rail U33 (46 kg/m), la diminution est d'environ 35% pour la contrainte axiale sous le patin, et de 15% aussi bien pour l'effort transmis à la traverse que pour l'enfoncement du rail.

Photo 9 (Source : CFCO)

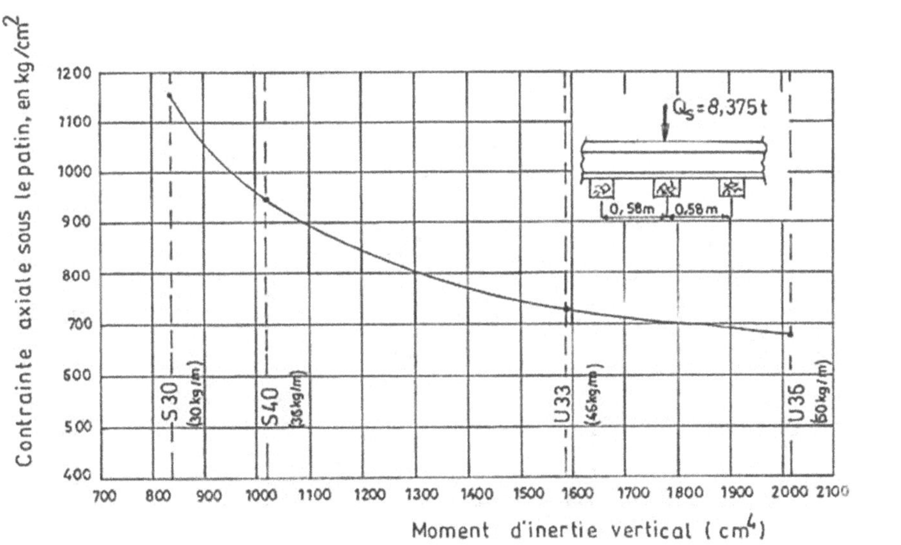

Fig. 4.4. Évolution de la contrainte statique de flexion du rail en fonction du moment d'inertie vertical [55]

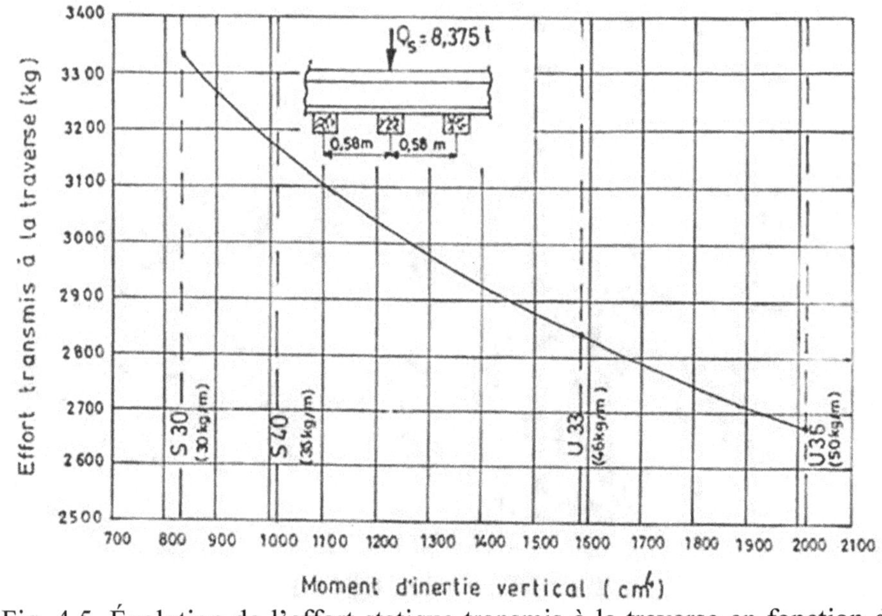

Fig. 4.5. Évolution de l'effort statique transmis à la traverse en fonction du moment d'inertie vertical [55]

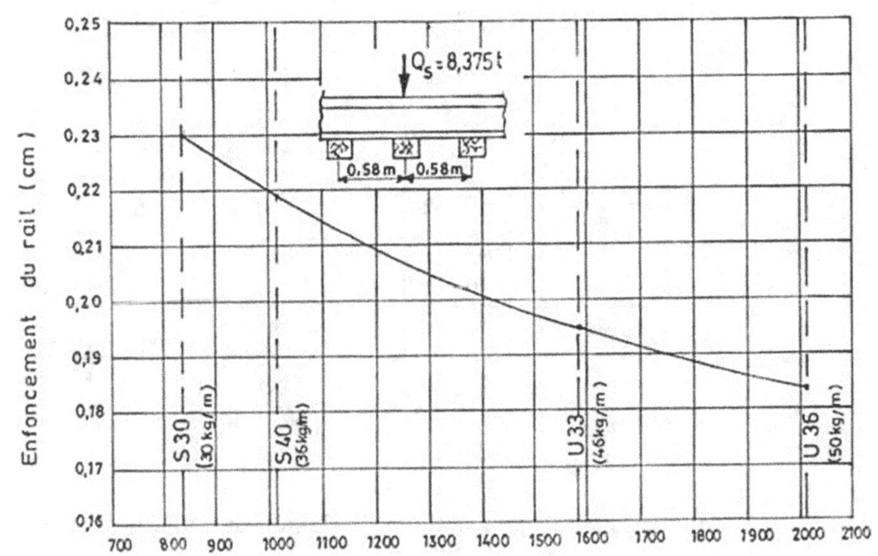

Fig. 4.6. Évolution de l'enfoncement statique du rail en fonction du moment d'inertie vertical [55]

4.3. Efforts dynamiques verticaux

4.3.1. Composantes des efforts dynamiques verticaux

Tout véhicule ferroviaire moderne (locomotive, wagon) est constitué d'une *masse non-suspendue* (essieux, boîte d'essieux, bloc de ressorts de suspension) et de la caisse qui s'y appuie - *masse suspendue* [17].

Lorsqu'un véhicule est en mouvement, il exerce sur la voie des efforts verticaux qui se composent, comme mentionné au paragraphe 1.5 du chapitre I, de son poids propre rapporté à un essieu - *charge par essieu* - qui est statique et d'une série de surcharges dynamiques. Ces surcharges dynamiques sont dues [17] :

- à la force verticale d'inertie résultant des oscillations de la caisse sur les ressorts (masse suspendue) ;
- aux forces d'inertie des masses non-suspendues qui apparaissent lorsque la roue franchit un défaut sur la voie ;
- aux forces d'inertie des masses non-suspendues qui apparaissent lorsque la roue en mouvement possède des défauts.

De tous ces efforts, seule la charge par essieu est constante ; les surcharges dynamiques sont aléatoires. Par ailleurs, dans les calculs, ces efforts sont rapportés à une roue [3].

Les défauts ci-dessus mentionnés peuvent être classés en [17] :

- défauts isolés sur la voie (exemple, affaissement local des traverses) ou sur la roue (exemple, méplat d'une roue, constitué par une partie plane sur le cercle de roulement, en général à la suite d'un enrayage [1]) ;
- défauts continus sur une roue, exemple balourd de roue (déséquilibre dans la roue tournante dont le centre de gravité n'est pas dans l'axe de rotation) ou sur la voie ; exemple : usure ondulatoire longue.

Pour les vitesses de circulation relativement peu élevées (jusqu'à 100 - 120 km/h), le principal type de défaut qui influe sur la dynamique des masses non-suspendues sont les défauts isolés [17].

4.3.2. Résultante des efforts dynamiques verticaux

Connaissant toutes les composantes des efforts dynamiques verticaux exercés par les roues, on ne peut pas simplement les additionner pour trouver leur résultante car, comme nous l'avons mentionné plus haut, parmi tous ces efforts, seule la charge par essieu est constante, tous les autres efforts ont un caractère aléatoire. Il serait donc erroné de prendre dans les calculs la somme des valeurs maximales de tous ces efforts ; en effet, il est difficile d'imaginer que, au même moment et au même endroit de la voie, ces efforts vont apparaître en même temps. Dans ces conditions, on utilise la théorie des probabilités et de la statistique mathématique [3] [17]. Cette théorie permet de trouver, dans une combinaison aléatoire des forces, une telle valeur de leur somme, qui sera la plus probable [3].

En considérant comme « normale » (Gaussienne) la répartition des efforts aléatoires, cette théorie permet d'affirmer que 99,6 % de ces efforts aléatoires sont pris en compte.

Utilisant cette théorie, il a été démontré que si à la valeur moyenne des efforts verticaux agissant sur la voie, on ajoute 2,5 fois la valeur quadratique moyenne des efforts variables aléatoires, on obtient la somme maximale probable desdits efforts verticaux [3].

Notons que quand on examine plusieurs forces aléatoires, l'écart quadratique total moyen qui en résulte est égal à la racine carrée de la somme des carrés des écarts quadratiques moyens de chaque force composante [17] [3] comme nous le verrons au point 4.3.4.

L'effort vertical total exercé par le véhicule sur la voie en tenant compte de tous les essieux et de la distance entre leurs axes est dénommé *charge équivalente* [3] [26]. À cet effet, on détermine deux valeurs de cette charge équivalente : l'une pour le calcul du moment fléchissant et, partant, des contraintes dans le rail, l'autre pour le calcul de l'effort transmis à la traverse et, partant, des pressions exercées sur les traverses, sur le ballast et sur la plateforme, ainsi que l'enfoncement élastique du rail [3] [26].

Il convient de mentionner que dans le cas d'un bogie à plusieurs essieux (Fig. 4.3), les roues voisines de la roue de calcul considérée influent différemment sur la voie ; dans certains cas, elles augmentent l'action de la roue de calcul. Dans d'autres cas, elles ont pour effet de la décharger, de soulager le rail et partant de diminuer les contraintes [3].

4.3.3. Détermination des efforts dynamiques par utilisation des formules simplifiées

Plusieurs formules simplifiées ont été proposées par différents auteurs pour déterminer les efforts dynamiques. Parmi celles-ci, nous avons [9] :

a) Formule de Talbot

$$Q_d = Q + 0{,}0062Q(V - 10) \qquad (4.26)$$

avec Q : charge statique
Q_d : charge dynamique
V : vitesse en km/h

b) Formule d'Eisenmann

$$P_d = P(1 + st\varphi) \qquad (4.27)$$

avec P : charge statique
P_d : charge dynamique
t : facteur probabiliste

t =	1,00	2	2,5	3
Probabilité pour que P_d ne soit pas dépassé	68,3%	95,5%	99,4%	99,7%

La valeur à prendre pour t dépend de l'importance de l'élément considéré (fatigue, sécurité, …)

φ = Coefficient dynamique

$\varphi = 1$ si $v < 60$ km/h

$\varphi = 1 + \frac{V-60}{140}$ si $60 < V < 200$ km/h

S = coefficient de nivellement lié à la qualité de la voie ;
S = 0,1 pour une très bonne plateforme ;
S = 0,2 pour une plateforme moyenne ;
S = 0,3 pour une mauvaise plateforme ;

c) Formule AREA

$$Q_d = Q(1 + \theta) \qquad (4.28)$$

avec $\theta = \frac{D_{33}V}{D_w 100}$

où D_{33} = 33 (roue de 33 pouces de diamètre) ;
D_w : diamètre en pouces de la roue (1 pouce = 25,4 mm) ;
V : vitesse en miles/heure (1 mile terrestre = 1,6093 km).

Par ailleurs, une autre approche consiste à augmenter tout simplement la charge statique par un facteur d'impact dynamique égal à 1,5 pour les vitesses allant jusqu'à 200 km/h, afin de prendre en compte les effets dynamiques [4].

4.3.4. Détermination des efforts dynamiques verticaux et des contraintes dans les éléments de la voie par la « méthode pratique[6] » des Chemins de fer russes

4.3.4.1. Exposé de la méthode

La « méthode pratique », largement utilisée sur le vaste réseau ferroviaire de la Russie, a établi des formules concrètes permettant, avec une fiabilité suffisante, de déterminer les contraintes qui se développent dans les éléments constitutifs de la superstructure de la voie sous l'action du matériel roulant. Par ailleurs, les essais de circulation des wagons de voie d'écartement 1,520 m sur une voie de 1,067 m, réalisés par l'Institut de recherche scientifique de transport ferroviaire (VNIIJT en russe) du ministère russe des Chemins de fer, ont permis d'établir la possibilité d'emploi de ladite méthode pour le calcul de la résistance de la voie métrique [105].

Cette méthode utilise les relations des différents paramètres obtenus dans l'étude statique de la voie dans laquelle on considère le rail comme une poutre de longueur indéfinie, reposant sur un support horizontal élastique continu. Elle prend en compte la qualité géométrique de la voie ainsi que les caractéristiques mécaniques de la voie et du matériel roulant [15] [16] [17] [18] et par conséquent, les surcharges dynamiques aléatoires mentionnées au point 4.3.1.

Le calcul dynamique de la voie sous l'action d'un système de charges se réduit à déterminer une telle charge unique qui, statiquement appliquée sur la section de rail considérée, de par son action sur la voie, soit dynamiquement équivalente à l'action sur cette section de tout le système de charges [121] [26].

Ainsi donc, la charge dynamique maximale probable $P_{dyn\text{-}max}$ de la roue de calcul sur le rail se détermine par la formule suivante [17] [18] :

$$P_{dyn\text{-}max} = P_{dyn\text{-}moy} + 2{,}5 \cdot S \qquad (4.29)$$

où $P_{dyn\text{-}moy}$ est la charge dynamique moyenne de la roue de calcul sur le rail, due aux oscillations de la caisse du véhicule sur les ressorts ;

S est l'écart quadratique moyen de la surcharge dynamique totale de la roue sur le rail (voir formule 4.38).

[6]Pour les besoins de recherches, une nouvelle méthode, plus moderne, a été élaborée (méthode de A. Ya. Kogan) permettant d'étudier les efforts d'interaction « voie - matériel roulant » avec l'utilisation d'ordinateurs modernes ultra rapides, quelles que soient les vitesses réelles de circulation des trains [106] [17].

La valeur 2,5 assure une probabilité de non-dépassement de $P_{dyn-max}$ de 99,4% (ou une probabilité de dépassement de 0,6%, soit 6 roues sur 1000) [15] [17].

On détermine la charge dynamique moyenne de la roue sur le rail $P_{dyn-moy}$ selon l'expression suivante :

$$P_{dyn-moy} = P_{st} + P_{r-moy} \tag{4.30}$$

où P_{st} est la charge statique rapportée à la roue ;

P_{r-moy} est la valeur moyenne de la composante verticale des forces d'inertie dues aux oscillations de la caisse du véhicule sur les ressorts de suspension [17] [18] ;

$$P_{r-moy} = 0{,}75 \cdot P_r^{max} \tag{4.31}$$

avec P_r^{max} : valeur maximale des forces d'inertie dues aux oscillations de la caisse sur les ressorts de suspension [17] [18] ;

$$P_r^{max} = r_r \cdot y_{max-r} \tag{4.32}$$

où r_r : la raideur des ressorts rapportée à une roue;

y_{max-r} : la compression dynamique maximale des ressorts lorsque le véhicule franchit un ensemble de défauts de voie ;

$$y_{max-r} = a_r + b_r \cdot V^2 \tag{4.33}$$

Les coefficients a_r et b_r se déterminent expérimentalement. À titre d'exemple pour les wagons marchandises ouverts à quatre essieux des chemins de fer de Russie, dont les bogies de type TsNII–X3 (en russe) de l'Institut central de recherche scientifique, sont pratiquement identiques à ceux que l'on rencontre dans certains réseaux métriques des pays en développement, la formule (4.33) devient [18] [16] :

$$y_{max-r} = 10 + 16 \cdot 10^{-4} \cdot V^2 \text{ (mm)} \tag{4.34}$$

avec V : vitesse en km/h.

Les valeurs de compression dynamique maximale admissibles des ressorts pour les wagons des marchandises sont de l'ordre de 15 à 25 mm [4].

Pour les locomotives modernes à suspension primaire et secondaire, y compris celles dont les charges par essieu sont élevées, P_r^{max} peut être déterminée par la formule suivante [17] [18] :

$$P_r^{max} = K_d \cdot (P_{st} - q_r) \tag{4.35}$$

où K_d : le coefficient de la dynamique verticale de la masse suspendue de la locomotive (se détermine expérimentalement). En général $K_d = 0{,}2 \div 0.4$ [17].

P_{st} : la charge statique de la roue;

q_r : le poids de la masse non-suspendue rapporté à une roue. Selon [3], les essais et calculs ont établi que le poids de la masse non-suspendue peut approximativement comprendre le poids des essieux, des boîtes d'essieux et 2/3 du poids des ressorts de suspension.

Le coefficient K_d peut être calculé de la manière suivante [18] [26] :

$$K_d = 0{,}1 + 0{,}2 \cdot \frac{V}{f_{ct}} \tag{4.36}$$

où V : la vitesse en m/s ;

f_{ct} : l'affaissement total statique des ressorts, en m ;

$$f_{ct} = f_1 + f_2 \tag{4.37}$$

avec f_1 : enfoncement élastique de la suspension primaire (entre essieu et boîte d'essieux) [121];

f_2 : enfoncement élastique de la suspension secondaire (entre caisse et essieu) [121].

Pour les locomotives modernes en voie métrique, on peut retenir en première approximation et par assimilation, les valeurs suivantes de K_d indiquées dans le tableau 4.1 en fonction de la vitesse [37], de la locomotive de manœuvre TEM-7 (Photo 10) des Chemins de fer russes, présentant des caractéristiques techniques similaires à celles des locomotives de ligne utilisées sur certains réseaux à voie métrique.

Tableau 4.1. Valeurs approximatives de K_d [37]

V (km/h)	55	80	90	100
K_d	0,23	0,29	0,34	0,37

Photo 10 (Source : Chemins de fer de Russie)

Comme nous l'avons indiqué au point 4.3.2 et en désignant, pour simplifier, par S_1, S_2, S_3 et S_4, les écarts quadratiques moyens des différentes surcharges dynamiques aléatoires, nous pouvons déterminer l'écart quadratique moyen S de la surcharge dynamique totale de la roue sur le rail [15] [17] :

$$S = \sqrt{S_1^2 + S_2^2 + 0{,}05S_3^2 + 0{,}95S_4^2} \qquad (4.38)$$

où : S_1 : écart quadratique moyen de la surcharge dynamique de la roue sur le rail due aux oscillations verticales de la masse suspendue ;

S_2 : écart quadratique moyen de la surcharge dynamique de la roue sur le rail due aux forces d'inertie des masses non-suspendues lorsque la roue franchit un défaut isolé sur la voie ;

S_3 : écart quadratique moyen de la surcharge dynamique de la roue sur le rail due aux forces d'inertie des masses non-suspendues, apparaissant à cause des défauts isolés sur la surface de roulement des roues ;

S_4 : écart quadratique moyen de la surcharge dynamique de la roue sur le rail due aux forces d'inertie des masses non-suspendues, apparaissant à cause des défauts continus sur la surface de roulement des roues.

Les formules ci-dessous permettent de déterminer S_1, S_2, S_3 et S_4 [17] [18] :

$$S_1 = 0{,}08 \cdot P_r^{max} \qquad (4.39)$$

$$S_2 = 2{,}034 \cdot 10^{-5} \cdot \alpha_1 \cdot \varepsilon \cdot \beta \cdot \gamma \cdot l_{tr} \cdot P_{dyn\text{-}moy} \cdot \sqrt{\frac{U}{k}} \cdot \sqrt{q_r} \cdot v \qquad (4.40)$$

où

α_1 : coefficient qui tient compte de la valeur de la masse de la voie en oscillation ; α_1 = 1,0 pour les traverses en bois et 0,931 pour les traverses en béton ;

ε : coefficient qui tient compte de la rigidité de la voie ; ε = 1,0 pour la traverse en bois et 0,322 pour les traverses en béton ;

q_r ; poids de la masse non-suspendue du véhicule rapporté à une roue ;

l_{tr} : distance entre les axes des traverses ;

k : coefficient de rigidité relative du support du rail et du rail ;

v : vitesse en m/s ;

β : coefficient qui tient compte de l'influence du type de rail dans la formation du défaut dynamique sur la voie : β = 1,24 pour le rail S30 (30 kg/m) ; 1,19 pour le rail S40 (36 kg/m) ; 1,06 pour le rail U33 (46 kg/m) ; 1,0 pour le rail U36 (50 kg/m) et 0,87 pour le rail R65 (65 kg/m).

γ : coefficient qui tient compte du type de ballast ; pour le ballast normal en pierres cassées, γ = 1

$$S_3 = 0{,}5 \cdot 10^6 \cdot y_{max} \cdot \frac{U}{k} \cdot \alpha_0 \cdot e_0 \qquad (4.41)$$

où

α_0 : coefficient qui tient compte de l'interaction de la masse de la voie et de la masse non-suspendue ; α_0 = 0,433 pour les traverses en bois et 0,403 pour les traverses en béton ;

e_0 : profondeur de calcul du défaut isolé prise égale aux 2/3 de la profondeur maximale du méplat des roues. Pour les locomotives : $e_0 = 0{,}067 \cdot 10^{-2}$ m avec roulements à glissement et $0{,}047 \cdot 10^{-2}$ m avec des roulements à palier ; pour les wagons, $e_0 = 0{,}133 \cdot 10^{-2}$ m et $0{,}067 \cdot 10^{-2}$ m respectivement avec roulements à glissement et avec des roulements à palier ;

y_{max} : l'enfoncement supplémentaire maximal du rail, rapporté à l'unité de profondeur du défaut (sans dimension) ; en général pour une vitesse supérieure à 20 km/h, $y_{max} = 1{,}47\ e_0$.

$$S_4 = \frac{6{,}739 \cdot 10^{-3} \cdot U \cdot V^2 \cdot \alpha_0 \cdot \sqrt{q_r}}{d^2 \sqrt{k \cdot U - 326 \cdot k^2 \cdot q_r \cdot 10^{-6}}} \qquad (4.42)$$

où d est le diamètre de la roue.

4.3.4.2. Détermination des charges équivalentes

Comme mentionné au point 4.3.2, on détermine deux valeurs de la charge équivalente : l'une $P^{I}_{éq}$, pour le calcul du moment fléchissant (et, partant, des contraintes dans le rail), l'autre $P^{II}_{éq}$ pour le calcul de l'effort transmis à la traverse (et, partant, des pressions exercées sur les traverses, dans le ballast et sur la plateforme) et l'enfoncement élastique du rail [17] [18].

$$P^{I}_{éq} = P_{dyn\text{-}moy} + 2{,}5\ S + \Sigma P_{dyn\text{-}moy} \,.\, \mu_{kx} \quad (4.43)$$

$$P^{II}_{éq} = P_{dyn\text{-}moy} + 2{,}5\ S + \sum P_{dyn\text{-}moy} \,.\, \eta_{kx} \quad (4.44)$$

où $\sum P_{dyn\text{-}moy}.\mu_{kx}$ et $\sum P_{dyn\text{-}moy}.\eta_{kx}$ sont des valeurs qui caractérisent l'influence des roues voisines situées à moins de 3,5 m de la roue de calcul, respectivement sur la valeur du moment fléchissant, de l'effort transmis à la traverse et de l'enfoncement élastique du rail dans la section considérée.

4.3.4.3. Détermination du moment fléchissant, de l'effort transmis à la traverse et de l'enfoncement élastique du rail.

Connaissant $P^{I}_{éq}$ et $P^{II}_{éq}$, on peut déterminer les valeurs du moment fléchissant M_{dyn}, de l'éffort tranchant Q_{dyn} et de l'enfoncement élastique du rail y_{dyn} [17] [18] :

$$M_{dyn} = \frac{1}{4k} P^{I}_{éq} \quad (4.45\ )$$

$$Q_{dyn} = \frac{kl_{tr}}{2} P^{II}_{éq} \quad (4.46)$$

$$y_{dyn} = \frac{k}{2U} P^{II}_{éq} \quad (4.47)$$

4.3.4.4. Contraintes dynamiques dans les éléments de la voie

4.3.4.4.1. Contraintes dynamiques dans les rails

a) Répartition des contraintes dans la section du rail sous la charge de la roue

Dans les calculs de résistance des éléments constitutifs de la voie, les états de contraintes-déformations aussi bien pour la voie éclissée que pour les longs rails soudés sont évalués par la valeur des « contraintes normales de flexion » qui se déterminent aux bords du patin et du champignon dans la section sous la charge d'une roue [17].

Examinons la section du rail sous la charge d'une roue (Fig.4.7) [17]. D'une manière générale, le champignon est soumis à l'action de la charge verticale P et de l'effort transversal Q. Il en résulte une flexion du rail par rapport aux axes x- x (dans le plan vertical) et y- y (dans le plan horizontal), ainsi qu'une torsion suite à l'excentrement de l'application des forces P et Q.

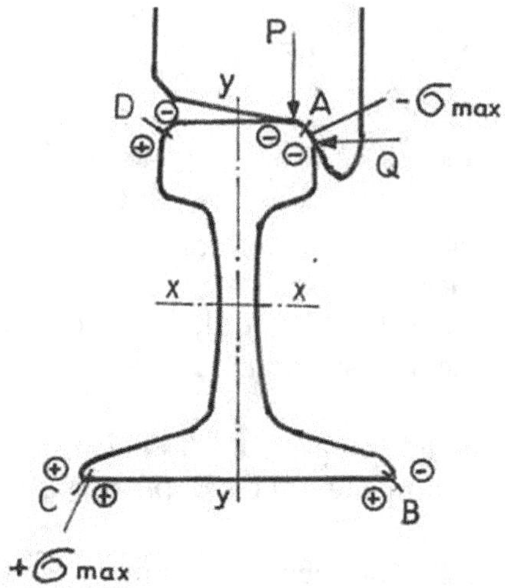

Fig. 4.7. Répartition des contraintes de compression (-) et de traction (+) dans la section du rail sous la charge d'une roue [17]
P et Q : charges verticale et transversale
A et D : bords intérieur et extérieur du champignon
B et C : bords intérieur et extérieur du patin
$+\sigma_{max}$ et $-\sigma_{min}$: contraintes maximales de traction et de compression sous l'action conjuguée des charges verticales et transversales.

Désignons par le signe « + » la traction et par le signe « - » la compression, et examinons l'état de contrainte sur les bords A et D du champignon et B et C du patin. Sous l'action de la charge verticale P de la roue sur le bord intérieur du champignon (zone A), il y aura compression, ainsi que sur le bord extérieur (zone D).

Au niveau du patin (zones B et C) sous la force de flexion P vont apparaître des contraintes de traction. Sous l'action de la force transversale Q qui se transmet sur le champignon du rail au bord supérieur du flanc du boudin, on enregistre des contraintes de compression dans les zones A et B dues à la flexion dans le plan horizontal et des contraintes de traction dans les zones C et D [17].

On constate que la plus grande somme des contraintes de traction résultant de la flexion apparaît au bord extérieur du patin (zone C) ; quant aux contraintes de compression dues à la flexion, elles se développent au bord intérieur du champignon (zone A).

Ainsi donc, pour déterminer les contraintes dans les rails sous l'action de la charge de la roue, ce sont les contraintes de traction dues à la flexion sur le bord extérieur du patin (zone C) et les contraintes de compression dues à la flexion sur le bord intérieur du champignon (zone A) qui présentent un intérêt pratique [17].

b) Contraintes axiales de flexion

Les contraintes axiales de flexion dans la partie inférieure du patin σ_p et dans la partie supérieure du champignon σ_{ch} se déterminent par les méthodes simples du cours de Résistance des matériaux :

$$\sigma_p = \frac{M_{dyn}}{W_p} \quad (4.48)$$

$$\sigma_{ch} = \frac{M_{dyn}}{W_{ch}} \quad (4.49)$$

où

W_p et W_{ch} sont les modules de résistance du rail par rapport à la base et par rapport au sommet (voir tableau 3.1 du chapitre III).

c) Contraintes sur les bords du patin et du champignon

Comme nous venons de le voir, le rail est également soumis à des efforts horizontaux et à une torsion, principalement sous l'action des efforts transversaux exercés par les véhicules, et de l'excentrement sur le champignon du point de contact rail-roue. Les contraintes qui en résultent sur les bords du patin $\sigma_{p(b)}$ et sur les bords du champignon du côté de la charge $\sigma_{ch(b)}$ sont supérieures aux contraintes axiales correspondantes et se déterminent par les formules suivantes [15] [17] :

$$\sigma_{p(b)} = f \cdot \sigma_p \quad (4.50)$$

$$\sigma_{ch(b)} = m_{ch(b)} \cdot \sigma_p \quad (4.51)$$

avec f : coefficient qui tient compte de la flexion horizontale et de la torsion du rail sous l'action des efforts transversaux. Ce coefficient se détermine expérimentalement;

$m_{ch(b)}$: coefficient de passage des contraintes axiales au patin aux contraintes aux bords du champignon.

Pour les locomotives de ligne généralement utilisées en voie métrique, nous pouvons en première approximation et par assimilation prendre les valeurs suivantes de f présentées dans le tableau 4.2 de la locomotive de manœuvre TEM-7 des Chemins de fer russes, en fonction du rayon de la coube de la voie [37] [45].

Tableau 4.2. Valeurs du coefficient f pour la locomotive de manœuvre TEM-7 des chemins de fer russes [37].

R(m)	200	250	300	350	400	500	600	700	800	1000	∞
f	1,82	1,62	1,48	1,38	1,31	1,22	1,15	1,13	1,12	1,10	1,06

Pour les wagons ouverts russes à quatre essieux, dont les bogies de type TsNII–X3 (en russe) de l'Institut central de recherche scientifique, sont pratiquement identiques à ceux que l'on rencontre dans certains réseaux métriques des pays en développement, les valeurs du coefficient f sont données dans le tableau 4.3 [18].

Tableau 4.3. Valeurs du coefficient f pour les wagons ouverts russes avec bogies type TsNII-X3 [18]

R(m)	200	250	300	400	500	600	700	800	1000	∞
f	1,91	1,78	1,65	1,49	1,39	1,33	1,30	1,28	1,26	1,18

Le coefficient $m_{ch(b)}$ se détermine approximativement par la formule suivante [15] [17] :

$$m_{ch(b)} = \frac{V}{G} + (f - 1)\frac{b}{B/2} \qquad (4.52)$$

où

V et G : distances verticales de l'axe horizontal neutre du rail par rapport au sommet et à la base (voir tableau 3.1 du chapitre III) ;

B/2 et b : distances du bord extérieur du patin et du bord du champignon du côté de la charge à l'axe vertical du rail (voir tableau 3.1 du chapitre III).

Nous reviendrons sur ces contraintes au point 9.2.4 du chapitre IX.

4.3.4.4.2. Pression exercée sur la traverse

Dans les calculs, on se limite à la détermination de la pression exercée sous la selle pour les traverses en bois, et sous la semelle pour les traverses en béton [17] [18] :

$$\sigma_{tr} = \frac{Q_{dyn}}{\omega} \tag{4.53}$$

où ω : surface d'appui de la selle ou de la semelle. On doit avoir [17] :

$$\sigma_{tr} \leq [\sigma_{tr}] \tag{4.54}$$

où : $[\sigma_{tr}]$ est la pression admissible sur la traverse

Pour les traverses en bois dans les conditions normales d'exploitation, $[\sigma_{tr}] = 11 \div 20$ kg/cm^2 [17] [18]. Pour les traverses en béton, on peut prendre en première approximation $[\sigma_{tr}] = 30$ kg/cm^2 [17] [18] .

4.3.4.4.3. Pression exercée dans le ballast à la face inférieure des traverses[7]

La pression dans le ballast à la face inférieure des traverses se détermine par la formule suivante [17] [18] :

$$\sigma_b = \frac{Q_{dyn}}{\frac{1}{2}\alpha\, ab} \tag{4.55}$$

[7] En général, les pressions sur le ballast et sur la plateforme sont calculées en considérant un train constitué de wagons homogènes à grand chargement (wagons grumiers, wagons de transport de minerais, etc.). C'est ce type de wagons qui provoque des contraintes résiduelles dans le ballast et sur la plateforme sous l'action des charges répétées de leurs roues. L'influence des essieux des locomotives est négligeable malgré leurs valeurs souvent plus élevées; leur nombre dans le train n'étant que de l'ordre de 5% [17].

où a : longueur de la traverse;
b : largeur de la traverse;
α : coefficient de flexion de la traverse.

Pour la traverse en bois en voie métrique nous pouvons prendre $\alpha = 0{,}80$ (voir le point 4.1). Pour la traverse béton, $\alpha = 0{,}85 \div 0{,}90$ [17].

On doit avoir :

$$\sigma_b \leq [\sigma_b] \tag{4.56}$$

où : $[\sigma_b]$ est la pression admissible dans le ballast. Pour une charge de locomotive dans les conditions normales d'exploitation, $[\sigma_b] = 4 \div 5$ kg/cm^2 [17]. Pour les wagons, $[\sigma_b] = 2{,}6 \div 3{,}25$ kg/cm^2 [17].

4.3.4.4.4. Pression exercée sur la plateforme

Le calcul théorique pour la détermination de la pression σ_h exercée sur la plateforme est difficile, une méthode détaillée est présentée dans [17] [18]. Nous nous limiterons ici à sa détermination d'une manière approximative.

En effet, les essais réalisés par l'Institut central de recherche scientifique du ministère des Chemins de fer de la Russie (travaux du Professeur Vérigo M.F.) ont montré que les pressions dans différents points de la couche de ballast se répartissent de la manière suivante [3]:

Quotient de la profondeur à laquelle se déterminent les pressions dans le ballast et de la largeur de la face inférieure de la traverse :	0,5	1,0	1,5	2,0	2,5
Part en % de la pression exercée dans le ballast à la facc inférieure de la traverse :	85 – 95	55	35	30	25

À titre d'exemple, pour une profondeur de ballast de 45 cm et une largeur de la face inférieure de la traverse de 25 cm, le rapport de ces deux chiffres donne : $\frac{45}{25} = 1{,}8$. On peut donc approximativement considérer que la pression au niveau de la plateforme représente, après interpolation, 32% de la pression qui s'exerce directement dans le ballast sous la traverse, soit : $\sigma_h = 0{,}32\ \sigma_b$.

La contrainte sur la plateforme peut également être déterminée approximativement à partir des formules de Boussinesq [1].

En effet, si :

$$\alpha = \frac{\text{pression au niveau de la plateforme}}{\text{pression dans le ballast sous les traverses}} = \frac{\sigma_h}{\sigma_b} \qquad (4.57)$$

h = hauteur du ballast,

les formules de Boussinesq donnent les relativités suivantes [1] :

h cm	0	15	20	30	40	50
α	1	0,70	0,50	0,35	0,25	0,20

Connaissant σ_b et h, on détermine α et partant σ_h.

Ces calculs confirment donc l'intérêt d'une épaisseur de ballast plus grande lorsque le sol naturel est plus mauvais [1].

On doit avoir :

$$\sigma_h \leq [\sigma_h] \qquad (4.58)$$

où $[\sigma_h]$: la pression admissible sur le sol de la plateforme. $[\sigma_h] = 1{,}0 \div 1{,}2$ kg/cm^2 pour les locomotives, et $0{,}8 \div 1{,}0$ kg/cm^2 pour les wagons [17] [18].

4.3.5. Exemple de calcul dynamique de la voie

Soit à vérifier les contraintes dynamiques sur la voie en courbe de rayon 300 m sous l'action d'une locomotive de type BB-BB et d'un wagon de marchandises ouvert de 14 m ; la vitesse de circulation étant de 60 km/h (16,66 m/s).

Les caractéristiques de la voie sont les suivantes :

- rails de type U33 (46 kg/m);
- traverses en bois dur : longueur a = 2,0 m, largeur b = 0,2 m ;
- selle Pandrol : longueur = 36,2 cm, largeur = 15,4 cm ;
- travelage : 1722 tr/km (espacement entre les axes des traverses l_{tr} = 0,58 m) ;
- épaisseur globale de la couche « ballast + sous-ballast » : 30 cm (ballast : 20 cm, sous-ballast : 10 cm) ;
- module d'élasticité du support du rail : U = 200 kg/cm^2 soit $\approx$ 20 MPa.

Les caractéristiques du matériel roulant sont données dans le tableau 4.4 ci-dessous.

Tableau 4.4. Caractéristiques du matériel roulant

Caractéristiques	Locomotive BB-BB (8 essieux)	Wagon ouvert (4 essieux)
Charge statique par roue P_{st} (kg)	8 375	6 750
Poids de la masse non-suspendue rapportée à une roue, q_r (kg)	2 000	875
Diamètre de la roue d (cm)	100	75
Raideur des ressorts rapportée à une roue r_r (kg/mm)	100	200
Distance entre les axes des essieux (cm)	160-140-160-610-160-140-160	172-828-172

Les calculs se déroulent de la manière suivante :

1. Détermination des efforts dynamiques

   a) Coefficient de rigidité relative du rail et du support du rail (formule 4.13) :

$$k = \sqrt[4]{\frac{U}{4EI}}$$

où E : module d'élasticité de l'acier à rail : $E = 2{,}1 \cdot 10^6$ kg/cm² ($2{,}1 \cdot 10^5$ MPa);

I : moment d'inertie par rapport à l'axe neutre horizontal du rail (voir tableau (3.1). Nous avons : $I = 1587{,}9$ cm⁴ ($1587{,}9 \cdot 10^{-8}$ m⁴) pour le rail U 33.

d'où

$$k = \sqrt[4]{\frac{20}{4 \cdot 2{,}1 \cdot 10^5 \cdot 1587{,}9 \cdot 10^{-8}}} = 1{,}1065 \text{ m}^{-1}$$

b) Valeur maximale des forces d'inertie due aux oscillations de la caisse sur les ressorts de suspension

Pour les locomotives à suspension primaire et secondaire (formule 4.35) :

$$P_r^{max} = K_d \cdot (P_{st} - q_r)$$

où P_{st} est la charge statique de la roue ; P_{st} = 8 375 kg (83 750 N)
q_r est la masse non-suspendue rapportée à une roue ;
q_r = 2 000 kg (20 000 N)
K_d est le coefficient de la dynamique de la masse suspendue.

Pour la locomotive BB-BB, nous pouvons prendre en première approximation et par assimilation les valeurs du coefficient de la dynamique de la masse suspendue K_d indiquées dans le tableau 4.1 pour la locomotive de manœuvre TEM-7 des Chemins de fer russes. Nous aurons donc : pour V = 60 km/h, par interpolation, K_d = 0,242.

$$P_r^{max} = 0,242\ (83\ 750 - 20\ 000) = 15\ 427\ N$$

Pour le wagon ouvert, nous l'assimilerons aux wagons ouverts des Chemins de fer russes avec des bogies de type TsNII–X3 de l'Institut central de recherche scientifique, mentionné précédemment. Nous aurons donc, pour V = 60 km/h selon la formule (4.34) :

$$y_{max\text{-}r} = 10 + 16 \cdot 10^{-4} \cdot 60^2 = 15,7\ mm$$

d'où, conformément à la formule (4.32) et avec la raideur des ressorts r_r = 2 000 N/mm :

$$P_r^{max} = 2\ 000 \cdot 15,7 = 31\ 520\ N$$

c) Surcharge dynamique moyenne due aux oscillations des ressorts de suspension (formule 4.31)

$$P_{r\text{-}moy} = 0,75\ P_r^{max}$$

- pour la locomotive BB-BB :

$$P_{r\text{-}moy} = 0,75 \cdot 15\ 427 = 11\ 570\ N$$

- pour le wagon ouvert :

$$P_r^{max} = 0,75 \cdot 31\ 520\ N = 23\ 640\ N$$

d) Charge dynamique moyenne de la roue sur le rail (formule 4.30)

$$P_{dyn\text{-}moy} = P_{st} + P_{r\text{-}moy}$$

- pour la locomotive BB-BB :

$$P_{dyn\text{-}moy} = 83\ 750 + 11\ 570 = 95\ 320\ N$$

- pour le wagon ouvert :

$$P_{dyn\text{-}moy} = 67\ 500 + 23\ 640 = 91\ 140\ N$$

e) Ecarts quadratiques moyens des surcharges dynamiques

• Écart quadratique moyen de la surcharge dynamique due aux oscillations des ressorts de suspension (formule 4.39)

$$S_1 = 0{,}08 \cdot P_r^{max}$$

- pour la locomotive BB-BB :

$$S_1 = 0{,}08 \cdot 15\ 427 = 1\ 234\ N$$

- pour le wagon ouvert :

$$S_1 = 0{,}08 \cdot 31\ 520\ N = 2\ 522\ N$$

• Écart quadratique moyen de la surcharge dynamique exercée par la roue circulant sur une voie présentant un défaut (formule 4.40) :

$$S_2 = 2{,}034 \cdot 10^{-5} \cdot \alpha_1 \cdot \varepsilon \cdot \beta \cdot \gamma \cdot l_{tr} \cdot P_{dyn\text{-}moy} \cdot \sqrt{\frac{U}{k}} \sqrt{q_r} \cdot v$$

Pour les traverses en bois, $\alpha_1 = 1$; $\varepsilon = 1$. Par ailleurs, $l_{tr} = 0{,}58$ m et V = 60 km/h (16,66 m/s). En outre $\beta = 1{,}06$ pour le rail U 33 (voir formule 4.40) ; q_r = 20 000 N pour la locomotive et 8 750 N pour le wagon (voir tableau 4.4.). Pour le ballast normal en pierres cassées, $\gamma = 1$.

- pour la locomotive BB-BB :

$$S_2 = 2{,}034 \cdot 10^{-5} \cdot 1{,}06 \cdot 0{,}58 \cdot 95\ 320 \cdot \sqrt{\frac{20}{1{,}1065}} \cdot \sqrt{20\ 000} \cdot 16{,}66 = 11\ 888\ N$$

- pour le wagon ouvert:

$$S_2 = 2{,}034\cdot10^{-5}\cdot1{,}06\cdot0{,}58\cdot91140\cdot\sqrt{\frac{20}{1{,}1065}}\cdot\sqrt{8\,750}\cdot16{,}66 = 7\,540\text{ N}$$

• Écart quadratique moyen de la surcharge dynamique exercée sur le rail par une roue possédant un défaut isolé (formule 4.41)

$$S_3 = 0{,}5\cdot10^6\, y_{max}\frac{U}{k}\,\alpha_0 e_0$$

Considérons le cas des roulements à glissements, d'où : $e_0 = 0{,}067\cdot10^{-2}$. $\alpha_0 = 0{,}433$ pour les traverses en bois ; $y_{max} = 1{,}47$ (voir formule 4.41) :

$$S_3 = 0{,}5\cdot10^6\cdot1{,}47\cdot\frac{20}{1{,}1065}\cdot0{,}433\cdot0{,}067\cdot10^{-2} = 3\,854\text{ N}$$

• Écart quadratique moyen de la surcharge dynamique exercée sur le rail par la roue possédant un défaut continu (formule 4.42)

$$S_4 = \frac{6{,}739\cdot10^{-3}\cdot UV^2\alpha_0\cdot\sqrt{q_r}}{d^2\sqrt{kU - 326k^2q_r\cdot10^{-6}}}$$

où d est le diamètre de la roue en m. Dans notre cas, d = 1,0 m pour la locomotive et 0,75 m pour le wagon (voir tableau 4.4.).

- pour la locomotive BB-BB :

$$S_4 = \frac{6{,}739\cdot10^{-3}\cdot20\cdot16{,}66^2\cdot0{,}433\cdot\sqrt{20\,000}}{\sqrt{1{,}1065\cdot20 - 326\cdot1{,}1065^2\cdot20\,000\cdot10^{-6}}} = 609\text{ N}$$

- pour le wagon ouvert :

$$S_4 = \frac{6{,}739\cdot10^{-3}\cdot20\cdot16{,}66^2\cdot0{,}433\cdot\sqrt{8\,750}}{0{,}75^2\sqrt{1{,}1065\cdot20 - 326\cdot1{,}1065^2\cdot8\,750\cdot10^{-6}}} = 629\text{ N}$$

f) Écart quadratique moyen S de la surcharge dynamique totale (voir formule 4.38)

$$S = \sqrt{S_1^2 + S_2^2 + 0{,}05\,S_3^2 + 0{,}95\,S_4^2}$$

- pour la locomotive BB-BB:

$$S = \sqrt{1\,234^2 + 11\,888^2 + 0{,}05\cdot3854^2 + 0{,}95\cdot609^2} = 11\,997\text{ N}$$

- pour le wagon ouvert :

$$S = \sqrt{2\,522^2 + 7\,540^2 + 0{,}05 \cdot 3854^2 + 0{,}95 \cdot 629^2} = 8\,020 \text{ N}$$

g) Détermination de la charge dynamique maximale $P_{dyn\text{-}max}$ de la roue de calcul (formule 4.29) :

- pour la locomotive BB-BB : $P_{dyn\text{-}max} = 95\,320 + 2{,}5 \cdot 11\,997 = 125\,312$ N

- pour le wagon ouvert : $P_{dyn\text{-}max} = 91\,140 + 2{,}5 \cdot 8\,020 = 111\,190$ N

h) Détermination des charges équivalentes (formules 4.43 et 4.44)

• Détermination de $\Sigma P_{dyn\text{-}moy} . \mu_{kx}$ et $\sum P_{dyn\text{-}moy} . \eta_{kx}$

Dans le cas d'un système de forces (bogie à deux ou trois essieux), il est indispensable de déterminer les valeurs maximales du moment fléchissant, de l'effort transmis à la traverse et de l'enfoncement élastique du rail, en tenant compte de l'influence des roues voisines ($\Sigma P_{dyn\text{-}moy} . \mu_{kx}$ et $\sum P_{dyn\text{-}moy} . \eta_{kx}$) par rapport à la roue de calcul.

Si $x = \frac{\pi}{4k} < l_{min}$, où l_{min} est la distance minimale entre les axes des essieux alors la première roue (dans le sens du mouvement) est considérée comme roue de calcul [18] ; le moment fléchissant maximal se produit sous cette roue (Fig. 4.3).

Pour la locomotive BB-BB et le wagon ouvert : $x = \frac{\pi}{4k} = \frac{3{,}1416}{4 \cdot 1{,}1065} = 0{,}70$

Dans les deux cas, nous avons $x < l_{min} = 1{,}40$ m pour la locomotive et $x < l_{min} = 1{,}72$ m pour le wagon (voir tableau 4.4). En conséquence la 1ère roue est bien la roue de calcul ; la 2ème roue se trouve dans la zone négative de la ligne d'influence pour μ_{kx}.

Pour déterminer l'effort transmis à la traverse et l'enfoncement élastique du rail, on prend la 1ère roue comme roue de calcul si $x = \frac{3\pi}{4k} < l_{min}$.

Si $x = \frac{3\pi}{4k} > l_{min}$, la 2ème roue est considérée comme roue de calcul [18].

Aussi bien pour la locomotive que pour le wagon : $x = \frac{3 \cdot 3{,}1416}{4 \cdot 1{,}1065} = 2{,}12$ m

Dans les deux cas, nous avons $x > l_{min}$. En conséquence, pour la locomotive, la 2ème roue est considérée comme roue de calcul ; la 1ère et 3ème roue se trouvant dans la zone positive de la ligne d'influence pour η_{kx}.

Pour le wagon dont les deux essieux se trouvent entièrement dans la zone positive de cette ligne d'influence, la 1ère roue dans le sens du mouvement demeure la roue de calcul ; la 2ème roue étant également dans la zone positive de cette ligne d'influence.

Déterminons les valeurs de μ et η en fonction de kx (voir tableau Annexe I.) :

- pour la locomotive BB-BB :

k	x_1	x_2	kx_1	μ_1	kx_2	μ_2
1,1065	1,60 m	3,0 m	1,77	- 0,2006	3,32	- 0,0292

k	x_1	x_2	kx_1	η_1	kx_2	η_2
1,1065	1,60 m	1,40 m	1,77	0,1332	1,49	0,2429

- pour le wagon ouvert :

k	x_1	kx_1	μ_1
1,1065	1,72 m	1,903	- 0,1899

K	x_1	kx_1	η_1
1,1065	1,72 m	1,903 m	0,0932

- pour la locomotive BB-BB:

$$\Sigma P_{dyn\text{-}moy} \cdot \mu_{kx} = 95\ 320\ (-0{,}2006 - 0{,}0292) = -21\ 904\ \text{N}$$

$$\Sigma P_{dyn\text{-}moy} \cdot \eta_{kx} = 95\ 320\ (0{,}1332 + 0{,}2429) = 35\ 849\ \text{N}$$

- pour le wagon ouvert :

$$\Sigma P_{dyn\text{-}moy} \cdot \mu_{kx} = 91\ 140\ (-0{,}1899) = -17\ 307\ \text{N}$$

$$\Sigma P_{dyn\text{-}moy} \cdot \eta_{kx} = 91\ 140 \cdot 0{,}0932 = 8\ 494\ \text{N}$$

• Charges équivalentes $P_{éq}^{I}$ (formule 4.43)

- pour la locomotive BB-BB :

$$P_{éq}^{I} = 95\ 320 + 2{,}5 \cdot 11\ 987 - 21\ 904 = 103\ 383\ \text{N}$$

- pour le wagon ouvert :
-

$$P_{éq}^{I} = 91\ 140 + 2{,}5 \cdot 8\ 020 - 17\ 304 = 93\ 886\ \text{N}$$

• Charges équivalentes $P_{éq}^{II}$ (formule 4.44)

- pour la locomotive BB-BB :

$$P_{éq}^{II} = 95\ 320 + 2{,}5 \cdot 11\ 987 + 35\ 849 = 161\ 136\text{N}$$

- pour le wagon ouvert:

$$P_{éq}^{II} = 91\ 140 + 2{,}5 \cdot 8\ 020 + 8\ 494 = 119\ 684\ \text{N}$$

2. Détermination des moments fléchissants (formule 4.45)

- pour la locomotive BB-BB :

$$M_{dyn} = \frac{1}{4 \cdot 1{,}1065} \cdot 103\ 383 = 23\ 358\ \text{N·m}$$

- pour le wagon ouvert :

$$M_{dyn} = \frac{1}{4 \cdot 1{,}1065} \cdot 93\ 886 = 21\ 212\ \text{N·m}$$

3. Détermination de l'effort transmis à la traverse (formule 4.46)

- pour la locomotive BB-BB :

$$Q_{dyn} = \frac{1{,}1065 \cdot 0{,}58}{2} \cdot 161\ 136 = 51\ 706\ \text{N}$$

- pour le wagon ouvert :

$$Q_{dyn} = \frac{1{,}1065 \cdot 0{,}58}{2} \cdot 119\ 684 = 38\ 404\text{N}$$

4. Détermination de l'enfoncement élastique du rail (formule 4.47)

En mettant k en cm^{-1}, U en kg/cm^2 et $P_{éq}^{II}$ en kg, nous aurons :

- pour la locomotive BB-BB :

$$y_{dyn} = \frac{0,011065}{2 \cdot 200} \cdot 16\ 113 = 0,445 \text{ cm}$$

- pour le wagon ouvert :

$$y_{dyn} = \frac{0,011065}{2 \cdot 200} \cdot 11\ 968 = 0,33 \text{ cm}$$

5. Détermination des contraintes axiales dans la partie inférieure du patin (formule 4.48)

$$\sigma_p = \frac{M_{dyn}}{W_p}$$

où W_p est le module de résistance par rapport à la base (voir tableau 3.1, chapitre III).

En exprimant le moment en kg·cm, nous aurons :

- pour la locomotive BB-BB :

$$\sigma_p = \frac{2\ 335,8 \cdot 10^2}{236} = 989 \text{ kg/cm}^2$$

- pour le wagon ouvert :

$$\sigma_p = \frac{2\ 121,2 \cdot 10^2}{236} = 898 \text{ kg/cm}^2$$

6. Contraintes axiales dans la partie supérieure du champignon (formule 4.49).

$$\sigma_{ch} = \frac{M_{dyn}}{W_{ch}}$$

où W_{ch} est le module de résistance par rapport au sommet (voir tableau 3.1, chapitre III.).

- pour la locomotive BB-BB:

$$\sigma_{ch} = \frac{2335,8 \cdot 10^2}{204} = 1\ 456 \text{ kg/cm}^2$$

- pour le wagon ouvert:

$$\sigma_{ch} = \frac{2\,121{,}2 \cdot 10^2}{204} = 1\,039 \text{ kg/cm}^2$$

7. Contraintes sur le bord extérieur du patin (formule 4.50).

$$\sigma_{p(b)} = f \cdot \sigma_p$$

où f est le coefficient qui tient compte de la flexion horizontale et de la torsion du rail sous l'action des efforts transversaux. Pour la locomotive BB-BB, nous pouvons prendre en première approximation et par assimilation les valeurs de f indiquées dans le tableau 4.2. Nous aurons donc : pour R = 300 m, f = 1,48. Pour le wagon ouvert, nous prendrons, par assimilation, la valeur de f correspondant au wagon ouvert russe avec bogie de type TsNII-X3, soit f = 1,68 (voir tableau 4.3).

On obtient donc :

- pour la locomotive BB-BB :

$$\sigma_{p(b)} = 1{,}48 \cdot 989 = 1\,464 \text{ kg/cm}^2$$

- pour le wagon ouvert :

$$\sigma_{p(b)} = 1{,}65 \cdot 898 = 1\,482 \text{kg/cm}^2$$

8. Contraintes sur le bord du champignon du côté de la charge (formule 4.51).

$$\sigma_{ch(b)} = m_{ch(b)} \cdot \sigma_p$$

où $m_{ch(b)}$ est un coefficient de passage des contraintes axiales au patin aux contraintes aux bords du champignon formule (4.52).

$$m_{ch(b)} = \frac{V}{G} + (f - 1)\frac{b}{B/2}$$

où V et G sont des distances verticales de l'axe neutre horizontal du rail respectivement au sommet et à la base (voir tableau 3.1, chapitre III.) ;

B/2 et b : distances du bord extérieur du patin et du bord du champignon du côté de la charge à l'axe vertical du rail (tableau 3.1, chapitre III.).

Pour le rail U 33 : $m_{ch(b)} = \frac{7,78}{6,72} + (1,48 - 1) \cdot \frac{3,1}{6,7} = 1,379$; d'où :

- pour la locomotive BB-BB :

$$\sigma_{ch(b)} = 1,379 \cdot 989 = 1\ 364\ kg/cm^2$$

- pour le wagon ouvert :

$$\sigma_{ch(b)} = 1,379 \cdot 898 = 1\ 238 kg/cm^2$$

9. Pression exercée sur la traverse (formule 4.53)

$$\sigma_{tr} = \frac{Q_{dyn}}{\omega}$$

où ω est la surface d'appui de la selle. Dans notre cas (voir énoncé) $\omega = 32,2 \cdot 15,4 = 495,8\ cm^2$.

- pour la locomotive BB-BB :

$$\sigma_{tr} = \frac{5\ 170,6}{495,8} = 10,4\ kg/cm^2$$

- pour le wagon ouvert :

$$\sigma_{tr} = \frac{3\ 840}{495,8} = 7,7\ kg/cm^2$$

Ces pressions sont inférieures aux valeurs admissibles ($11 \div 20\ kg/cm^2$ pour les traverses en bois).

10. Pressions dans le ballast à la face inférieure des traverses (formule 4.55)

$$\sigma_b = \frac{Q_{dyn}}{\frac{1}{2} \alpha\, ab}$$

où α : coefficient de flexion de la traverse égal 0,80 pour la traverse bois (voir formule 4.3).

Avec a = 200 cm, b = 20 cm (voir énoncé) et $\alpha = 0,80$, nous aurons :

- pour la locomotive BB-BB :

$$\sigma_b = \frac{5\ 171}{\frac{1}{2} 0,80 \cdot 200 \cdot 20} = 3,23\ kg/cm^2$$

- pour le wagon ouvert:

$$\sigma_b = \frac{3\,840}{\frac{1}{2}0{,}80 \cdot 200 \cdot 20} = 2{,}4 \text{ kg/cm}^2$$

Ces pressions sont inférieures aux valeurs admissibles (4÷ 5 kg/cm^2 pour les locomotives et 2,6÷3,25 kg/cm^2 pour les wagons).

11. Pressions au niveau de la plateforme

Comme mentionné au point 4.3.4.4.4, les pressions au niveau de la plateforme peuvent être déterminées approximativement par la méthode de Vérigo [3].

L'épaisseur globale de la couche « ballast + sous-ballast » étant de 30 cm et la largeur de la face inférieure de la traverse étant égale à 20 cm (voir énoncé), le rapport entre ces deux valeurs est : $\frac{30}{20} = 1{,}5$. Nous pouvons considérer que la pression au niveau de la plateforme représente 35% de la pression dans le ballast sur la face inférieure de la traverse ($\sigma_h = 0{,}35\ \sigma_b$). Nous aurons donc :

- pour la locomotive BB-BB :

$$\sigma_h = 0{,}35 \cdot 3{,}23 = 1{,}13 \text{ kg/cm}^2$$

- pour le wagon ouvert :

$$\sigma_h = 0{,}35 \cdot 2{,}4 = 0{,}84 \text{ kg/cm}^2$$

Ces pressions sont conformes aux valeurs admissibles pour des charges de locomotives et de wagons (1,0 ÷ 1,2 kg/cm^2 pour les locomotives et 0,8÷ 1,0 kg/cm^2 pour les wagons).

La pression au niveau de la plateforme peut également être déterminée approximativement à partir des relativités émanant des formules de Boussinesq [1] comme mentionné au point 4.3.4.4.4, avec $\sigma_h = \alpha\sigma_b$, où α est le rapport entre la pression exercée au niveau de la plateforme et la pression dans le ballast sous les traverses.

Pour une épaisseur globale h de couche « ballast + sous-ballast » de 30 cm, $\alpha = 0{,}35$. La pression au niveau de la plateforme représente 35% de la pression dans le ballast sur la face inférieure de la traverse ($\sigma_h = 0{,}35\ \sigma_b$).

Les deux méthodes donnent des résultats identiques.

4.4. Détermination des contraintes de contact entre le rail et la roue

4.4.1. Généralités

Comme nous l'avons indiqué au paragraphe 1.3 du chapitre I., lorsqu'une roue roule sur un rail, le contact se fait par une petite surface en forme d'ellipse comme montré sur la figure 4.8 [121].

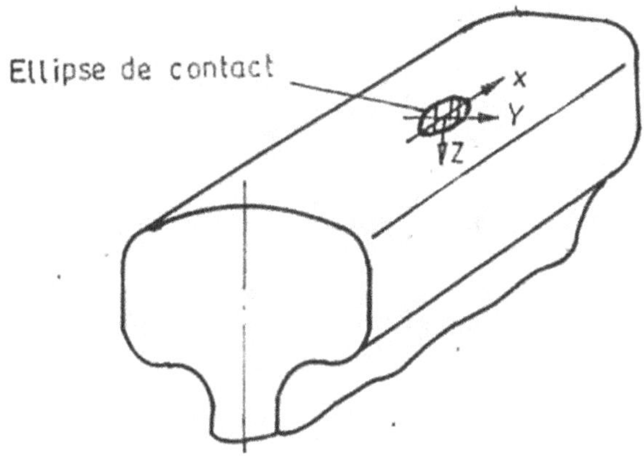

Fig. 4.8. Surface de contact rail-roue [121]

Les très faibles dimensions de l'ellipse de contact conduisent, sous l'action de la charge de la roue, à l'apparition de contraintes très élevées dans le métal du rail. Ces contraintes sont dénommées *contraintes de contact*. Les endommagements du métal du rail dans la zone de contact sont dénommés *déformations de contact* [3].

La raison principale de la naissance des déformations de contact réside dans la qualité du métal qui ne correspond pas aux conditions difficiles qui peuvent intervenir dans le travail du rail en voie, notamment par suite de vitesses élevées des trains, de fortes charges par essieu des wagons et surtout, d'accroissement important du trafic [3]. En outre, la mauvaise qualité d'entretien de la voie et des organes de roulement du matériel roulant influe également sur l'apparition de ces déformations de contact, qui constituent des *endommagements par fatigue* du métal du rail [3].

Il est clair que plus la pression exercée par la roue sur le rail est forte (en zone de dénivellations locales), plus vite apparaîtra l'endommagement par fatigue du métal du rail. Ceci est dû aux insuffisances dans l'entretien des organes de roulement du matériel roulant comme nous venons de le mentionner, qui renforcent les actions dynamiques sur les rails, se produisant assez souvent sous forme de choc [3].

Les contraintes maximales de contact apparaissent au centre de l'ellipse. Au fur et à mesure que l'on s'éloigne de la surface de contact en profondeur du champignon du rail, on observe une diminution de ces contraintes ; le degré et le caractère de cette diminution sont illustrés à titre d'exemple sur la figure 4.9 [3].

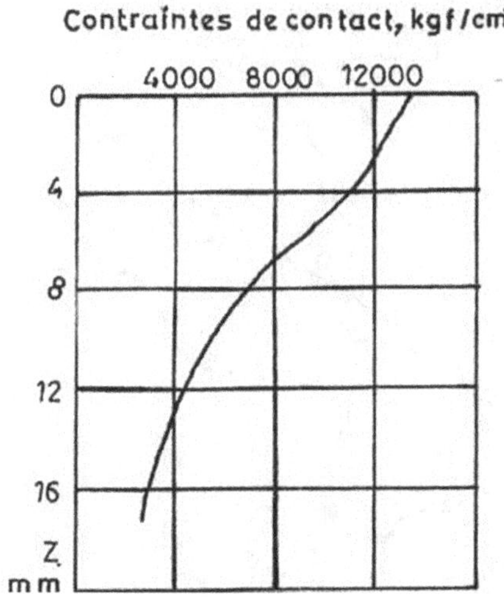

Fig. 4.9. Exemple de répartition des contraintes de contact sur la profondeur du champignon [3]

4.4.2. Formules pratiques de calcul des contraintes de contact

La théorie classique de Hertz-Beliaèv sur le travail du métal dans le domaine élastique, sert de base pour le calcul des contraintes de contact dans les rails [17] [121].

La figure 4.10 montre la répartition des composantes normale p_i et tangentielle τ_i de la charge dynamique d'une roue [17].

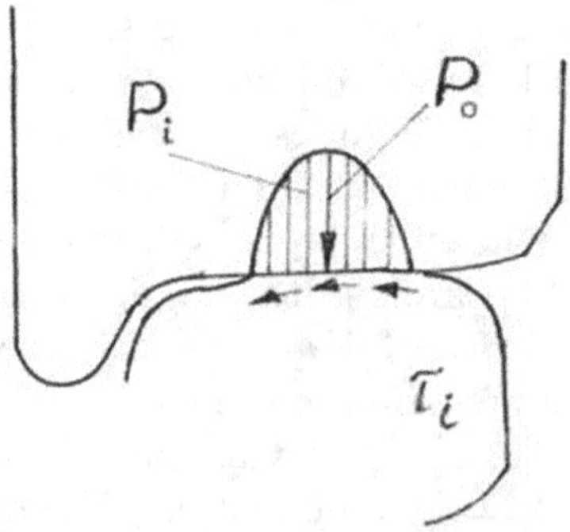

Fig. 4.10. Répartition des composantes normale p_0 et tangentielle τ_i de la charge dynamique d'une roue [17]

La contrainte maximale de compression σ_{max} sur la surface de contact peut être déterminée par la formule du Professeur N.M. Beliaèv [17] [121] :

$$\sigma_{max} = \alpha \sqrt[3]{\frac{P_{dyn}E^2}{R^2}} \qquad (4.59)$$

où α : coefficient dépendant du rapport $\frac{r}{R}$ avec :

r : rayon de courbure du champignon du rail, en cm ;

R : rayon de la roue, en cm ;

P_{dyn} : charge dynamique verticale maximale de compression de la roue sur le rail, en kg ;

E : module d'élasticité de l'acier à rail égal à $2{,}1 \cdot 10^6$ kg/cm^2.

Les valeurs du coefficient α en fonction du rapport $\frac{r}{R}$ sont données dans le tableau 4.5 [121].

Tableau 4.5. Valeurs du coefficient α en fonction du rapport $\frac{r}{R}$ [121]

$\frac{r}{R}$	A	$\frac{r}{R}$	α	$\frac{r}{R}$	A
1,0	0,388	0,6	0,468	0,2	0,716
0,9	0,400	0,5	0,490	0,15	0,800
0,8	0,420	0,4	0,536	0,10	0,970
0,7	0,440	0,3	0,600	0,005	1,280
				0,001	2,271

L'aire de l'ellipse de contact ω se détermine par l'expression suivante [17] :

$$\omega = \frac{3P_{dyn}}{2\sigma_{max}} \qquad (4.60)$$

Pour l'évaluation du degré de résistance du matériau dans un état de tension volumique (état de contrainte à trois dimensions) conformément à la théorie de résistance par contraintes tangentielles maximales, on détermine des *contraintes équivalentes* $\sigma_{équiv}$ [121] [17].

Les recherches du Professeur Beliaèv ont permis d'établir que le point dangereux est situé à la profondeur z_0 (à quelques millimètres) de la surface de contact [121] [17]. À cette profondeur z_0, la contrainte équivalente est [121] [17] :

$$\sigma_{équiv} = 0{,}65\ \sigma_{max} \qquad (4.61)$$

À la surface de contact les contraintes équivalentes sont les suivantes :

- au centre de l'ellipse

$$\sigma_{équiv} = n_1 \, \sigma_{max} \qquad (4.62)$$

- à l'extrémité du grand axe de l'ellipse

$$\sigma_{équiv} = n_2 \, \sigma_{max} \qquad (4.63)$$

Les valeurs des coefficients n_1 et n_2 se déterminent à partir du graphique de la figure 4.11 en fonction du rapport $\frac{r}{R}$ [121] [17].

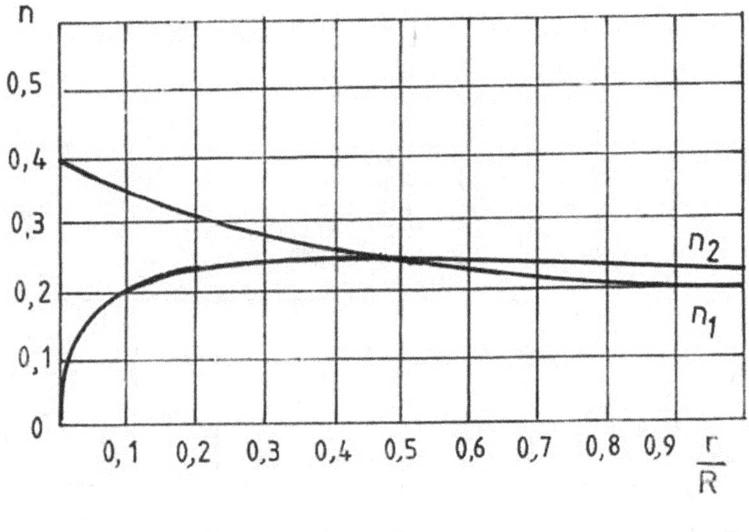

Fig. 4.11. Courbes des coefficients n_1 et n_2 en fonction du rapport $\frac{r}{R}$ [121]

Les contraintes équivalentes calculées ne doivent pas sortir des limites de résistance du métal du champignon du rail [17]. À titre d'exemple, en Russie, la contrainte admissible $[\sigma_{0,2}]$, est la limite de déformation élastisque permanente garantie de l'acier à rail que l'on détermine par traction d'une éprouvette standard de 10 mm de diamètre, comme contrainte pour laquelle, l'allongement résiduel de l'éprouvette atteint 0,2% [17].

Les valeurs minimales probables garanties de $[\sigma_{0,2}]$ sont les suivantes [17] [123] :

- pour les rails de fabrication courante < à R43 : $[\sigma_{0,2}]$ = 3 000 kg/m^2 (300 MPa) ;
- pour les rails de fabrication courante R43, R50, R65 et R75 : $[\sigma_{0,2}]$ = 3 500 kg/cm^2 (350 MPa) ;

- pour les rails ayant subi un traitement thermique (c'est-à-dire dont au moins le champignon a subi une trempe suffisamment profonde pour englober la zone de contrainte maximale de cisaillement [1]) :
  $[\sigma_{0,2}]$ = 4 000 kg/cm^2 (400 MPa).

Selon [17], en Russie, pour des charges dynamiques élevées des roues, les rails de fabrication courante et particulièrement les rails non trempés, ne satisfont pas à cette exigence sur les tronçons à très forte intensité de transport. À titre d'exemple, le retrait par de défauts du champignon, particulièrement le défaut 211 selon le Code UIC (Fissuration transversale progressive d'origine interne ou Tache ovale) sur les lignes lourdement chargées, constitue jusqu'à 70% les causes de retrait de rail individuel [17].

Afin de réduire les endommagements par fatigue des rails et allonger ainsi la durée de vie de ces derniers, il est avant tout indispensable d'améliorer la qualité de l'acier à rail [3] ; d'où l'intérêt, notamment pour les lignes de transports de minerais, de poser des rails lourds, de nuance d'acier plus dure que les rails de qualité courante. Cette question a été abordée au point 3.1.3 du chapitre III.Bien évidemment, il est également important d'améliorer la qualité d'entretien de la voie et des organes de roulement du matériel roulant [3], ce dont il a été fait mention auparavant.

La contrainte de cisaillement maximale qui se trouve au point dangereux peut être calculée par l'expression suivante [122] :

$$\tau_{max} \approx 0{,}32\ \sigma_{max} \qquad (4.64)$$

4.4.3. Exemple de calcul des contraintes de contact

Déterminons les contraintes de contact dans le rail de type U33 (46 kg/m) sous l'action d'un wagon ouvert de 13,5 tonnes de charge par essieu (soit 6,75 tonnes par roue), dont les caractéristiques sont présentées dans le tableau 4.4 (voir point 4.3.4.5).

Nous prendrons comme charge dynamique maximale de la roue
$P_{dyn} = P_{dyn\text{-}max}$ = 111 167 N, soit 11 116 kg (voir point 4.3.4.5).

Pour les rails et roues sans usure, le rayon de la roue est 75 cm (voir tableau 4.4) et le rayon de courbure du champignon du rail U33 est 20 cm ; d'où $\frac{r}{R} = \frac{20}{37{,}5}$ = 0,533 ; ce qui correspond d'après le tableau 4.5 (après interpolation) à α = 0,482.

En conséquence, la contrainte maximale de compression σ_{max} est, selon la formule 4.59 :

$$\sigma_{max} = 0{,}482\ \sqrt[3]{\frac{11\ 116(2{,}1\cdot10^6)^2}{37{,}5^2}} = 15\ 745\ \text{kg/cm}^2$$

L'aire de l'ellipse de contact qui en résulte est (voir formule 4.60) :

$$\omega = \frac{3 \cdot 11\,116}{2 \cdot 15\,745} = 1{,}056 \text{ cm}^2 = 105{,}6 \text{ mm}^2$$

Conformément au graphique de la figure 4.11, le rapport $\frac{r}{R} = 0{,}533$ donne $n_1 = 0.23$ et $n_2 = 0{,}24$. En appliquant les formules (4.62) et (4.63), nous obtenons les contraintes équivalentes à la surface de contact :

- au centre de l'ellipse :

$$\sigma_{\text{équiv}} = 0{,}23 \cdot 15\,745 = 3\,621 \text{ kg/cm}^2$$

- à l'extrémité du grand axe de l'ellipse :

$$\sigma_{\text{équiv}} = 0{,}24 \cdot 15\,745 = 3\,778 \text{ kg/cm}^2$$

En considérant comme contrainte admissible $[\sigma_{0,2}] = 3\,500$ kg/cm^2 (pour rails de fabrication courante), on peut dire que ces contraintes équivalentes sont relativement proches de la limite de déformation élastique permanente garantie de l'acier à rail.

Au point dangereux à l'intérieur du champignon du rail à la profondeur z_0 (à quelques millimètres) de la surface de contact, la contrainte équivalente (formule 4.61) est :

$$\sigma_{\text{équiv}} = 0{,}65 \cdot 15\,745 = 10\,234 \text{ kg/cm}^2$$

Cette contrainte est bien éloignée de la limite de déformation élastique permanente garantie de l'acier à rail.

La contrainte de cisaillement maximale est, selon la formule (4.64) :

$$\tau_{max} = 0{,}32 \cdot 15\,745 = 5\,038 \text{ kg/cm}^2 = 50{,}38 \text{ kg/mm}^2$$

Or, selon [1], cette contrainte doit rester inférieure à 30 kg/mm^2 ; ce qui signifie que le rapport $\frac{Q}{D}$ (où Q est la charge de la roue et D son diamètre) doit être inférieur à 5,5 t/m.

Dans notre cas, pour D = 0,75 m et $Q = P_{dyn\text{-}max} = 11\,116$ kg = 11,116 t ; nous aurons :

$$\frac{Q}{D} = \frac{11{,}116}{0{,}75} = 14{,}8 \text{ t/m}$$ que l'on peut arrondir à 15 t/m.

Cette valeur est supérieure à celles que l'on rencontre en Europe de l'Ouest ($\leq 14{,}5$) ou en ex URSS (< 11) [1].

Par contre, selon [1], des valeurs élevées de Q/D sont adoptées par exemple, sur la ligne des Braunkohlenwerke, une ligne privée de transports de lignite à 30 tonnes par essieu (Q/D = 19), mais avec des rails en aciers spéciaux, ainsi que par les réseaux américains où l'on atteint couramment 14 et 15, et quelque fois même 16 et 18, mais avec des rails de nuance plus dure que les rails de qualité courante.

CHAPITRE V.
PARAMÈTRES DE TRACÉ DE LA VOIE

5.1. Généralités

Le tracé d'un chemin de fer désigne l'axe longitudinal de la voie ferrée au niveau des crêtes de la partie supérieure de la plateforme (Fig. 5.1) [12].

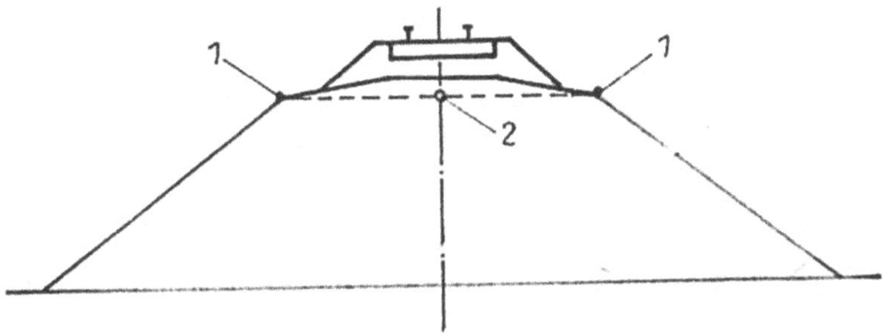

Fig. 5.1. Définition du tracé d'une ligne ferroviaire [12]
1- Crêtes de la partie supérieure de la plateforme ; 2 - Tracé

Le tracé en plan est la projection du tracé sur une surface horizontale. Par le terme général « tracé de la voie » on désigne le tracé en plan, le profil en long et les profils en travers des voies.

De tous les éléments qui constituent l'ensemble des dispositions relatives au projet d'une ligne ferroviaire, l'étude du tracé de la voie est de beaucoup, la plus importante.

5.2. Tracé en plan

5.2.1. Caractéristiques du tracé en plan

Le tracé en plan de la voie se compose d'une succession de lignes droites (alignements droits), de courbes circulaires et des courbes de raccordement à courbure progressive entre les alignements droits et les courbes circulaires.

La transition d'un alignement droit à une courbe circulaire ne passe pas inaperçue pour la circulation ; tout véhicule n'évite pas la brusque intervention de la force centrifuge. Afin de diminuer son effet, il faut réduire petit à petit le rayon de la courbe, en intercalant entre l'alignement et la courbe circulaire une courbe de raccordement dont le rayon passe de l'infini (∞) à celui de la courbe circulaire, ce qui assure une variation progressive de la force centrifuge (Fig. 5.2) [20] [117]. La construction de la courbe de raccordement est traitée au paragraphe 5.2.3.

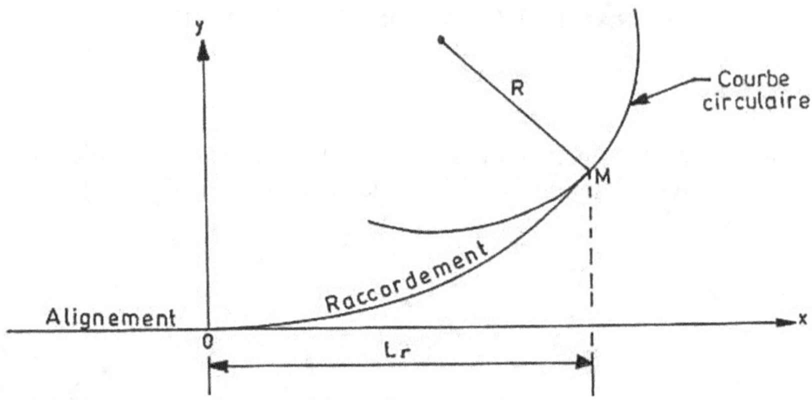

Fig. 5.2. Représentation graphique du raccordement parabolique [20] [117]

5.2.2. Rayons des courbes

Le rayon de courbure des voies principales ne descend pas au-dessous de [1] :

- 1 000 m sur les très grandes lignes compatible avec une vitesse de 160 km/h ;
- 250 m sur les lignes de montagne.

La valeur du plus grand rayon de courbe circulaire selon les normes d'étude de tracé des chemins de fer est fixée dans l'ordre de 4 000 m [11].

Le rayon minimal pour les voies principales nouvelles à écartement métrique peut être fixé à R_{min} = 500 m [127], exceptionnellement R_{min} = 300 m.

Dans les gares, sur les voies où la vitesse est faible, on admet des courbes de 150 m de rayon [1]. Il est souhaitable, pour des raisons d'inscription de machines et véhicules modernes et en vue de l'automatisation des attelages, de ne pas descendre au-dessous de 100 m de rayon [1].

5.2.3. Construction de la courbe de raccordement

5.2.3.1. Equation de la courbe de raccordement

Le raccordement que l'on doit introduire entre un alignement et une courbe circulaire doit posséder les propriétés suivantes [1] :

- être tangent à l'alignement et à l'arc de cercle ;
- présenter, au point de tangence à l'alignement, une courbure nulle ($1/\infty$) ;

• présenter, au point de tangence à l'arc de cercle de rayon R, une courbure égale à 1/R ;
• avoir, entre ces deux points de tangence, une courbure progressive.

La courbe satisfaisant à ces conditions est la clothoïde. Son équation est de la forme [17]:

$$y = \frac{x^3}{6C}\left(1 + \frac{2}{35}\frac{x^4}{C^2} + \frac{293}{237000}\frac{x^8}{C^4} + \ldots\right) \quad (5.1)$$

où $C = RL_r$

R : rayon de la courbe circulaire

L_r : longueur de la courbe de raccordement

En général, comme équation de la courbe de raccordement on utilise la parabole de Nordling [1] ou parabole cubique dont la forme est la suivante, qui est en fait le premier terme de l'équation de la clothoïde :

$$y = \frac{x^3}{6RL_r} \quad (5.2)$$

La longueur de la courbe de raccordement doit être égale à la longueur de la rampe de dévers correspondante et avoir même origine et même extrémité [40]. Elle se détermine en fonction du dévers d (en mm) en pleine courbe et de la rampe i (‰) dans le raccordement [11] (voir Fig. 6.3 du chapitre VI) :

$$L_r = \frac{d}{i}\ (m) \quad (5.3)$$

Alors que le dévers, susceptible de modifications ultérieures, doit être déterminé d'après la vitesse réelle, la longueur de la courbe de raccordement qui, normalement, ne pourra pas être changée plus tard, doit être fixée en tenant compte de la vitesse maximale envisagée dans l'avenir [40].

Pour des commodités d'implantation et d'entretien au cours de l'exploitation, les longueurs des courbes de raccordement obtenues par les calculs doivent, dans la mesure du possible, être arrondies à des valeurs supérieures multiples de 10 m [11]. Selon [16], la longueur minimale de la courbe de raccordement est fixée à 20 m.

Le raccordement ne s'intercale pas entre l'alignement et le cercle d'origine, mais entre l'alignement et un cercle de même rayon (Fig. 5.3) [20] [117] dont le centre est décalé vers l'intérieur d'une valeur Δ. La valeur de ce « décalage » est :

$$\Delta = EE' = \frac{L_r^2}{24R} \quad (5.4)$$

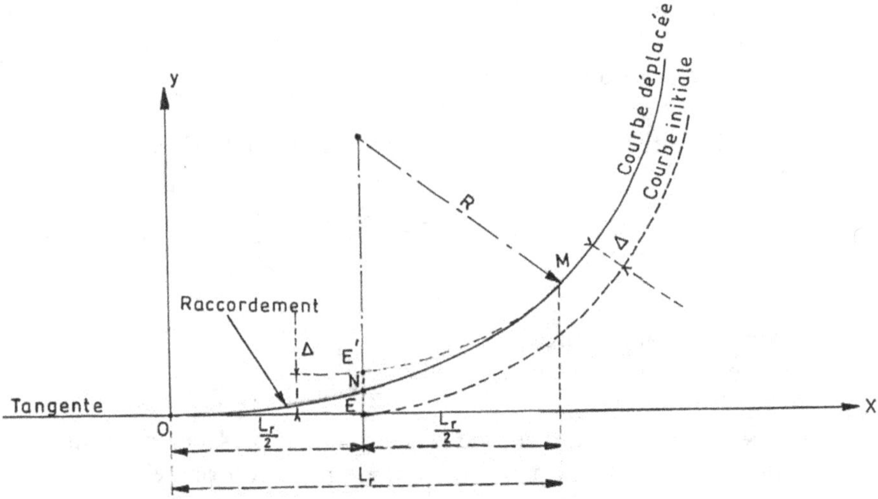

Fig. 5.3. Construction du raccordement parabolique [20] [117]

5.2.3.2. Implantation de l'ensemble « courbe de raccordement + courbe circulaire »

Les procédés d'implantation des courbes sont largement détaillés dans les cours de topographie ; toutefois, il est important d'en donner quelques exemples.

a) Implantation de l'ensemble de la courbe par abscisse et ordonnée sur la tangente (Fig. 5.4) [21].

Si l'on appelle α l'angle de la tangente avec l'axe des x et si l'on prend comme origine des axes le point de tangence du raccordement avec l'alignement, le raccordement parabolique est piqueté entre O et M à partir de la tangente initiale avec aux points :

O : $x = 0$ $\qquad y = 0$

N : $x = \frac{L_r}{2}$ $\qquad y = \frac{\Delta}{2}$ (N est situé au milieu de EE')

M : $x = L_r$ $\qquad y = 4\Delta$

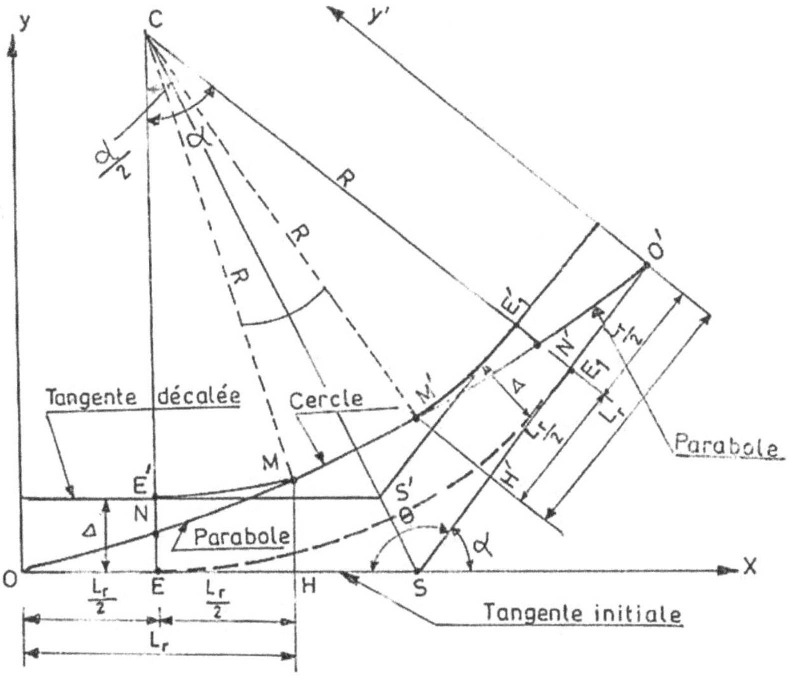

Fig. 5.4. Schéma d'implantation de l'ensemble de la courbe par abscisse et ordonnée sur la tangente [21]

Pour un point quelconque entre O et M, on utilise la formule (5.2) de la parabole cubique. La règle à suivre pour l'implantation est la suivante (Fig. 5.4) [21] :

1. Placer O et O' sur les alignements tels que :

$$SO = SO' = T = (R + \Delta)\mathrm{tg}\,\frac{\alpha}{2} + L_r$$

2. Avec O et O' comme origines, porter les abscisses et ordonnées de la parabole jusqu'en M et M' qui sont les points de tangence du raccordement parabolique avec l'arc de cercle MM' de rayon R.

3. Pour la courbe régulière MM', le piquetage s'effectue avec les tables usuelles telle que la table de Gaunin [92], en partant de la tangente décalée, à partir de E' et E'_1.

Cette méthode concerne le cas lorsque la topographie du lieu permet l'implantation de l'ensemble de la courbe par abscisses et ordonnées sur la tangente.

b) Implantation de l'ensemble de la courbe par angles successifs et cordes correspondantes ou coordonnées polaires (Fig. 5.5) [21].

Lorsqu'il s'agit d'opérer par exemple dans une tranchée encaissée ou sur un haut remblai, il est plus commode d'utiliser le procédé par angles successifs et cordes correspondantes ou coordonnées polaires; la figure 5.5 en définit les éléments d'implantation [21] :

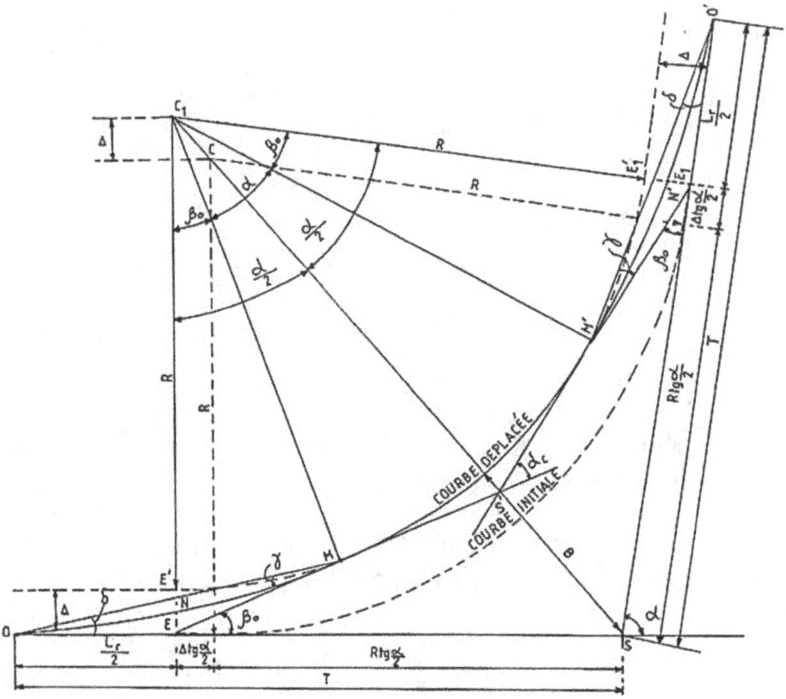

Fig. 5.5. Schéma d'implantation de l'ensemble de la courbe par angles successifs et cordes correspondantes [21]

- Tangente : $T = SO = SO' = (R + \Delta)\ \mathrm{tg}\ \frac{\alpha}{2} + L_r$ (5.5)
- Bissectrice : $B = (R + \Delta)\sec \frac{\alpha}{2} - R$ (5.6)
- Développement totale de la courbe : $D = \frac{\pi R \alpha}{200} + 2\ L_r$ (5.7)

$$\alpha_c = \alpha - 2\beta_o \quad (5.8)$$

$$\beta_o = \frac{L_r}{2R} \cdot \frac{200}{\pi} \quad (5.9)$$

Dans ce cas, pour implanter le raccordement parabolique OM (ou O'M') on procède de la façon suivante : l'appareil de mesure des angles est mis en station en O (ou O') et on ouvre les angles de construction calculés, sur les tangentes OS (ou O'S'). Les angles de construction se déterminent par l'expression suivante :

$$\delta_i = \frac{x^2}{6RL_r} \cdot \frac{200}{\pi} \tag{5.10}$$

où δ_i : angle d'implantation en grades ;
x : distance entre le point de tangence (O ou O') et le point à implanter.

Pour implanter la courbe circulaire MM', l'appareil sera mis en station en M (ou M'), et on introduira l'angle γ dans l'appareil en visant O (ou O'), avec :

$$\gamma = \beta_o - \delta \tag{5.11}$$

δ : angle d'implantation correspondant à la longueur du raccordement parabolique, en remplaçant x par L_r dans l'expression (5.10).

Après avoir introduit l'angle γ et visé le point O (ou O'), on tourne l'appareil de façon à ouvrir l'angle γ ; on se place ainsi sur la tangente à la courbe circulaire mais du côté opposé des points à implanter. Une rotation de l'appareil de 200 grades permet par la suite d'implanter successivement les points de la courbe circulaire à partir des angles de construction calculés dans ce cas par l'expression suivante :

$$\delta_{ic} = \frac{200}{2\pi R} x \tag{5.12}$$

où δ_{ic} : angle d'implantation des points de la courbe circulaire
x : distance du point de station (M ou M') au point à implanter

5.2.4. Raccordements des courbes successives

Il est nécessaire se séparer deux courbes successives par des alignements droits, à introduire entre les extrémités des courbes de raccordement aussi bien pour les courbes orientées dans le même sens que pour celles orientées dans le sens contraire [11]. En effet, la perturbation amorcée par une entrée ou une sortie ne s'amortit pas immédiatement, de telle sorte que les effets seraient susceptibles de se superposer si les deux raccordements étaient trop voisins.

En voies principales, la longueur de l'alignement droit, à réserver entre deux raccordements successifs est fixée à 30 m au moins [1] où la vitesse est supérieure à 100 km/h (longueur maximale des voitures en service). Cette disposition vise à réduire l'importance des oscillations de roulis des véhicules.

Dans les conditions topographiques difficiles, lorsque l'établissement de ces alignements droits de longueur indiquée ci-dessus entraîne des travaux importants, on peut admettre entre des courbes de sens contraire, comme valeur minimale de ces alignements, 20 m [11] [16].

5.2.5. Réalisation d'un tracé précis – Méthode des flèches

5.2.5.1. Généralités

Lors de l'établissement d'une ligne de chemin de fer ou d'une nouvelle voie, après avoir piqueté les alignements droits, il faut aussi piqueter les courbes raccordant ces alignements. On emploie à cet effet les procédés topographiques comme nous venons de le voir. Ces procédés sont suffisamment exacts pour l'exécution des terrassements ou pour la pose des voies avant relevages, mais ils ne sont plus assez précis pour obtenir la régularité de courbure indispensable à la circulation en vitesse élevée (≥ 60 km/h). Seule la méthode des flèches permet d'atteindre le degré de précision nécessaire.

La mesure de flèche sur une corde mobile de longueur constante est aisée à faire sur le terrain et est à la base de la méthode et de toutes les rectifications de courbes [1].

On adopte en général comme longueur de corde 2C = 20 m. Des piquets sont implantés tout le long des courbes et de leurs raccordements, à l'équidistance de 10 m. Les piquets sont numérotés et les flèches sont mesurées au droit des piquets en se servant d'une corde de 20 m de longueur, dont on applique les extrémités contre la face interne du champignon à l'aplomb des piquets n - 1 et n + 1 si on mesure la flèche au droit du piquet n (Fig. 5.6).

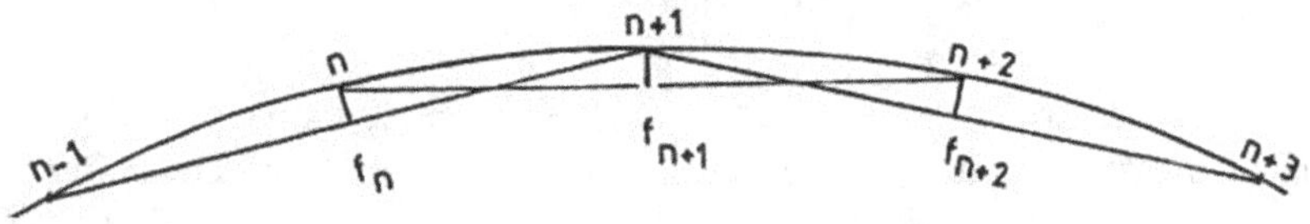

Fig. 5.6. Schéma de mesure des flèches dans une courbe [1]

On a alors la relation suivante [6] :

$$f_c = \frac{50\,000}{R} \text{ (mm)} \tag{5.13}$$

où f_c : flèche en pleine courbe ;
R : rayon de la courbe.

5.2.5.2. Diagramme des flèches

La substitution de la notion de flèche à celle de rayon de courbure conduit, dans le système d'axes (f,s), à une représentation particulièrement simple, que l'on désigne sous le nom de diagramme des flèches [1]. À noter que f désigne la flèche et s – l'abscisse curviligne suivant le raccordement.

Un alignement est représenté par l'axe des abscisses, un cercle par une parallèle à cet axe, un raccordement parabolique par une droite inclinée dont la pente est égale à la variation de flèche.

Une courbe circulaire, avec raccordement parabolique, est donc représentée par un trapèze complété par les doucines (Fig. 5.7) [1], aménagées aux points de tangence avec les alignements et les raccordements ainsi qu'au début et à la fin de la pleine courbe, qui suppriment les brisures de la rampe de dévers aux extrémités du raccordement.

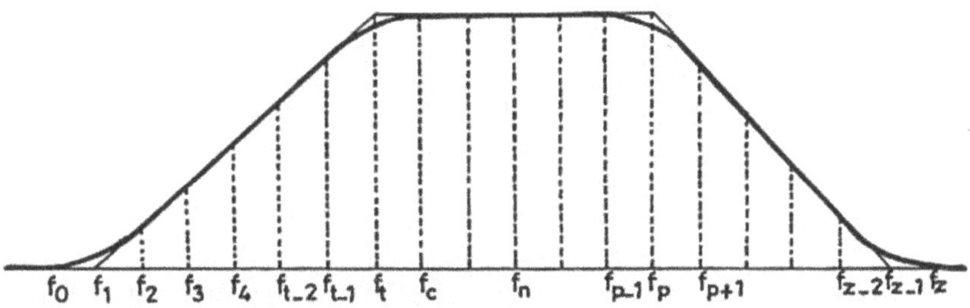

Fig. 5.7. Représentation d'un diagramme de flèches [1]

Ces doucines sont obtenues (Fig. 5.7) [1] :

- en augmentant la valeur de la flèche au point de tangence côté alignement, ainsi que les flèches encadrantes ;
- en diminuant la valeur de la flèche au point de raccordement avec la pleine courbe ainsi que les flèches encadrantes.

La valeur de l'augmentation ou de la diminution est $\frac{D}{6}$; D étant la différence entre deux flèches consécutives du raccordement.

5.2.5.3. Rectification d'une courbe par la méthode des flèches

a) Principe

Sur le terrain, le tracé d'une courbe raccordant les alignements peut être imparfait ; on peut relever les flèches et les porter sur un diagramme dont l'aspect est évidement irrégulier.

Rectifier la courbe déformée correspondant à ce diagramme (Fig. 5.8) [1] c'est établir un nouveau diagramme de flèches se rapprochant le plus possible du diagramme théorique déterminé à priori, dont le tracé dégage le gabarit des obstacles et tel que le gauche reste dans les limites prescrites.

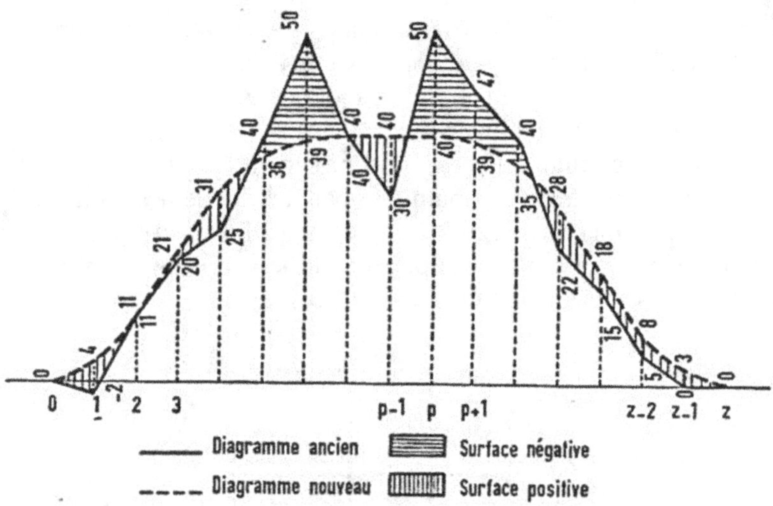

Fig. 5.8. Schéma de principe de rectification d'une courbe [1]

Les conditions auxquelles doivent satisfaire les différences entre les flèches de la courbe rectifiée et celles de la courbe à rectifier découlent de la propriété suivante à savoir[1],si l'on déforme une courbe entre les piquets $n - 1$ et $n + 1$ (Fig. 5.9) [1], le reste de la courbe demeurant fixe, le déplacement r vers l'intérieur du point de la courbe situé au droit du piquet n entraîne une variation égale à $-r$ de la flèche au droit de ce point et des variations égales à $+\frac{r}{2}$ au droit des piquets $n - 1$ et $n + 1$.

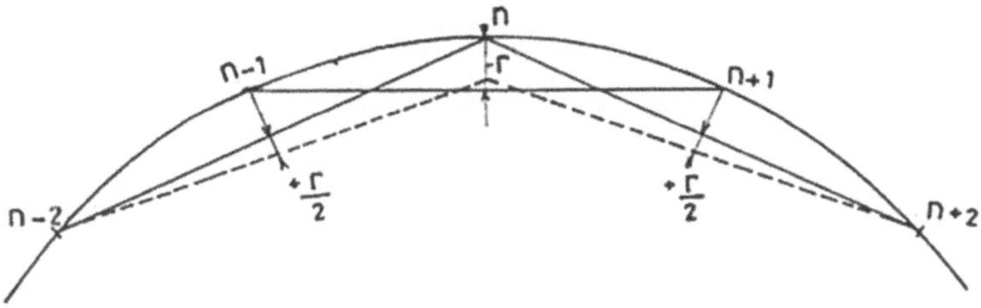

Fig. 5.9 : Variation de flèches entre différents points d'une courbe déformée [1]

Cette propriété est utilisée pour faire très rapidement une rectification locale dans une courbe, notamment par un calcul manuel qui, grâce à une bonne expérience de certains praticiens, permet d'obtenir les ripages les plus faibles possibles.

Il convient d'avoir à l'esprit que toute rectification doit être telle que la nouvelle courbe puisse se raccorder tangentiellement aux points de tangence initiaux ou en des points voisins.

Les deux conditions pour que la courbe rectifiée puisse se substituer à la courbe initiale sont :

1. Les points extrêmes de la courbe rectifiée doivent être situés sur le tracé initial, d'où ripage nul aux extrémités de la courbe rectifiée (Fig. 5.10) ;

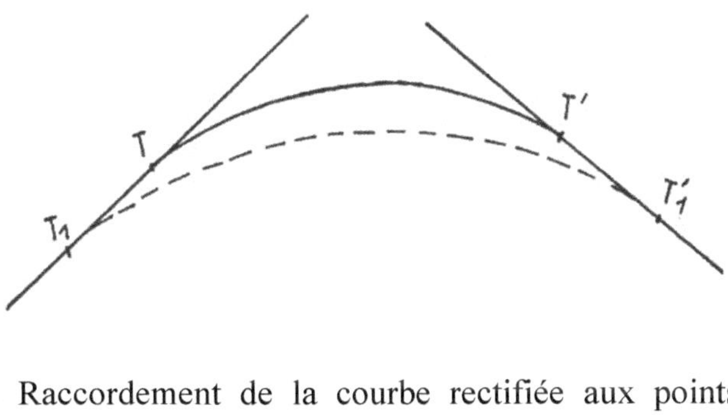

Fig. 5 .10. Raccordement de la courbe rectifiée aux points de tangence initiaux ou en des points voisins

2. La courbe rectifiée doit être tangente en ses extrémités aux alignements qui l'encadrent ; d'où la somme algébrique des variations des flèches que peuvent introduire les corrections faites dans la rectification d'une courbe doit être nulle (surface du diagramme inchangée, comme indiqué sur la Fig. 5.8.

b) Exemple de rectification de courbe

Comme nous venons de le voir, rectifier une courbe déformée correspondant à un diagramme établi à partir des flèches relevées sur le terrain, consiste à définir un nouveau diagramme de surface inchangée dont :

- la somme des flèches reste inchangée (constante) ;
- la somme algébrique des variations de flèches (correctifs) appelée « *cumulée première* » est nulle ; tel que les ripages aux extrémités de la courbe rectifiée soient nulles.

• Méthodologie de l'étude

Sur la partie gauche de la feuille de papier millimétré, on dessine le diagramme des flèches relevées. Sur la partie droite, on forme le tableau comme indiqué sur la figure 5.11.

(1) N° des piquets	(2) Flèches relevées (f)	(3) Flèches transitoires (f')	(4) Variation des flèches (f'-f) ou df	(5) Cumulées des variations $\Sigma(f'-f)$ ou Σdf	(6) Cumulées des cumulées ou ½ ripages $\Sigma\Sigma df$	(3A) Flèches transitoires (f')	(4A) df ou variations des flèches	(5A) Σdf	(6A) $\Sigma\Sigma df$	(4B) df	(5B) Σdf	(6B) $\Sigma\Sigma df$	(3C) Flèches définitives	(4C) df	(5C) Σdf	(6C) $\Sigma\Sigma df$ ou ½ ripages	(7) Ripages
	1er Essai					Annulation des des cumulées des variations de flèches $\Sigma df = 0$				Annulation du ½ ripage restant			Rectification définitive				
1																	
2	0	0											0				
3	-1	0	+1										0	+1			0
4	4	1	-3	+1	+1								1	-3	+1	+1	+2
5	8	3	-5	-2	-1					+1			4	-4	-2	-1	-2
6	7	10	+3	-7	-8						+1	+1	10	+3	-8	-7	-14
7	11	19	+8	-4	-12						+1	+2	19	+8	-3	-10	-20
8	25	28	+3	+4	-8						+1	+3	28	+3	+5	-5	-10
9	45	37	-8	+7	-1						+1	+4	37	-8	+8	+3	+6
10	41	44	+3	-1	-2					-1	+1	+5	43	+2	0	+3	+6
11	47	48	+1	+2	0						0	+5	48	+1	+2	+5	+10
12	47	51	+4	+3	+3							+5	51	+4	+3	+8	+16
13	56	51	-5	+7	+10							+5	51	-5	+7	+15	+30
14	54	51	-3	+2	+12							+5	51	-3	+2	+17	+34
15	50	49	-1	-1	+11				+11			+5	49	-1	-1	+16	+32
16	42	45	+3	-2	+9	46	+4	-2	+9			+5	46	+4	-2	+14	+28
17	43	40	-3	+1	+10	40	-3	+2	+11			+5	40	-3	+2	+16	+32
18	32	31	-1	-2		31	-1	-1	+10			+5	31	-1	-1	+15	+30
19	30	22	-8	-3		22	-8	-2	+8			+5	22	-8	-2	+13	+26
20	7	13	+6	-11		13	+6	-10	-2			+5	13	+6	-10	+3	+6
21	2	5	+3	-5		7	+5	-4	-6			+5	7	+5	-4	-1	-2
22	3	2	-1	-2		2	-1	+1	-5			+5	2	-1	+1	0	0
23	0	0	0	-3		0	0	0	-5			+5	0		0		
24									-5			+5					

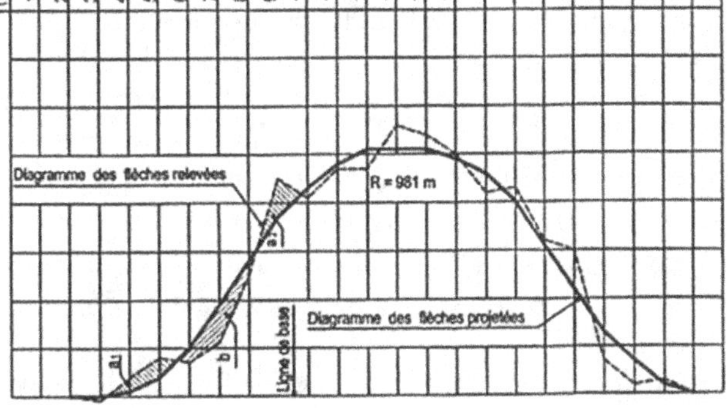

Fig. 5.11. Exemple de diagramme de rectification de courbe

On ébauche le diagramme de flèches du 1er essai, ou flèches transitoires (ou théoriques).

Les flèches de pleine courbe doivent être choisies de manière à se rapprocher de la flèche théorique calculée suivant le rayon de la courbe indiqué sur le profil en long de la ligne.

Pour placer l'inclinaison du raccordement parabolique, on utilise la méthode consistant à compenser sensiblement les aires comprises entre le tracé du diagramme de flèches relevées et celui du diagramme piqueté, de part et d'autre de celui-ci.

Cette compensation nécessite, dans le cas de l'exemple pratique de la figure 5.11, la réunion de 3 aires élémentaires successives (a_1, b, a_2) dont la somme de deux extrêmes (a_1, a_2) situées d'un même côté du tracé du diagramme projeté équivaut à l'aire intermédiaire (b) située de l'autre côté.

On inscrit dans les colonnes (1), (2), (3) et (4), respectivement le numéro des piquets, les flèches relevées sur le terrain (f), les flèches transitoires ou théoriques (f'), les variations ou différences de flèches (f'–f) avec leur signe (retrancher toujours la flèche relevée de la flèche transitoire).

On inscrit dans la colonne (5), dans l'interligne, les sommes successives des variations ou différences de flèches, ce sont les *« cumulées premières »* des variations.

On inscrit dans la colonne (6), les cumulées des cumulées qui sont, en grandeur et en signe les demi-ripages ; ce sont les « *cumulées secondes* ».

On double les demi-ripages obtenus et on obtient les ripages que l'on inscrit dans la colonne (7).

Comme le montre l'exemple numérique de la figure 5.11, la valeur des demi-ripages est obtenue par des simples additions ou soustractions successives.

• Annulation des cumulées premières

Au cas où la cumulée première est positive, cela signifie que la somme des flèches transitoires est supérieure à celle des flèches relevées ; elle est négative dans le cas contraire. Dans les deux cas, il est question de régulariser la situation en agissant sur les flèches transitoires, soit en retranchant, soit en ajoutant l'écart trouvé.

Ce travail doit être fait avec soin pour ne pas perturber l'allure du diagramme des flèches transitoires. Les nombres retranchés ou ajoutés sont appelés « *termes correcteurs* » ; ils sont tous de même signe : + ou – .

Ce travail fait, on corrige les flèches transitoires et on trouve les nouvelles différences là où il y a eu intervention. Après, on recalcule la première cumulée qui doit automatiquement s'annuler. Dans l'exemple de la figure 5.11, la flèche projetée au piquet 16 a été portée de 45 à 46 et celle du piquet 21, de 5 à 7 ; ainsi, la cumulée première (colonne 5A) s'annule.

On poursuit les calculs de la colonne (6A) et l'on obtient alors au piquet 22 un demi-ripage (-5) qu'il va falloir annuler. Lorsque le demi-ripage à annuler est relativement important, on modifie les flèches par une suite de couples.

• Annulation des cumulées secondes

On annule la cumulée seconde par application des « *couples correcteurs* » constitués par deux variations de flèches égales et de signe contraire (α et $-\alpha$). Le moment du couple sera le produit de la variation par le nombre d'intervalles séparant ces deux variations sur le diagramme de flèches.

Le processus consiste à rechercher sur le diagramme projeté le point où il serait le plus avantageux d'introduire un couple correcteur. Dans notre exemple, si au piquet 5 on fait varier la flèche de $\alpha = +1$ et au piquet 10 on fait varier la flèche de $\alpha = -1$, on aura le moment du couple ainsi constitué, égal à $+1 \times 5 = +5$; le signe du couple étant donné par le signe de la première variation (ici +). Le demi-ripage restant se trouve alors annulé.

• Rectification définitive

Pour obtenir la rectification définitive, il suffit d'additionner les colonnes correspondantes (4 + 4A + 4B = 4C ; 5 + 5B = 5C ; 6 + 6A + 6B = 6C) et pour obtenir les ripages en grandeur et en signe de doubler les résultats de la colonne 6C.

• Cas de point obligé

Au niveau d'un point obligé, le ripage doit être nul. Pour l'annulation de ripages en un seul point, on applique un couple annulant la deuxième cumulée au point considéré. Le taux annulé se retrouvera à la fin avec signe contraire en deuxième cumulée.

On applique un autre couple pour annuler la deuxième cumulée en ayant soin de ne pas atteindre le point considéré (point obligé).

5.3. Profil en long

5.3.1. Généralités

Le profil en long est la représentation de la section verticale du terrain naturel et des installations projetées au droit de l'axe longitudinal du projet. Cet axe est généralement l'axe de la plateforme (surface finie des terrassements).

Tout comme le tracé en plan, le profil en long se compose d'une succession d'alignements droits et de courbes (verticales).

L'étude du profil en long est généralement le critère déterminant du choix du tracé, car des écarts importants avec le niveau du terrain naturel nécessitent des travaux importants de génie civil (ponts, tunnels, remblais élevés, déblais profonds).

5.3.2. Déclivités

Le profil en long d'une ligne se caractérise par l'inclinaison des déclivités des éléments du profil et leurs longueurs.

Si nous considérons le mouvement d'un véhicule ferroviaire à la montée (Fig.5.12) [11], circulant sur une déclivité d'angle α (α – angle entre la ligne du profil et l'horizontale), son poids q se divise en deux composantes : l'une q_1 normale, l'autre q_2, parallèle au plan incliné et qui constitue la résistance supplémentaire au mouvement du véhicule W_i engendrée par la déclivité [11] :

$$W_i = q_2 \text{ (tonne), soit : } W_i = 1\,000 \cdot q_2 \text{ (kg)} \qquad (5.14)$$

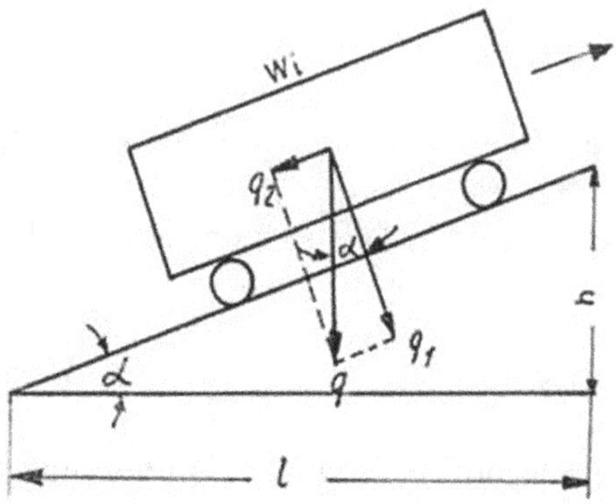

Fig. 5.12. Détermination de la résistance supplémentaire due à la déclivité [11]

De la figure 5.12 nous trouvons $q_2 = q \cdot \sin\alpha$. Pour les déclivités utilisées dans le transport ferroviaire, l'angle α est très petit ; nous pouvons donc, sans erreur appréciable prendre $\sin\alpha \approx \mathrm{tg}\alpha$; ce qui donne $W_i = 1000 \cdot q \cdot \mathrm{tg}\alpha$.

Par ailleurs, $\mathrm{tg}\alpha = \frac{h}{l}$; où h et l sont respectivement la hauteur (différence de cotes des deux points extrêmes de l'élément du profil) et la longueur de l'élément.

Dans la pratique ferroviaire, la déclivité s'exprime en pour mille (‰). C'est pourquoi, si h s'exprime en m, et l en km, la déclivité est $i = \frac{h}{l}$ (‰). Dans ce cas, $\mathrm{tg}\alpha = \frac{i}{1\,000}$, où i – déclivité en ‰.

La résistance supplémentaire due à la déclivité sera donc égale à [11] :

$$W_i = 1\,000 \cdot q \cdot \mathrm{tg}\alpha = 1\,000 \cdot q \cdot \frac{i}{1\,000} = qi \text{ (kg)} \qquad (5.15)$$

Une ligne de chemin de fer parcourue dans le sens du kilométrage est dite :

- *en palier*, lorsqu'elle est horizontale (les cotes d'altitude sont identiques) ;
- *en rampe*, lorsqu'elle s'élève (les cotes d'altitude sont croissantes) ;

- *en pente*, lorsqu'elle s'abaisse (les cotes d'altitude sont décroissantes).

Les pentes et rampes sont appelées *déclivités* et sont données en ‰ comme mentionné précédemment.

On appelle *point haut*, le sommet situé à la fin d'une rampe et au début de la pente suivante, et *point bas*, le creux situé à la fin d'une pente et au début de la rampe suivante.

5.3.3. Déclivités maximales

Lors de l'étude d'un projet de ligne ferroviaire, il faut s'astreindre à ne pas dépasser en aucun point une « rampe maximum » qu'on s'est fixée à l'avance, sinon on serait obligé de réduire le tonnage susceptible d'être transporté de bout en bout, et par suite, de mal utiliser la puissance des locomotives sur la majorité du parcours.

Les déclivités maximum admissibles dépendent de la topographie, des puissances de traction, des charges remorquées, et des qualités du matériel moteur et remorqué.

La valeur maximale couramment admise pour les lignes principales avec trafic mixte et vitesse jusqu'à 200 km/h se situe entre 12 ‰ et 15 ‰ [4].

Dans le cas d'un trafic fortement déséquilibré (ligne minière par exemple), la rampe maximale rencontrée par les trains vides peut être supérieure à la rampe maximale rencontrée par les trains chargés [40] ; elle pourrait être de 15 ‰ pour les trains vides et 10 ‰ pour les trains chargés.

Les voies de service doivent être en palier ou en déclivité maximale admissible de 1,5 ‰ [11]. Seulement dans les conditions difficiles on admet une augmentation des déclivités jusqu'à 2,5 ‰ [11].

S'il en résulte une réduction notable des investissements, les voies des gares où s'effectuent uniquement des opérations de croisement ou de dépassement, pourrront être en déclivité sous certaines conditions, par exemple, implantation d'un appareil de protection de la voie directe sur la voie de croisement [40].

5.3.4. Déclivité fictive

Les courbes augmentent la résistance à l'avancement des trains. Cette résistance supplémentaire à l'avancement est considérée comme étant équivalente à une *déclivité fictive* [1].

Cette déclivité fictive (‰) est prise égale à $\frac{800}{R}$ (R en m) aux Chemins de fer français [6] ; elle est fixée à $\frac{700}{R}$ aux Chemins de fer russes [11] [12].

Pour la voie métrique, elle peut être prise égale à $\frac{600}{R}$ [117] [40], à l'exemple du tronçon réaligné du Chemin de Fer Congo-Océan entre Bilinga et Dolise (Congo-Brazzaville).

La déclivité fictive doit être prise en compte lors des études du profil en long de la ligne. En conséquence, en courbe, la rampe maximale admise doit être diminuée de cette déclivité fictive ; on obtient ainsi une « déclivité corrigée » [117].

5.3.5. Raccordement en profil

5.3.5.1. Rayon vertical de raccordement

Aux points de changement de pente, les règles des Chemins de fer français prescrivent la réalisation de raccordement de déclivités circulaires lorsque la différence algébrique des déclivités est égale ou supérieure à 4 ‰, pour éviter que la voie ne présente une cassure [6] ; cette valeur est fixée à 3‰ aux Chemins de fer russes [11].

Les rayons de raccordement des déclivités ont été fixés empiriquement à R_v = 5 000 m pour V < 100 km/h et R_v = 10 000 m si 100 km/h ≤ V < 160 km/h [6].

Le tableau 5.1 donne les valeurs minimales du rayon vertical de raccordement en fonction de la vitesse [4].

Tableau 5.1. Valeurs du rayon vertical [4]

Vitesse	Valeur normale R_v	Valeur exceptionnelle R_v
V < 100 km/h	5 000 m	2 500 m
100 km/h < V < 150 km/h	10 000 m	5 000 m
150 km/h < V < 200 km/h	20 000 m	10 000 m

Pour les constructions nouvelles en voie métrique, les valeurs normale de 5 000 m et exceptionnelle de 2 500 m peuvent être recommandées pour le rayon vertical R_v.

5.3.5.2. Éléments géométriques de la courbe verticale

Les éléments géométriques de la courbe de raccordement verticale se déterminent par les formules suivantes (Fig. 5.13) [11]:

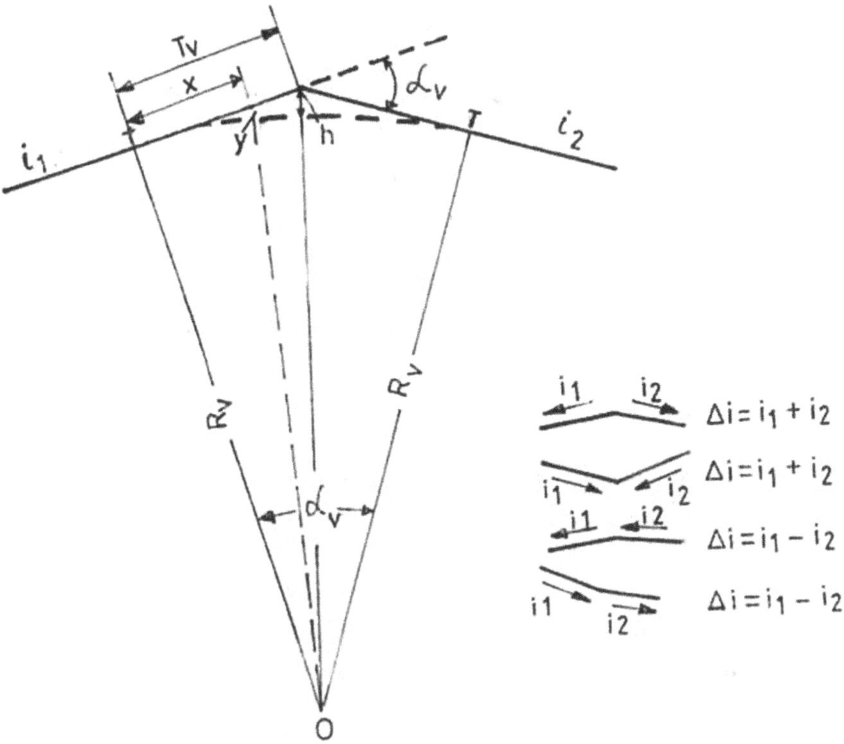

Fig. 5.13. Raccordement vertical [11]

a) Tangente à la courbe

$$T_v = R_v \cdot tg\,\frac{\alpha_v}{2} \qquad (5.16)$$

Compte tenu du fait que l'angle α_v est petit (même pour i_1 - i_2 = 20 ‰ α_v = 1°09'), nous pouvons prendre [11] $tg\frac{\alpha_v}{2} = \frac{1}{2}tg\ \alpha_v$. Par ailleurs, en exprimant la déclivité en ‰ et en considérant que $tg\alpha_v = \frac{i_2 - i_2}{1\,000}$, nous obtenons :

.

$$T_v = \frac{1}{2}R_v \cdot \frac{i_2 - i_2}{1\,000} = \frac{R_v}{2\,000}\Delta i\ (m) \qquad (5.17)$$

où Δi : différence algébrique des déclivités, en ‰

- Pour R_v = 10 000 m, T_v = 5 Δi (m)

• Pour R_v = 5 000 m, T_v = 2,5 Δi (m)

Pour la détermination de Δi, le principe est le suivant (voir figure 5.13) :

- rampes et pentes s'ajouent ;
- pentes ou rampes de même sens se retranchent.

b) Longueur de la courbe de raccordement verticale K_v ;

Sans erreur appréciable [11], $K_v = 2T_v$ (m) (5.18)

c) Flèche y au point d'abscisse x par rapport à l'origine de la courbe ;

$$y = \frac{x^2}{2R_v} \text{ (m)} \qquad (5.19)$$

d) Flèche maximale h du milieu de la courbe pour $x = T_v$;

$$h = \frac{T_v^2}{2R_v} \text{ (m)} \qquad (5.20)$$

5.3.6. Coïncidence des courbes de raccordement verticales et des courbes en plan

Pour des raisons de difficultés de réalisation pratique, il faut faire en sorte que les raccordements circulaires en profil n'interfèrent pas avec les raccordements paraboliques en plan. En conséquence les cassures du profil en long doivent être placées en dehors des courbes de raccordement paraboliques à une distance du début ou de la fin desdits raccordements qui ne peut pas être inférieure à la valeur de la tangente verticale T_v [11] [12], soit $5\Delta i$ (en m) pour R_v = 10 000 m et $2{,}5\Delta i$ pour R_v = 5 000 m (Δi : différence algébrique des déclivités successives).

Les cassures du profil en long au niveau des courbes circulaires sont admises puisque la coïncidence entre les courbes de raccordement verticales et les courbes circulaires à l'endroit où le surhaussement du rail extérieur (dévers) est constant ne pose aucune difficulté particulière [11].

5.3.7. Construction du profil en long

a) Processus d'établissement

Rappelons que le profil en long est une coupe verticale du terrain naturel et du projet faite suivant l'axe de ce dernier [41].

Etabli en premier lieu, le profil en long permet le dessin des profils en travers, du plan général et la cubature des terrassements.

Dans un premier temps, on dessine d'abord le profil en long du terrain naturel à partir des données résultant des études topographiques préalablement réalisées [41].

Dans un deuxième temps, sur le profil en long du terrain naturel, on dessine et on calcule le profil en long du projet conditionné par le terrain naturel et par les obligations techniques, notamment les déclivités maximums [41].

En définitive, un profil en long est un graphique sur lequel les points de terrain naturel et de projet de l'axe du tracé sont reportés :

- en abscisses par leurs distances horizontales ;
- en ordonnées par leurs dénivelées comptées depuis une horizontale de référence.

Les points successifs du terrain naturel d'une part, ceux du projet d'autre part, sont reliés par des droites puisque la pente entre deux points consécutifs est supposée constante, tous les points d'inflexion devant être figurés. Ces deux lignes constituent respectivement :

- la ligne du profil en long du terrain naturel dessiné généralement en trait noir moyen ;
- la ligne du profil en long du projet dessiné en trait rouge épais.

Le graphique est complété par des renseignements numériques portés sur le graphique même, ou en-dessous de l'horizontale de référence dans un tableau de plusieurs travées.

Le profil en long s'oriente de la gauche vers la droite.

b) Echelles utilisées

Un profil en long a toujours deux échelles :

- l'échelle des distances, autrement dit des abscisses ;
- l'échelle des hauteurs, c'est-à-dire des ordonnées, qui est généralement cinq ou dix fois plus grande que la précédente.

c) Horizontale de référence

On affecte à l'horizontale supérieure des travées une altitude ronde multiple de 5 ou 10 m, choisie de telle manière que le graphique du terrain naturel et du projet tiennent complètement dans la hauteur comprise ente l'horizontale de référence et le cadre supérieur de la feuille.

Si entre les points les plus bas et les plus hauts du terrain naturel ou du projet, la dénivelée est trop importante, on change l'altitude de l'horizontale de référence en décalant le graphique en hauteur.

d) Présentation

La figure 5.14 montre à titre d'exemple, un extrait d'un profil en long d'une ligne ferroviaire au niveau de la surface finie de la plateforme.

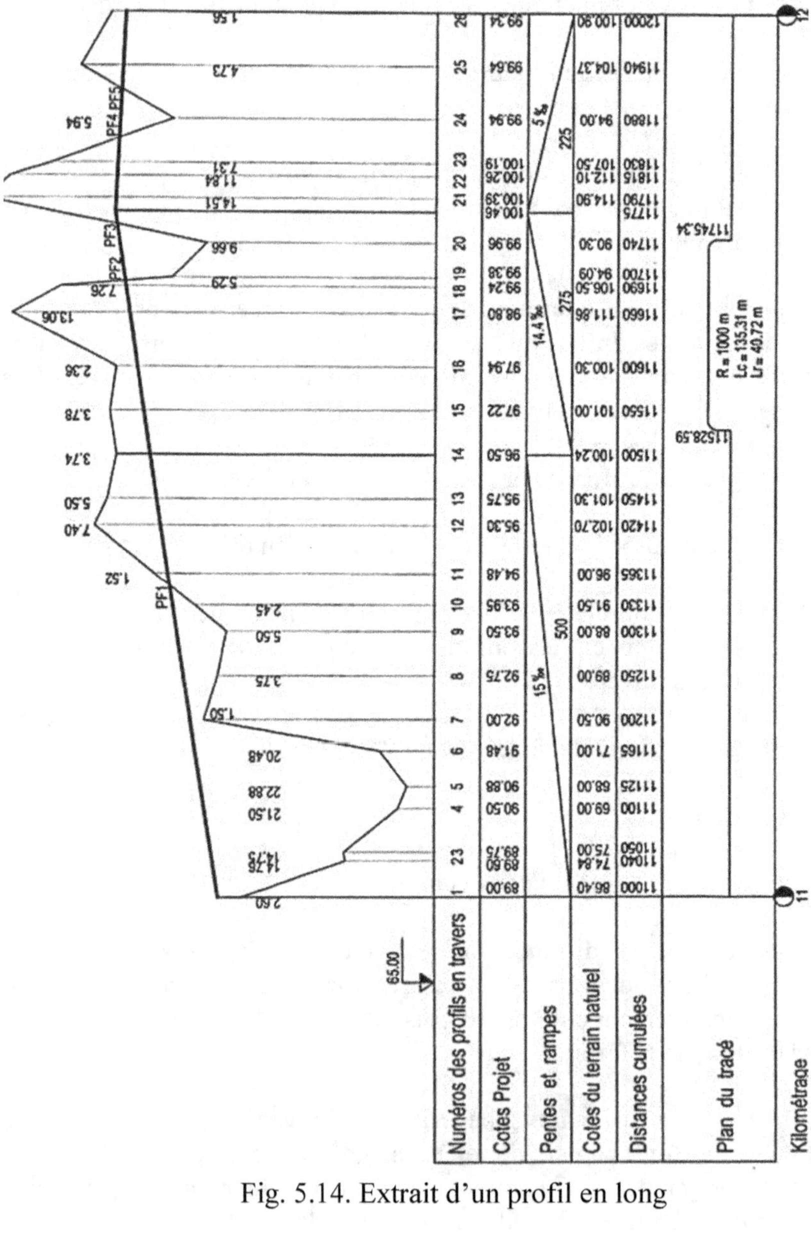

Fig. 5.14. Extrait d'un profil en long

Les déclivités du projet figurent en représentation conventionnelle qui indique simultanément la pente, la distance à laquelle elle s'applique, et le sens de la déclivité : rampe ou pente suivant que le tracé monte ou descend de la gauche vers la droite. La dernière travée schématise le tracé de l'axe.

e) Calcul des cotes du projet

Si la cote projet (cote rouge) H_1 du point initial est donnée, on trouve la cote projet H_2 du point suivant d'après la formule [19] :

$$H_2 = H_1 + id \tag{5.21}$$

où i : déclivité en ‰ ;
d : distance horizontale entre les deux points en m.

Ainsi donc, la cote projet d'un point est égale à la cote projet du point précédent augmentée du produit de la déclivité par la distance horizontale entre les deux points.

La différence entre la cote rouge (projet) et noire (terrain naturel) d'un point du profil en long indique la hauteur du remblai ou la profondeur du déblai en ce point. Cette différence est appelée *cote de travail* [19].

f) Détermination de la position d'un point de passage

Un point de passage (PP) est un point d'intersection des lignes de projet et du terrain naturel. On suppose qu'à ce point correspond un profil en travers de superficie nulle appelé *profil fictif* [41].

Si l'altitude du profil fictif n'a pas lieu d'être déterminée, par contre sa position sur le plan par rapport aux deux profils en travers encadrant est utile pour le calcul des cubatures des terrassements.

La position d'un point de passage se calcule aisément comme le montre l'exemple de la figure 5.15.

$$\frac{d}{a} = \frac{D-d}{b} = \frac{D}{a+b}$$

d'où

$$d = \frac{a \cdot D}{a+b} \tag{5.22}$$

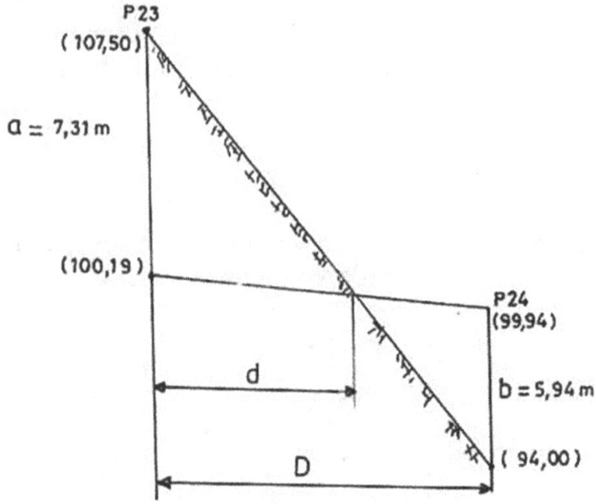

Fig. 5.15. Détermination d'un point de passage

À titre d'exemple, pour le point de passage N°4 du profil en long de la figure 5.14 (PF4), nous avons : a = 7,31 m ; b = 5,94 m ; D = 50 m. D'où :

$$d = \frac{7{,}31 \cdot 50}{7{,}31 + 5{,}94} = \frac{365{,}5}{13{,}25} = 27{,}58 \text{ m}$$

5.4. Profil en travers

5.4.1. Présentation

Les profils en travers sont des sections transversales, séparées, rectilignes, du terrain naturel et du projet, par des plans verticaux perpendiculaires à l'axe. Ils sont reproduits d'abord pour le terrain naturel, ensuite pour le projet, d'une manière analogue au profil en long [41].

Les abscisses sont les distances mesurées horizontalement de part et d'autre de l'axe du tracé, et les ordonnées, les altitudes comptées à partir d'une horizontale de référence.

5.4.2. Construction du profil en travers

a) Echelles utilisées

Les échelles les plus utilisées sont 1/100 et 1/200. Quelle que soit l'échelle utilisée, les profils en travers ne sont jamais déformés, c'est-à-dire que l'échelle des hauteurs est la même que celle des longueurs, de façon à permettre :

- le calcul ou la mesure de toute longueur dans toute direction et la conservation de la pente réelle des talus ;
- l'évaluation des superficies de remblai et déblai.

Chaque profil en travers étant indépendant, l'altitude de son horizontale de référence est choisie de manière à réduire l'encombrement en hauteur.

b) Dessins

On dessine d'abord le profil en travers du terrain naturel en reportant en abscisse de part et d'autre de l'axe les distances horizontales, puis en ordonnée sur les verticales adéquates les altitudes des points levés.

Sur le profil du terrain naturel on plaque ensuite le projet en reportant d'abord le « point de projet à l'axe » dont l'altitude est donnée au profil en long.

Le projet étant conditionné par un profil en travers type, on dessine ce dernier sur le calque à l'échelle des profils en travers en prolongeant très loin les talus, puis on applique le calque sur le profil en travers considéré en faisant coïncider les « points de projet à l'axe » et les axes verticaux.

Il suffit ensuite de piquer les points d'inflexion du projet ainsi que les intersections des talus et du terrain naturel, puis de joindre, pour avoir la ligne de projet.

c) Calcul

Le profil en travers est destiné entre autres choses, à permettre le calcul de la superficie comprise entre la ligne rouge du projet et la ligne noire du terrain naturel, afin d'évaluer la cubature des terrassements (volume de terre à enlever ou à remettre en remblai) pour l'exécution du projet.

Pour effectuer ce calcul, on décompose la superficie à calculer en superficies élémentaires : triangles et trapèzes, par des verticales menées de tous les points d'inflexion du terrain naturel et du projet.

5.5. Principe de calcul des cubatures des terrassements

La cubature des terrassements est l'évaluation du volume des terres à enlever ou à remettre en remblai, comme mentionné précédemment, pour l'exécution d'un projet. Cette évaluation se fait de l'origine du projet vers l'extrémité, ce qui amène depuis un profil en travers quelconque à dénommer le profil précédent « profil arrière » et le suivant « profil avant » [41].

Pour les projets dont la largeur est très faible par rapport à la longueur, et c'est le cas du chemin de fer, on parle de « volumes couchés », qui sont calculés à l'aide :

- des superficies de remblai (r) et déblai (d) fournies par les profils en travers calculés ;
- des distances (D) entre profils en travers indiquées sur le profil en long.

Ces éléments sont respectivement les bases et les hauteurs de volumes allongés voisins de l'horizontale et pour cette raison sont appelés volumes couchés.

Pour le calcul, la méthode généralement utilisée est la méthode de la « moyenne des aires » à savoir, le volume entre deux profils consécutifs est égal au produit de la moyenne des aires de ceux-ci par la longueur de l'entre-profils.

À titre d'exemple, pour une suite de profils P.1, P.2, P.3, P.4, P.5 (Fig.5.16) [41], le volume des terrassements vaut :

- entre P.1 et P.2, remblai, $v_1 = D_1\frac{(r_1+r_2)}{2}$
- entre P.2 et P.3, remblai, $v_2 = D_2\frac{(r_2+r_3)}{2}$
- entre le profil de remblai P.3 et le profil de déblai P.4, il existe un point de passage.

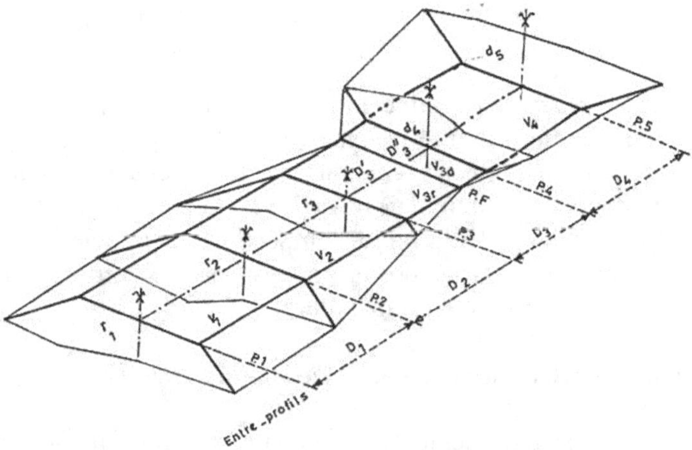

Fig. 5.16. Calcul des cubatures des terrassements [41]

Après avoir calculé la distance horizontale partielle D'_3 entre le profil P.3 et ce point de passage, appliquer la méthode de la « moyenne des aires » en considérant qu'à ce point de passage se trouve un profil fictif (P.F) de superficie nulle comme mentionné au point 5.3.7.

Soit :

- entre P.3 et P.F, remblai, $v_{3r} = D'_3\frac{r_3+0}{2} = D'_3\frac{r_3}{2}$

- entre le point de passage et P.4, après avoir calculé la distance horizontale partielle D"3, on a, en désignant par d_4 la superficie de déblai de P.4 :

$$\text{déblai, } v_{3d} = D''_3\frac{0+d_4}{2} = D''_3\frac{d_4}{2}$$

- entre P.4 et P.5, déblai, $v_4 = D_4\frac{d_4+d_5}{2}$

Le volume total de remblai vaut : $v_r = v_1 + v_2 + v_{3r}$, et celui du déblai : $v_d = v_{3d} + v_4$.

Ainsi la méthode s'applique sans interruption à tout un projet, sous réserve de faire intervenir les distances partielles au point de passage quand on passe d'un profil en remblai au suivant en déblai ou inversement.

CHAPITRE VI
POSE DE LA VOIE

6.1. Position des joints

On distingue des joints :

- « concordants », « d'équerre » ou « parallèles », quand ils sont sur une même perpendiculaire à l'axe de la voie ;
- « alternés » ou « chevauchants », s'ils ne répondent pas à cette condition.

Dans ce cas, les joints d'une file de rails peuvent entre autre être décalés de quelques mètres.

Ce deuxième type de pose qui facilite en alignement le roulis des véhicules à essieux est intéressant en courbe de faible rayon, car il améliore le dressage en diminuant de moitié l'influence du point faible du joint [1].

Cette solution est notamment utilisée aux chemins de fer français où, dans les courbes de faible rayon des zones de longs rails soudés, on pose des rails de 36 m à joints décalés de 12 m, avec une tolérance de $\pm 1{,}20$ m par rapport à la valeur théorique pour éviter l'emploi des rails courts en courbe. Dans les zones de plateforme médiocre, on pose des barres de 36 m à joints concordants ou à joints décalés de 12 m [1].

6.2. Rails courts pour l'équerrage des joints en courbe

En voie éclissée, l'utilisation de rails de longueurs spéciales dans les courbes est inévitable dans la pose à joints concordants pour tenir compte de la différence de longueur des deux files de rails [1].

Considérons les deux files de rails d'une voie en courbe comprises entre deux rayons (Fig. 6.1). Appelons α, l'angle au centre (exprimé en radians), R le rayon de la file extérieure, et e l'écartement de la voie d'axe en axe des rails (en mètres). On aura pour le rayon de la file intérieure : R – e. Le développement de la file extérieure sera $L = R\alpha$ et celui de la file intérieure $L' = (R - e)\alpha$. La différence de longueurs des deux files est :

$$L - L' = R\alpha - (R - e)\alpha = e\alpha$$

et puisque $\alpha = \frac{L}{R}$, on obtient :

$$L - L' = \frac{e\,L}{R} \qquad (6.1)$$

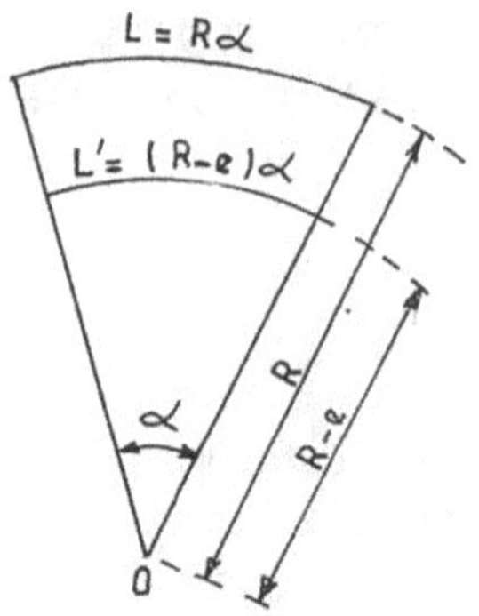

Fig. 6.1. Schéma de calcul des rails courts

La concordance absolue des joints exigerait l'emploi, sur la file intérieure, de rails courts dont la différence de longueur avec ceux de la file extérieure serait donnée par la formule6.1.

Pour ne pas compliquer inutilement les approvisionnements, une solution de compromis a été adoptée qui entraîne un décalage limité de joints dans les courbes [1]. À titre d'exemple, il existe sur les Chemins de fer français, pour chaque longueur normale, une série de longueurs courtes permettant, par une répartition judicieuse sur la file intérieure, de n'avoir jamais un décalage des joints supérieur à la demi-différence entre la longueur de rail court employé et celle du rail de longueur immédiatement supérieure [1].

6.3. Ecartement

L'écartement de la voie se mesure en général à la cote –14 mm entre les bords intérieurs des champignons des rails [10] (– 15 mm aux Chemins de fer français [1] et dans la plupart des réseaux africains).

On distingue deux types principaux d'écartement normal en voie métrique : 1,067 m et 1,000 m. D'axe en axe des rails (profil U 33 de 46 kg/m, largeur du champignon 64,3 mm), on peut considérer comme distance moyenne pour les calculs, respectivement 1,130 m et 1,060 m. Cette distance est prise égale à 1,5 m et 1,6 m pour la voie standard (1,435 m) et large (1,520 m) des chemins de fer russes.

Selon l'UIC [89], la voie nouvelle à écartement métrique est posée avec les tolérances suivantes :

- traverses en béton : + 1 mm et – 3 mm
- traverses en bois : + 6 mm et – 3 mm en alignement droit entre deux raccordements de sens contraires ;

+ 6 mm et – 0 mm en courbe de rayon $R < 300$ m.

- traverses métalliques : + 3 mm et – 3 mm

Les Chemins de fer tanzaniens ont défini des valeurs de tolérances d'écartement de voie présentées dans le tableau 6.1 pour la construction (pose de voies neuves) et pour les travaux d'entretien [34].

Tableau 6.1. Tolérances pour la pose de voies neuves et l'entretien [34]

Tracé	Écartement	Tolérances de construction	Tolérances d'entretien
Alignement droit	1 000 mm	+ 3 mm	+ 4 mm
R > 400 m	1 000 mm	+ 3 mm	+ 4 mm
200 m < R ≤ 400 m	1 005 mm	+ 2 mm	+ 3 mm
R ≤ 200 m	1 015 mm	+ 2 mm	+ 4 mm

Par ailleurs, les valeurs des tolérances techniques limites acceptables recommandées par l'UIC [89] pour l'écartement en voie métrique des classes B1, B2 et C sont les suivantes :

- Alignement droit entre deux raccordements de sens contraire : – 2 mm ; + 10mm
- 600 m > R > 200 m : – 2 mm ; + 10 mm
- R ≤ 200 m : – 2 mm ; + 10 mm

Les valeurs des tolérances de sécurité pour l'écartement en voie métrique des classes B1, B2 et C sont les suivantes [89] :

- Alignement droit entre deux raccordements de sens contraire : + 20 mm
- 600 m > R > 200 m : + 25 mm
- R ≤ 200 m : + 20 mm

Les valeurs d'écartement souvent acceptables pour la voie standard sont présentées dans le tableau 6.2 [4].

Tableau 6.2. Valeurs de l'écartement de la voie standard en fonction du rayon de courbe et du type de traverses [4]

Voie sur traverses en bois ou en métal		Voie sur traverses en béton	
Rayon (m)	Écartement (m)	Rayon (m)	Écartement (m)
R > 400	1,435	R < 600	1,432
350 < R < 400	1,440		
		300 < R < 600	1,437
300 < R < 350	1,445		
250 < R < 300	1,450		
R < 250	1,455		

Les Chemins de fer français ont adopté les règles suivantes présentées dans le tableau 6.3 [8].

Tableau 6.3. Valeurs d'écartement sur les Chemins de fer français [8]

Voie sur traverses en bois ou en métal		Voie sur traverses en béton	
Rayon (m)	Écartement (m)	Rayon (m)	Écartement (m)
R ≥ 200	1,437	R ≥ 300	1,435
R < 200	1,450		

Le raccord entre deux sections d'écartements différents s'effectue avec une progression d'environ 1 mm par mètre [8].

6.4. Surlargeur de la voie en courbe

Dans les courbes, on admet une surlargeur sur la valeur théorique pour permettre l'inscription en courbe des véhicules à long empattement [89].

Pour la voie métrique, les valeurs de surlargeur généralement utilisées selon l'UIC sont les suivantes [89] :

Rayon de la courbe	Surlargeur
$R < 135$ m	15 –20 mm
$135 \text{ m} \leq R \leq 500$ m	5 – 15 mm
$R > 500$ m	0

Avec le retrait des locomotives à vapeur et la tendance vers les véhicules à empattement plus court ainsi que l'utilisation des traverses en béton, la surlargeur de la voie a été pratiquement éliminée. Toutefois, la surlargeur doit être appliquée à toutes les courbes serrées jusqu'à ce que tous les véhicules à long empattement soient retirés des réseaux [89].

6.5. Travelage

Le travelage, ou nombre de traverses au kilomètre est obtenu par la formule :

$$N = \frac{1\,000}{l_{tr}} \tag{6.2}$$

où l_{tr} : espacement des traverses d'axe en axe, en m.

Les charges sont d'autant mieux réparties que les traverses sont plus rapprochées, c'est-à-dire que le nombre de traverses au kilomètre (ou travelage) est élevé.

Le travelage moyen est de 1 722 tr/km pour la traverse bois et de 1 600 tr/km pour la traverse béton. Toutefois, on utilise également des travelages de 1 800 et 2 000 tr/km ; ce dernier étant employé particulièrement dans des courbes de faible rayon.

L'augmentation du travelage est intéressante pour la fatigue des rails (diminution des contraintes de flexion) mais surtout pour la conservation du nivellement comme nous l'avons mentionné au point 4.2.2 du chapitre IV. D'autre part, l'augmentation du travelage assure une meilleure résistance de la voie tant longitudinalement que latéralement, ce qui est très important pour la stabilité des longs rails soudés.

6.6. Dévers ou surhaussement[8]

6.6.1. Dévers théorique

Un véhicule circulant dans une courbe est soumis à l'action de la force centrifuge qui tend à le déporter vers l'extérieur de la courbe. Cette force centrifuge s'applique au centre de gravité du véhicule.

Pour que le véhicule puisse circuler sans exercer aucune réaction transversale, il faut que la résultante N de cette force centrifuge F avec le poids P du véhicule soit perpendiculaire au plan de roulement, c'est-à-dire que l'angle α du surhaussement de la voie soit le même que l'angle d'inclinaison du véhicule. Pour cela, il est nécessaire de surhausser une file de rail par rapport à l'autre (Fig.6.2). Ce surhaussement est appelé « dévers ».

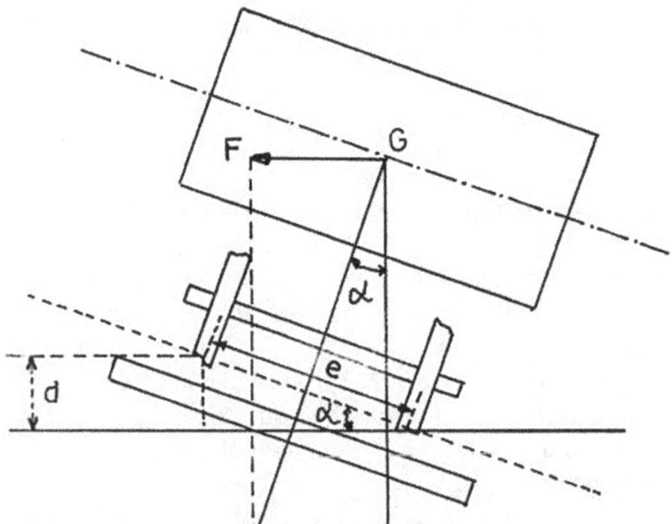

Fig. 6.2. Disposition schématique pour la détermination du dévers théorique

$P = mg$ (m – masse du véhicule ; g – accélération de la pesanteur)

$F = \frac{mv^2}{R}$ (v – vitesse en m/s ; R – rayon de la courbe)

[8] Les deux termes de surhaussement et dévers sont utilisés indifféremment.

Le surhaussement donnant l'angle α est appelé « dévers théorique » ou « dévers d'équilibre ».

On a :

$$tg\alpha = \frac{\frac{mv^2}{R}}{mg} = \frac{v^2}{gR}$$

Si l'écartement de la voie d'axe en axe des rails est e, on obtient :

$$\frac{d_v}{e} = \sin\alpha$$

d'où :

$$d_v = e \cdot \sin\alpha$$

Mais α étant très petit, on a : $\sin\alpha = tg\alpha$
d'où :

$$d_v = e \cdot tg\alpha$$

On obtient donc :

$$d_v = e\frac{v^2}{gR} \qquad (6.3)$$

Si dans la formule (6.3) on remplace g par sa valeur 9,81 m/s^2 et on met V en km/h (v en m/s = $\frac{V}{3,6}$ en km/h), on obtient les valeurs suivantes :

- Pour la voie standard (e = 1 500 mm) : $d_v = 11,8\frac{V^2}{R}$ (mm) (6.4)
- Pour la voie de 1 067 mm (e =1 130 mm) : $d_v = 8,9\frac{V^2}{R}$ (mm) (6.5)
- Pour la voie de 1 000 mm (e = 1 060 mm) : $d_v = 8,3\frac{V^2}{R}$ (mm) (6.6)

6.6.2. Dévers pratique

Si l'on prenait pour valeur de V la vitesse maximale des trains de voyageurs, leur confort serait parfaitement assuré. Par contre, les boudins des roues des trains de marchandises, plus lents, porteraient sur le flan du champignon des rails de la file basse, ce qui rendrait le démarrage des trains, en cas d'arrêt inopiné en courbe, difficile, sinon impossible. La surcharge de ces rails entrainerait, en outre, l'écrasement du champignon et la formation de bavures transversales. Si on se basait sur la vitesse normale des trains de marchandises, le dévers serait nettement insuffisant pour les trains de voyageurs, ce qui se traduirait par un inconfort marqué, un chanfreinage de la file haute et une fatigue anormale des attaches de celle-ci [8].

D'où l'utilisation d'un dévers pratique « d », de valeur moindre, comme compromis entre les valeurs extrêmes, donnant une insuffisance « I » pour les trains les plus rapides et un excès « E » pour les trains les plus lents. Ce dévers pratique doit satisfaire les nécessités ci-après :

- assurer la sécurité, en compensant suffisamment la force centrifuge ;
- éviter la fatigue excessive de la voie (un dévers trop faible pour les circulations rapides fatigue le rail extérieur de la courbe, tandis qu'un dévers excessif pour les vitesses lentes fatigue le rail intérieur) ;
- limiter le déport du matériel roulant (un dévers exagéré ou insuffisant influe de façon anormale sur l'inclinaison des caisses des véhicules par rapport aux boggies) ;
- assurer un confort satisfaisant aux voyageurs, physiologiquement sensibles à la force centrifuge.

Pour les voies métriques, il ressort des études comparatives réalisées en France avec la voie standard ce qui suit [57] :

- les critères de confort imposent pour le dévers, l'insuffisance et l'excès dévers, et leurs vitesses de variation, des limitations inversement proportionnelles à l'écartement, à qualité géométrique identique ;
- les critères de sécurité et de sollicitation du matériel imposent par contre pour le dévers, l'insuffisance ou l'excès de dévers, et la variation de dévers en raccordement, des limitations inversement proportionnelles au carré de l'écartement.

L'établissement de ces lois de variation a permis d'exprimer, en particulier relativement à l'expérience acquise en voie normale[9], les limitations propres aux voies métriques avec des réserves en fonction de la qualité existante de l'armement.

---

[9] Par voie normale, il faut entendre voie standard.

C'est ainsi qu'il est recommandé de limiter le dévers d_m en voie métrique à une valeur [57] :

$$d_m \leq 0{,}54 d_n \tag{6.7}$$

où d_n est le dévers couramment admis en voie normale.

Ce qui conduit aux valeurs suivantes pour les voies métriques :

- valeur limite normale : 100 mm
- valeur exceptionnelle : 110 mm

Il convient de mentionner que le dévers est appliqué dans les courbes de rayon égal et inférieur à 4 000 m [17].

6.6.3. Variation de dévers en raccordement

Comme il est impossible de donner le dévers d'un seul coup au point de tangence d'un alignement avec une courbe circulaire, on surélève progressivement la file extérieure par rapport à la file intérieure qui suit le profil en long de la ligne (Fig. 6.3) [8].

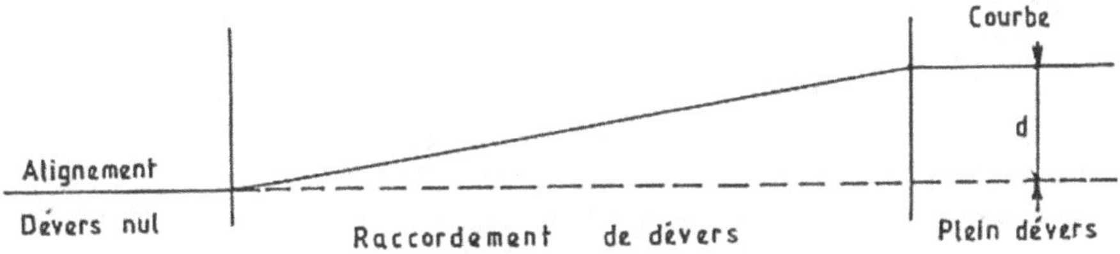

Fig. 6.3. Disposition schématique de raccordement de dévers [8]

La variation de dévers Δd sur une longueur Δl s'exprime par le rapport $\frac{\Delta d}{\Delta l}$, en mm/m. Ce rapport appelé « gauche » (de construction) définit la pente relative i mm/m des deux files de rails.

La longueur L_r du raccordement est donnée par la formule (5.3) du paragraphe V, où d est le dévers et i est la pente dans le raccordement :

$$L_r = \frac{d}{i}$$

Il est souhaitable, pour des raisons de confort et de sécurité, de limiter cette pente par rapport aux voies normales. On aura donc [57] :

$$\frac{\Delta d}{\Delta l}m \leq 0{,}73 \frac{\Delta d}{\Delta l}n \tag{6.8}$$

soit, en voie métrique :

- valeur limite normale : $\frac{130}{V}$, mm/m
- valeur limite exceptionnelle : $\frac{160}{V}$, mm/m, sans dépasser 2,5 mm/m ; exceptionnellement 3,5 mm/m.

En voie standard :

- valeur limite normale : $\frac{180}{V}$, mm/m
- valeur limite exceptionnelle : $\frac{216}{V}$, mm/m, sans dépasser 4 mm/m.

6.6.4. Valeur du dévers en fonction du rayon de la courbe et de la pente de variation de dévers dans les raccordements paraboliques

Le dévers des courbes des voies principales doit respecter les valeurs maximales autorisées. De plus, le dévers doit être limité plus sévèrement en fonction du rayon de la courbe et de la pente de variation de dévers, si des wagons rigides circulent sur la ligne à très faibles vitesses en courbe de faible rayon, car il y a risque de déraillement [57].

Pour la voie métrique, les valeurs limites du dévers pratique sont fixées comme indiqué dans le tableau 6.4 [58]. Pour la voie standard, ces valeurs limites sont présentées dans le tableau 6.5 [58].

Tableau 6.4. Valeurs du dévers en fonction du rayon de la courbe et de la pente de variation de dévers pour voie métrique [58]

Variation de dévers	Valeur limite de dévers
$\frac{\Delta d}{\Delta l} \leq 1{,}7$ mm/m	$d \leq \frac{R-100}{3{,}7}$
1,7 mm/m $< \frac{\Delta d}{\Delta l} \leq 2{,}5$ mm/m	$d \leq \frac{R-150}{3{,}7}$
2,5 mm/m $< \frac{\Delta d}{\Delta l} \leq 3{,}5$ mm/m	$d \leq \frac{R-250}{5{,}6}$

Tableau 6.5. Valeurs du dévers en fonction du rayon de la courbe et de la pente de variation de dévers pour voie standard [58]

Variation de dévers	Valeur limite de dévers
$\frac{\Delta d}{\Delta l} \leq 2$ mm/m	$d \leq \frac{R-100}{2}$
2 mm/m < $\frac{\Delta d}{\Delta l} \leq 3$ mm/m	$d \leq \frac{R-150}{2}$
3 mm/m < $\frac{\Delta d}{\Delta l} \leq 4$ mm/m	$d \leq \frac{R-250}{3}$

6.6.5. Insuffisance de dévers

L'insuffisance de dévers « I » est la différence entre le dévers théorique « d_v » et le dévers pratique « d ».

$$I = d_v - d \tag{6.9}$$

Relativement aux valeurs admises en voie normale, il convient, pour la voie métrique, de limiter ce paramètre à [57]:

$$I_m \leq 0{,}54 I_n \tag{6.10}$$

L'insuffisance de dévers engendre des efforts transversaux qui lui sont proportionnels. Ces efforts, qui dépendent également du poids du véhicule, agissent sur le rail extérieur de la courbe. En conséquence, la valeur maximale d'insuffisance de dévers doit être fixée en fonction de la qualité de la voie et du matériel roulant [57].

Les valeurs maximales d'insuffisance de dévers pour les voies métriques sont indiquées dans le tableau 6.6 [58].

Tableau 6.6. Valeurs maximales d'insuffisance de dévers pour voie métrique [58]

Qualité de la voie et du matériel roulant	Mauvaise	Moyenne	Bonne	Très bonne
Valeur maximale d'insuffisance de dévers	60 mm	70 mm	80 mm	90 mm

Aux Chemins de fer français, pour la voie standard (en dehors des lignes TGV), les valeurs d'insuffisance de dévers sont les suivantes [6] :

- valeur limite normale : 150 mm
- valeur limite exceptionnelle : 160 mm

6.6.6. Variation d'insuffisance de dévers

Les voyageurs sont sensibles à la variation d'insuffisance de dévers ΔI pendant un temps Δt. Cette variation d'insuffisance de dévers $\frac{\Delta I}{\Delta t}$ s'exprime en millimètre par seconde (mm/s),

$$\frac{\Delta I(mm)}{\Delta t(s)} = \frac{\Delta I(mm)}{\frac{\Delta L(m)}{v(m/s)}}$$

En exprimant v (m/s) $= \frac{V_{max}(km/h)}{3,6}$, on obtient :

$$\frac{\Delta I}{\Delta t} = \frac{\Delta I(mm)}{\Delta l(m)} \cdot \frac{V_{max}(km/h}{3,6} \qquad (6.11)$$

où : V_{max} est la vitesse du train le plus rapide.

Relativement aux valeurs admises en voie normale, la variation d'insuffisance de dévers doit, pour la voie métrique, être limitée selon la formule suivante [57] :

$$\frac{\Delta I}{\Delta t}m \leq 0,73 \frac{\Delta I}{\Delta t}n \qquad (6.12)$$

Ce qui conduit, en fonction de la qualité de la voie à retenir des valeurs indiquées dans le tableau 6.7 [58].

Tableau 6.7. Valeurs des variations d'insuffisance de dévers pour la voie métrique [58]

Qualité de la voie	Moyenne	Bonne	Très bonne
Valeur maximale de variation d'insuffisance de dévers	40 mm/s	55 mm/s	66 mm/s

6.6.7. Excès de dévers

L'excès de dévers « E » est la différence entre le dévers pratique « d » et le dévers théorique « d_m » des circulations lentes :

$$E = d - d_m \tag{6.13}$$

Les trains de marchandises lents pour lesquels le dévers théorique est inférieur au dévers pratique exercent sur la voie des efforts transversaux dirigés vers l'intérieur de la courbe et proportionnels à l'excès de dévers. On est conduit, pour limiter ces efforts, à fixer une valeur limite pour l'excès de dévers.

Relativement aux valeurs admises en voie normale, la règle pour l'excès de dévers reste identique à celle de l'insuffisance de dévers, et conduit à des limitations à des valeurs comprises entre 40 et 80 mm selon les tonnages écoulées [57]. La vitesse prise en compte est la vitesse moyenne réelle des trains de marchandises.

Le tableau 6.8 présente les limites normales et exceptionnelles d'excès de dévers pour les voies métriques [58].

Tableau 6.8. Valeurs d'excès de dévers en voie métrique [58]

Trafic marchandises journalier (en tonnes)	Excès de dévers	
	Limite normale	Limite exceptionnelle
25 000 à 45 000 t/j	45 mm	65 mm
10 000 à 25 000 t/j	50 mm	70 mm
< 10 000 t/j	60 mm	80 mm

Il n'est pas tenu compte de l'excès de dévers sur les lignes où les caractéristiques du trafic marchandises (trafic < 5 000 tonnes/jour, ou faible charge par essieu) et de l'armement de la voie, limitent le risque de détérioration de la voie due à la surcharge du rail bas.

6.6.8. Valeurs limites de dévers et de l'accélération pour la voie standard selon l'UIC

Les valeurs limites de dévers et de l'accélération pour la voie standard ont été prescrites par l'UIC [4]. Les lignes sont classifiées en 4 classes :

- Classe I : V_{max} : 80 ÷ 120 km/h
- Classe II: V_{max} : 120 ÷ 200 km/h
- Classe III: V_{max} : 250 km/h, trafic mixte, cas des chemins de fer allemands et suisses
- Classe IV : V_{max} : 300 km/h, trafic passagers uniquement (cas du TGV, en France)

Pour chaque classe, les valeurs normales, maximales et exceptionnelles de dévers, d'insuffisance, d'excès, de variation d'insuffisance de dévers et d'accélération ont été définies ; à titre d'exemple, ces valeurs pour les lignes des classes I et II sont présentées dans le tableau 6.9 [4].

Mentionnons que les Chemins de fer russes (écartement 1,520 m) admettent comme valeur normale de dévers, 150 mm, pour une accélération transversale non compensée de 0,7 m/s^2 [17].

Tableau 6.9. Valeurs de dévers, d'insuffisance, d'excès, de variation d'insuffisance de dévers et d'accélération pour les classes I et II de la voie standard [4]

Classe de trafic	I			II		
Vitesse maximale V_{max} (km/h)	80 ÷ 120			120 ÷ 200		
Valeur limite	Norm.	Max.	Excep.	Norm.	Max.	Excep.
Dévers (mm)	150	160	-	120	150	160
Insuffisance de dévers, I (mm)	80	100	130	100	120	150
Excès de dévers, E (mm)	50	70	90	70	90	110
Variation d'insuffisance de dévers, $\frac{\Delta I}{\Delta t}$ (mm/s)	25	70	90	25	70	-
Accélération transversale non compensée, (m/s^2)	0,53	0,67	0,86	0,67	0,80	1,00

6.6.9. Détermination du dévers pratique par utilisation du coefficient du dévers

Le dévers théorique d_v qui compense en totalité la force centrifuge qui se calcule par la formule 6.2 peut être exprimé, par l'expression suivante :

$$d_v = k\frac{V^2}{R} \qquad (6.14)$$

où : V est la vitesse en km/h ;
R est le rayon de courbe en m.

En exprimant d_v en m, nous aurons :

k = 0,0125 pour la voie large de 1 520 mm ;
k = 0,0118 pour la voie standard de 1 435 mm
k = 0,0089 pour la voie métrique de 1 067 mm ;
k = 0,0083 pour la voie métrique de 1 000 mm.

Afin de déterminer le dévers pratique dans une courbe donnée, on peut utiliser la méthode qui consiste à substituer au produit « kV^2 » – numérateur de la fraction (6.13) – un coefficient « C » appelé « coefficient de dévers » [1].

Le coefficient de dévers est pris un peu supérieur à la moitié de la quantité kV^2 et un peu inférieur ou égal aux 7/10 de cette quantité [8], de telle sorte que le coefficient de dévers répond à la relation [56]:

$$0{,}5\, kV^2 < C \leq 0{,}7\, kV^2 \qquad (6.15)$$

La valeur maximale C_{max} du coefficient de dévers répond à la relation [56] :

$$C_{max} = \frac{kV^2_{max} \cdot d_{max}}{d_{max} + I_{max}} \qquad (6.16)$$

où V_{max} : vitesse maximale admise sur la ligne, en km/h ;
d_{max} : valeur maximale du dévers admise dans le réseau ;
I_{max} : valeur limite d'insuffisance de dévers.

Le dévers pratique « d » dans une courbe donnée sera calculé à l'aide de la formule suivante :

$$d = \frac{1\,000 \cdot C}{R} \qquad (6.17)$$

où : R est exprimé en m ;
d est exprimé en mm.

On devra s'attacher, pour homogénéiser l'impression de confort, à choisir par grandes sections de ligne des coefficients de dévers constants [57].

Le dévers pratique, une fois calculé, doit être vérifié pour que les inégalités suivantes soient satisfaites pour la courbe du plus petit rayon de parcours [8] :

$$d_v - I_{max} \leq d \leq d_m + E_{max} \qquad (6.18)$$

où d_m : dévers d'équilibre pour la vitesse V_m des trains les plus lents ;
E_{max} : valeur maximale d'excès de dévers.

En outre pour des raisons de stabilité de marche de certains véhicules dans les courbes de faible rayon, le dévers y est limité aux valeurs indiquées dans le tableau 6.4. en fonction de la pente de variation de dévers en raccordement. Pour la voie standard les chemins de fer français ont fixé cette limite de dévers à $\frac{R-100}{2}$ (en mm) [1].

6.6.10. Vitesse admissible dans une courbe

De la théorie du dévers (voir formule 6.5, en remplaçant d_v par d_{max} + I_{max}) et selon la condition de sécurité, le rayon minimal d'une courbe se détermine à titre d'exemple, pour la voie à écartement 1,067 m par l'expression suivante :

$$R_{mini} = \frac{8,9\ V^2_{ad}}{d_{max}+I_{max}} \qquad (6.19)$$

La vitesse admissible est :

$$V_{ad} = \sqrt{\frac{d_{max}+I_{max}}{8,9}} \cdot \sqrt{R}_{min} \qquad (6.20)$$

En prenant d_{max} = 100 mm et I_{max} = 70 mm (voie de qualité moyenne) et en généralisant pour la voie métrique, on obtient :

$$V_{ad} = 4,4\sqrt{R}_{min} \qquad (6.21)$$

À partir de la formule 6.21, nous pouvons retenir les vitesses admissibles suivantes en fonction des rayons de courbe :

V_{ad} (km/h)	40	50	60	70	80	90	100	110	120
R_{min} (m)	100	150	200	300	400	500	600	700	800

6.6.11. Exemple de fixation du coefficient de dévers et de calcul du dévers pratique

Soit à déterminer les dévers pratiques dans différentes courbes d'une ligne à écartement 1 067 mm dont les principales caractéristiques sont les suivantes :

- vitesse maximale autorisée : $V_{max} = 80$ km/h
- dévers maximum admis : $d_{max} = 100$ mm
- rayon minimal des courbes : $R_{min} = 100$ m
- valeur maximale d'insuffisance de dévers : $I_{max} = 70$ mm

Pour la voie métrique de 1 067 mm, le coefficient de dévers C est compris dans les limites suivantes (voir formule 6.15) :

$$0.5 \cdot 0,0089V^2 < C < 0,7 \cdot 0,0089V^2$$

La valeur maximale C_{max} du coefficient de dévers est (voir formule 6.16) :

$$C_{max} = \frac{0,0089 \cdot 80^2 \cdot 100}{100+70} = 34$$

Nous pouvons retenir $C_{max} = 30$.

Le tableau 6.10 donne les valeurs limites dans lesquelles doit se situer C en fonction de la vitesse admissible déterminée par la formule 6.21 et du rayon de courbe.

Tableau 6.10. Valeurs limites à l'intérieur desquelles doit se situer C

Rayon R (m)	100	150	200	300	400	500	600	700
V_{ad} (km/h)	40	50	60	70	80	90	100	110
Limites à l'intérieure desquelles doit se situer C	$7 < C \leq 10$	$11 < C \leq 15$	$16 < C \leq 22$	$22 < C \leq 30$	$28 < C \leq 40$	-	-	-

À partir des données du tableau 6.10, on peut proposer C en fonction des rayons de courbe et des vitesses admissibles.

- Adoptons C = 9 et V = 40 km/h pour 100 m ≤ R <150 m et vérifions l'inégalité de gauche de l'expression 6.18 pour R = 100 m (rayon minimal).

$$d = \frac{1000\,C}{R} = \frac{1000 \cdot 9}{100} = 90 \text{ mm}$$

$$d_v = 8{,}9\frac{V^2}{R} = 8{,}9\frac{40^2}{100} = 142 \text{ mm}$$

L'insuffisance de dévers qui en résulte I = 142 – 90 = 52 mm est inférieur à I_{max} ; l'inégalité de gauche de l'expression 6.18 est vérifiée.

- Adoptons C = 12 et V = 50 km/h pour 150 m ≤ R < 200 m et vérifions l'inégalité de gauche de l'expression 6.18 pour le plus petit rayon R = 150 m.

$$d = \frac{1000 \cdot 12}{150} = 80 \text{ mm}$$

$$d_v = 8{,}9\frac{50^2}{150} = 148 \text{ mm}$$

L'insuffisance de dévers qui en résulte I = 148 – 80 = 68 mm est inférieur à I_{max} ;l'inégalité de gauche de l'expression 6.18 est vérifiée.

- Adoptons C = 18 et V = 60 km/h pour 200 m ≤ R < 300 m et vérifions l'inégalité de gauche de l'expression 6.18 pour le plus petit rayon R = 200 m.

$$d = \frac{1000 \cdot 18}{200} = 90 \text{ mm}$$

$$d_v = 8{,}9\frac{60^2}{200} = 160 \text{ mm}$$

L'insuffisance de dévers qui en résulte I = 160 – 90 = 70 mm est égal à I_{max} ; l'inégalité de gauche de l'expression 6.18 est vérifiée.

- Adoptons C = 25 et V = 70 km/h pour 300 m ≤ R < 400 m et vérifions l'inégalité de gauche de l'expression 6.18 pour le plus petit rayon R = 300 m.

$$d = \frac{1000 \cdot 25}{300} = 83 \text{ mm}$$

$$d_v = 8{,}9\frac{70^2}{300} = 145 \text{ mm}$$

L'insuffisance de dévers qui en résulte I = 145 – 83 = 62 mm est inférieure à I_{max} = 70 mm ; l'inégalité de gauche de l'expression 6.18 est vérifiée.

- Pour R ≥ 400 m, V = V_{max} = 80 km/h ; d'où C = C_{max} = 30.

Vérifions l'inégalité de gauche de l'expression 6.18 pour R = 400 m :

$$d = \frac{1000 \cdot 30}{400} = 75 \text{ mm}$$

$$d_v = 8{,}9\frac{80^2}{400} = 142 \text{ mm}$$

d'où I = 142 – 75 = 67 mm < I_{max} = 70 mm.

Les calculs effectués montrent que dans tous les cas, l'inégalité de gauche de l'expression 6.18 est vérifiée.

Le tableau 6.11 récapitule les principaux éléments : coefficient de dévers C, rayon de courbe, vitesse limite.

Tableau 6.11. Valeurs du coefficient de dévers en fonction du rayon de courbe et de la vitesse limite.

Coefficients de dévers C	Rayon de courbe	Vitesse limite
9	100 m ≤ R < 150 m	40 km/h
12	150 m ≤ R < 200 m	50 km/h
18	200 m ≤ R < 300 m	60 km/h
25	300 m ≤ R < 400 m	70 km/h
C = C_{max} = 30	R ≥ 400 m	V = V_{max} = 80 km/h

6.7. Gabarit

6.7.1. Définition

Le gabarit est une section droite qui permet de déterminer le contour maximal de construction possible du matériel moteur et remorqué ainsi que la position des obstacles fixes par rapport à la voie, en particulier les ouvrages d'art.

On distingue :

- les gabarits de matériel roulant ;
- les gabarits d'obstacles.

6.7.2. Gabarits du matériel roulant

Les gabarits de matériel roulant sont de deux types :

- le gabarit statique, qui permet, à partir d'un contour limite que ne doivent pas dépasser les véhicules à l'état statique, de déduire les dimensions des chargements sur wagons ouverts ;
- le gabarit cinématique, qui tient compte des déplacements géométriques et dynamiques auxquels sont soumis les véhicules et en particulier de l'influence de la souplesse des suspensions. Ce gabarit permet de fixer à la fois le contour limite (gabarit d'encombrement) que ne doivent pas dépasser les véhicules admis sur les voies ferrées, et les véhicules admis à circuler sur ces voies ferrées, la différence résultant des déplacements cinématiques et dynamiques avec une marge de sécurité [1].

Les différents gabarits du matériel roulant sont les suivants :

- *Gabarit du matériel roulant statique*, qui est le contour limite de construction du matériel neuf.
- *Gabarit normal de chargement*, qui est le contour limite à l'intérieur duquel doit s'inscrire tout chargement pour circuler librement sans aucune restriction au régime des circulations [109].
- *Gabarit limite de chargement*, qui est le contour limite de chargement des wagons suivant leur type [109].

Le gabarit de chargement dépend principalement de deux paramètres [4] :

- la largeur du matériel roulant ;
- la distance entre les axes des deux voies (en cas de double voie).

La figure 6.4 montre le gabarit cinématique défini par l'UIC pour la voie standard auquel sont soumis les engins moteurs et le matériel remorqué de la plupart des pays européens et dont la largeur est de 3,29 m et la hauteur au-dessous du plan de roulement de 4,31 m [1]. Des règles associées permettent, à partir de ces caractéristiques de base, de déterminer les dimensions de construction du matériel roulant et l'encombrement de ce matériel en voie [1].

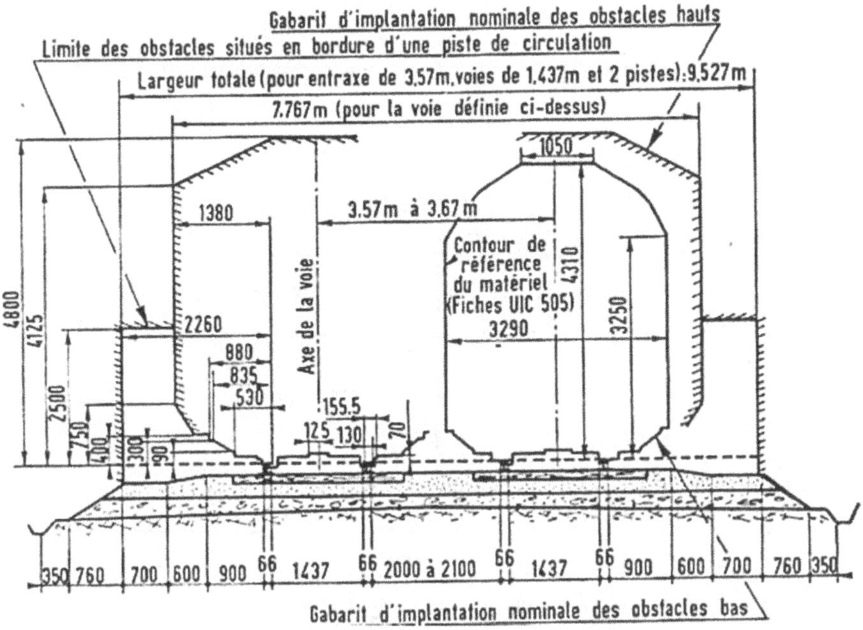

Fig. 6.4. Gabarit cinématique UIC pour voie standard [1]

L'Union africaine des chemins de fer (UAC) a défini un gabarit du matériel roulant statique ainsi qu'un gabarit normal de chargement, uniques pour les écartements métrique et standard en Afrique. Ces gabarits sont représentés sur les figures 6.5 et 6.6.

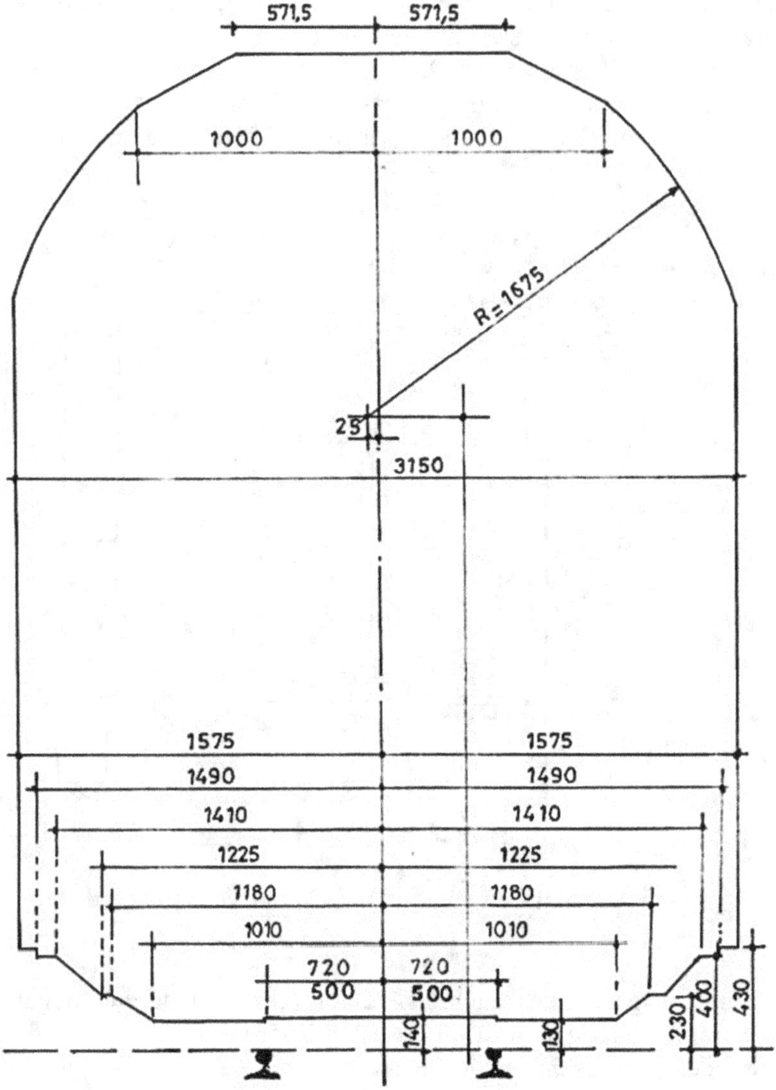

Fig. 6.5. Gabarit UAC du matériel roulant statique

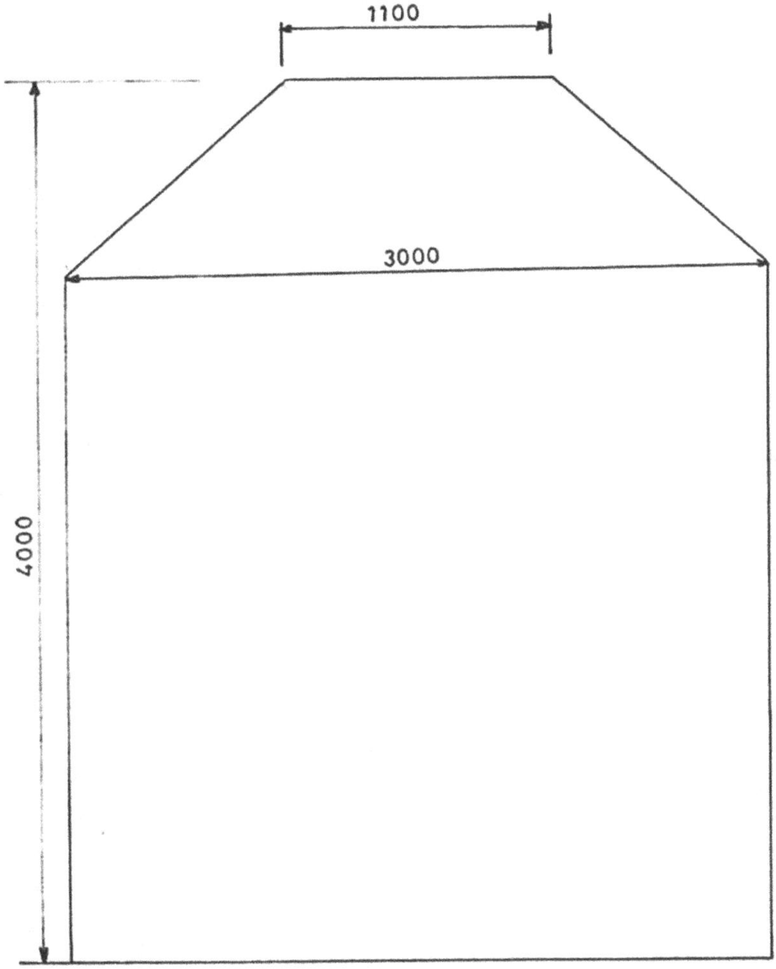

Fig. 6.6. Gabarit normal (UAC) de chargement

6.7.3. Gabarit d'obstacles

C'est un contour à l'extérieur duquel doivent se trouver implantés tous les obstacles fixes : nouveaux, déplacés ou reconstruits tels que les ouvrages d'art, les mâts de signaux, etc.

Ce gabarit, défini pour une voie en alignement, s'agrandit en fonction de la courbe et du dévers de la voie.

Sur les lignes électrifiées par lignes aériennes de contact, la partie supérieure du gabarit d'obstacle est agrandie de l'espace nécessaire aux installations électriques (caténaires et feeders) et au passage du pantographe ; la hauteur normale de la caténaire étant de 5,75 m en dehors des ouvrages, où elle peut être abaissée et des passages à niveau où elle peut être relevée [1].

La figure 6.7 présente le gabarit d'obstacle défini par l'Union africaine des chemins de fer valable aussi bien pour la voie métrique que pour la voie standard.

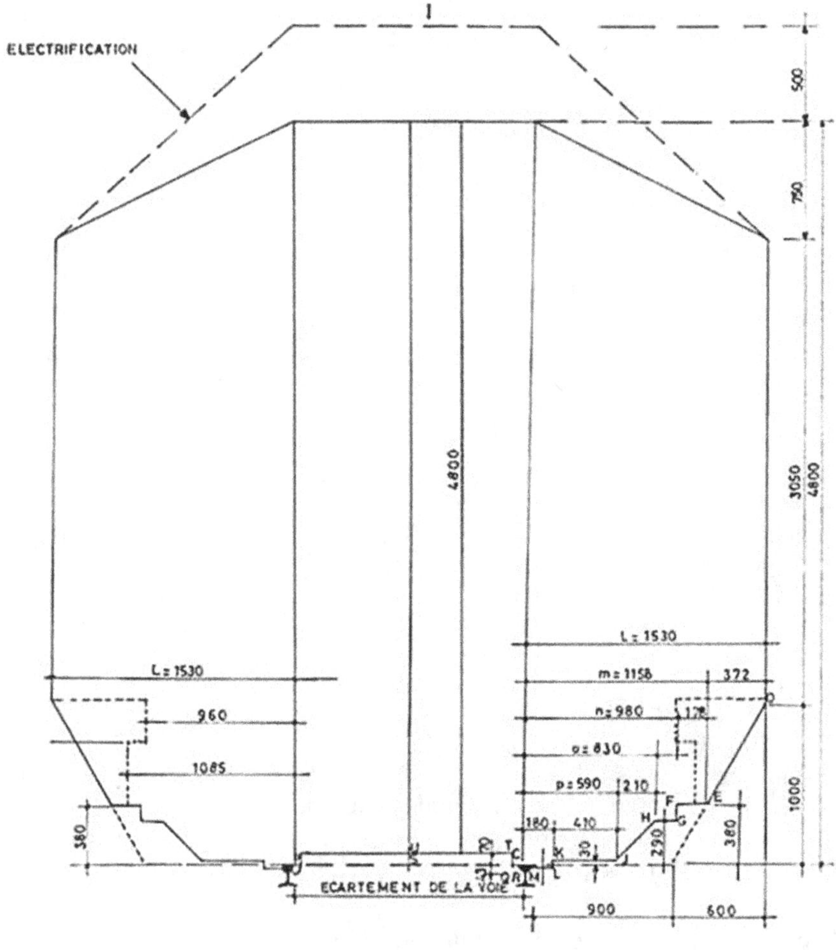

Fig. 6.7. Gabarit d'obstacles UAC

CHAPITRE VII
EFFORTS TRANSVERSAUX - DÉRAILLEMENT

7.1. Efforts transversaux

7.1.1. Composantes des efforts transversaux

Les efforts transversaux exercés par les véhicules sur la voie comprennent [1] :

- une composante quasi statique H_s ;
- une composante aléatoire H_a.

Les efforts transversaux affectent le confort des voyageurs et doivent être pris en compte dans le cadre de la sécurité des trains. Le dépassement des limites de résistance transversale de la voie peut causer un déripage de la voie et éventuellement un déraillement. Le déraillement peut aussi être le résultat de la montée de la roue sur le rail.

7.1.2. Effort transversal quasi statique

Cet effort est dû à la part non compensée de la force centrifuge dans les courbes, plus précisément de l'insuffisance et de l'excès de dévers. En effet, l'insuffisance de dévers «I » provoque un effort transversal H_s agissant sur le rail extérieur qui est directement proportionnel à cette insuffisance et au poids P du véhicule rapporté à l'essieu (charge par essieu). Cet effort se détermine par la formule semi-empirique suivante [4] :

$$H_s = \frac{PI}{e} \tag{7.1}$$

où P : charge par essieu en tonnes
I : insuffisance de dévers en mm
e : distance entre axes des rails en mm (1 500 mm pour voie standard ; 1 130mm pour voie de 1,067 m et 1 060 mm pour voie de 1,000 m).

7.1.3. Effort transversal aléatoire

Il s'agit d'un effort dynamique additionnel qui dépend de la vitesse du véhicule et de l'état de la voie. Cet effort H_a se détermine par la formule semi-empirique suivante [1] :

$$H_a = \frac{PV}{1\,000} \tag{7.2}$$

où P : charge par essieu en tonnes
V : vitesse en km/h

7.1.4. Exemple d'application

Calculons l'effort transversal H exercé par une locomotive sur voie métrique de 1,067 m, de charge par essieu 18 tonnes, circulant à 70 km/h dans une courbe de 300 m de rayon, avec un dévers pratique de 83 mm.

Le dévers théorique est (voir formule 6.5) :

$$8{,}9 \ \frac{70^2}{300} = 145 \text{ mm}$$

L'insuffisance de dévers qui en résulte est (voir formule 6.9) :

$$I = 145 - 83 = 62 \text{ mm}$$

Pour la voie de 1,067 m, la distance entre axes des rails est e = 1,130 m (1 130 mm) ; la composante quasi-statique H_s de l'effort transversal (formule 7.1) est :

$$H_s = \frac{18 \cdot 62}{1\,130} = 0{,}99 \text{ t}$$

La composante aléatoire de l'effort transversal (formule 7.2.) est :

$$H_a = \frac{18 \cdot 70}{1\,000} = 1{,}26 \text{ t}$$

Conformément au point 7.1.1., l'effort transversal H est :

$$H = H_s + H_a \qquad (7.3)$$

Ce qui, dans notre cas donne :

$$H = 0{,}99 + 1{,}26 = 2{,}25 \text{ t}$$

7.2. Résistance de la voie aux efforts transversaux – Déripage et déraillement

7.2.1. Résistance de la voie aux efforts transversaux

La résistance de la voie en charge aux efforts transversaux a été étudiée aux Chemins de fer français par Prud'Homme [5]. La résistance transversale limite L est une fonction de la charge par essieu ; elle est définie par l'expression suivante :

$$L = K\left(10 + \frac{P}{3}\right) \text{ (kN)} \tag{7.4}$$

où: P : la charge par essieu en tonnes ;
K : coefficient qui dépend de la constitution et de l'état de la voie [89].

Pour la voie standard sur traverses bois entretenue par moyens non mécanisés (manuels), la résistance transversale limite L est définie par l'expression suivante [5] [4] :

$$L = 0{,}85\left(10 + \frac{P}{3}\right) \text{ (kN)} \tag{7.5}$$

Pour une voie standard sur traverses bois entretenue mécaniquement, la résistance transversale limite est [5] [4]:

$$L = \left(10 + \frac{P}{3}\right) \text{ (kN)} \tag{7.6}$$

Pour une voie standard sur traverses béton bi-bloc entretenue mécaniquement, la résistance transversale limite est [5] [4] :

$$L = \left(15 + \frac{P}{3}\right) \text{ (kN)} \tag{7.7}$$

Selon Alias [5] [7], ces formules ne sont pas applicables dans le cas d'une voie métrique.

Joly [80] a utilisé en première approximation la formule (7.7) dans le cadre des essais de stabilité et de confort pour 160 km/h en voie métrique sur traverses en béton, réalisés en novembre et décembre 1976 à la Régie des Chemins de Fer Abidjan-Niger comme nous le verrons au point 7.2.2.

7.2.2. Déripage de la voie

Le déripage est un mode de déraillement du véhicule provoqué par une déformation du châssis de voie sous l'action d'efforts transversaux créés par le véhicule lui-même.

En effet, sous l'action d'efforts transversaux importants au niveau de l'essieu, la voie se déforme dans son ensemble, créant un défaut de voie suffisant pour que le phénomène de déraillement (montée de la roue sur le rail) puisse se produire [5].

Ce mode de déraillement se produit en général en vitesse, car les efforts latéraux sont alors importants.

Pour qu'il n'y ait pas déripage, il faut que l'effort transversal H exercé sur la voie soit inférieur à la résistance transversale L (voir point 7.2.1) de la voie chargée (Fig. 7.1) [5] [4] :

$$H \leq L \tag{7.8}$$

avec (formule 7.3) : $H = H_s + H_a$

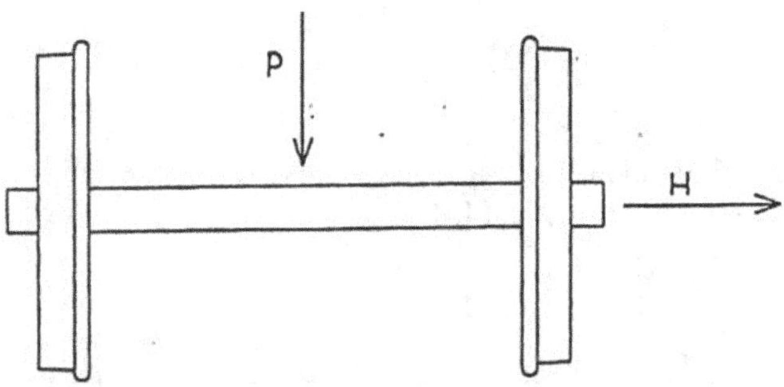

Fig. 7.1. Effort transversal et charge verticale de l'essieu [5] [4]

Comme nous l'avons mentionné au point 7.2.1, Joly [80] a utilisé en première approximation la formule (7.7) dans le cadre des essais de stabilité et de confort pour 160 km/h en voie métrique sur traverses en béton entretenue mécaniquement, réalisés en novembre et décembre 1976 à la Régie des Chemins de Fer Abidjan-Niger. Ces essais ont été réalisés entre PK 212 et PK 222 avec une rame composée de l'autorail ZE 205 et de deux voitures de 2ème classe vides. Les valeurs maximales de l'effort transversal obtenues dans différentes courbes (comprenant la part statique et la part aléatoire) sont présentées dans le tableau 7.1 [80].

Tableau 7.1. Valeurs maximales de l'effort transversal [80]

Caractéristiques des courbes	Effort transversal maximal au droit du premier essieu du bogie avant H1 (1) part statique (2) part aléatoire
Rayon R = 800 m Dévers pratique d = 56 mm V = 114 km/h	(1) 12 20 kN (2) 8
Rayon R = 600 m Dévers pratique d = 75 mm V = 127 km/h	(1) 24 43 kN (2) 19
Rayon R = 3 000 m Dévers pratique d = 15 mm V = 157 km/h	(1) 8 16 kN (2) 8

Pour une charge par essieu de 163 kN (autorail ZE 205), en appliquant la formule (7.7), on obtient [80]:

$$L = \left(15 + \frac{163}{3}\right) = 69 \text{ kN}$$

Cette résistance transversale limite est très supérieure aux valeurs de l'effort transversal maximal obtenu (voir tableau 7.1). La stabilité au déripage (formule 7.8) est largement assurée.

7.2.3. Déraillement par montée de la roue sur le rail

Sous l'effet d'un effort transversal important au niveau de la roue, celle-ci peut monter sur le rail et dérailler. Ce type de déraillement est assez caractéristique des circulations à basse vitesse, en courbe avec dévers et en présence de gauche de la voie, car la roue extérieure du bogie est alors délestée, alors que des efforts d'inscription, liés à l'angle d'attaque de l'essieu ou du bogie, sont importantes [5].

Considérons l'essieu représenté à la figure 7.1, soumis à une charge verticale P et à un effort horizontal H. Chacune des 2 roues est soumise respectivement à un effort vertical Q_1 et Q_2 et à un effort horizontal Y_1 et Y_2 [8]. En valeur algébrique :

$$P = Q_1 + Q_2$$

$$H = Y_1 + Y_2$$

Pour la détermination de la limite de déraillement, on considère le rapport $\frac{Y_1}{Q_1}$; Y_1 et Q_1 étant l'effort transversal et la charge verticale de la roue dérailleuse [8].

La formule de Nadal permet le calcul de la poussée critique statique de déraillement [8] [4]. Supposons le point de contact rail-roue sur la partie conique d'inclinaison β du boudin (Fig. 7.2) [8]. La roue transmet au rail la charge Q_1 et la poussée Y_1 ; elle en reçoit une réaction normale N à laquelle correspond un frottement fN.

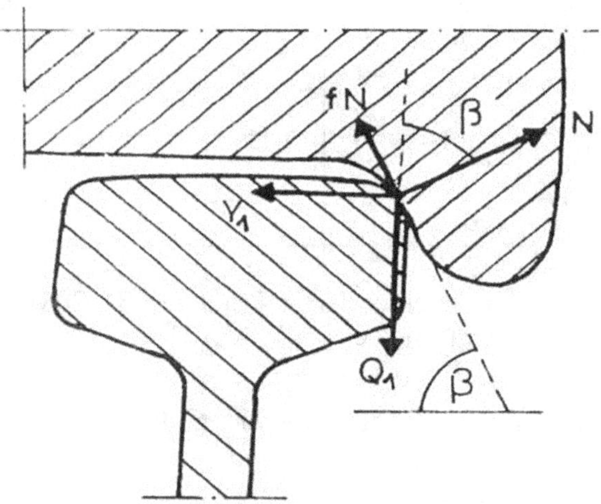

Fig. 7. 2. Disposition schématique pour l'étude du déraillement [8]

En écrivant l'équilibre de ces forces, on obtient la valeur de la poussée Y_1 au-delà de laquelle le déraillement est susceptible de se produire. Cette valeur est [8] :

$$Y_1 = Q_1 \frac{tg\beta - f}{1 + f tg\beta} \qquad (7.9)$$

où : f est le coefficient de frottement rail-roue.

L'UIC recommande de prendre comme valeur du coefficient de frottement f = 0,5 [89].

Des études sur différents cas de déraillements ont montré que l'équation (7.9) peut être simplifiée comme suit [4] :

- Véhicule sur essieux : $\frac{Y_1}{Q_1} = 1,2$
- Véhicule sur bogies : $\frac{Y_1}{Q_1} = 1,3$

En d'autres termes, le déraillement pur (montée de la roue sur le rail) se produit lorsque le rapport $\frac{Y_1}{Q_1}$ de l'effort transversal exercé par la roue (charge dynamique appliquée à la roue guidante), à la charge verticale dynamique de celle-ci atteint la limite de 1,2 pour les wagons à deux essieux, et 1,3 dans le cas de bogies. Notons que dans le cas de wagons à bogies, la valeur limite de $\frac{Y_1}{Q_1}$ peut aller jusqu'à 1,8 [57].

Sur la base de l'analyse d'une série d'accidents dus à des déraillements, il a été établi que le risque de montée d'une roue sur un rail est grand lorsque l'angle β est inférieur à 32° ; d'où β_{cr} = 32°[4] [10].

Le déraillement par montée de la roue sur le rail est le stade ultime de l'asservissement de la roue à suivre le rail [5].

CHAPITRE VIII
NOTIONS DE RÉSISTANCE DE LA VOIE NON CHARGÉE[10]

8.1. Résistance de la voie dans le sens longitudinal

La voie s'oppose aux déformations longitudinales grâce d'une part à la résistance offerte par les éclisses (résistance d'éclissage) et d'autre part grâce à la résistance longitudinale offerte par le ballast (Fig. 8.1) [93] en supposant les attaches bien serrées.

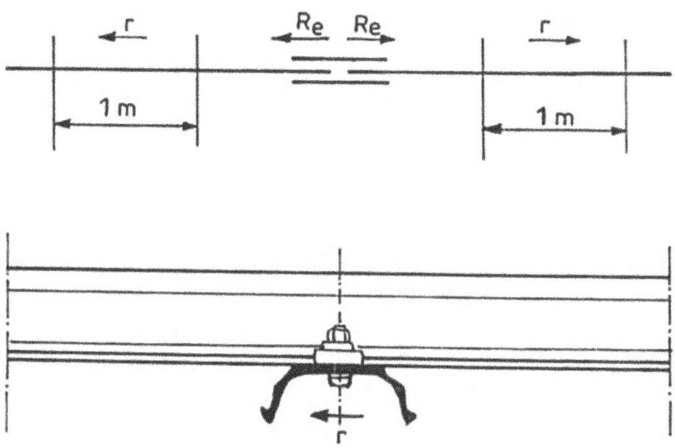

Fig. 8.1. Forces qui s'opposent à la dilatation des rails [93]
R_e : résistance d'éclissage
r : résistance longitudinale offerte par le ballast

- Résistance d'éclissage

La résistance d'éclissage que nous désignerons par R_e s'oppose en premier lieu à la dilatation des rails. Sa valeur peut varier de 5 à 2,5 tonnes par extrémité de rail pour les éclisses ordinaires à 4 trous [8]. En dessous de 2,5 tonnes, l'éclissage perd son efficacité.

- Résistance longitudinale du ballast au déplacement des traverses (résistance longitudinale de la voie).

Cette résistance longitudinale, que nous désignerons par r, est le facteur déterminant dans le comportement de la voie dans le sens longitudinal sous l'effet des variations de température.

[10] Il s'agit de la voie non chargée soumise aux efforts thermiques.

8.2. Résistance de la voie dans le sens transversal

La voie s'oppose aux déformations transversales grâce d'une part à la résistance opposée transversalement par le ballast et d'autre part grâce à la rigidité propre des deux rails et de la résistance offerte par les attaches.

- Résistance offerte par le ballast au déplacement latéral de la voie

C'est le facteur déterminant dans l'étude de stabilité des L.R.S dans le plan horizontal comme nous le verrons au chapitre IX.

- Rigidité transversale des rails

Elle est connue de façon certaine et simple et est égale à 2EI [50].

où EI : rigidité transversale d'un rail ;
E : module d'élasticité de l'acier à rail ;
I : moment d'inertie du rail par rapport à l'axe vertical passant par le centre de gravité de la section droite.

Le tableau 8.1 donne les valeurs de EI pour les principaux types de rails en voie métrique [43] [27].

Tableau 8.1. Valeurs de EI pour différents types de rails [43] [27]

Type de rail	Poids de rail (kg/m)	Surface de la section transversale du rail S (cm^2)	Rigidité transversale du rail EI, ($kN \cdot cm^2$)
S30	30,0	38,45	$2,72 \cdot 10^6$
S40	36,54	46,55	$4,12 \cdot 10^6$
U33	46,30	59,30	$7,23 \cdot 10^6$
U50	50,56	64,50	$8,66 \cdot 10^6$

- Résistance offerte par les attaches

Il s'agit de la résistance à la rotation du rail par rapport à la traverse dans le plan horizontal. Elle résulte de la solidarisation des rails aux traverses par les attaches, ce qui contribue à renforcer la rigidité propre 2EI des deux rails isolés [39].

Elle est fonction du type d'attaches et se caractérise par un couple de moment déterminé [39].

8.3. Détermination des résistances longitudinales et latérales de la voie

Ces résistances se déterminent expérimentalement. On tire d'une manière progressive longitudinalement ou transversalement (suivant le cas considéré) sur un panneau de voie comportant 4 à 6 traverses [13] avec des dispositifs appropriés (Fig. 8.2) [96].

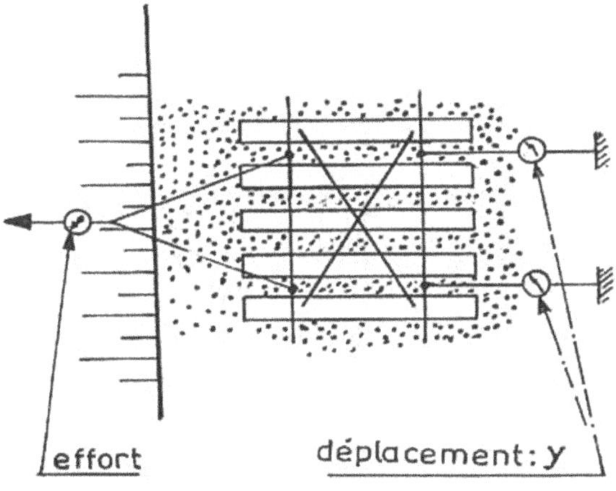

Fig. 8.2. Dispositif pour la détermination expérimentale de la résistance latérale du ballast [96]

On mesure les déplacements y correspondants à une traverse ainsi que les efforts appliqués correspondants.

On réalise un grand nombre d'essais dont les résultats sont traités par les méthodes de la statistique mathématique et de la théorie des probabilités [35], et on construit le diagramme « effort – déplacement ».

La figure 8.3 montre à titre d'exemple les courbes des valeurs moyennes des résistances Q rapportées à une traverse bois, obtenues pour la voie métrique [35]. Ces valeurs correspondent à une voie déconsolidée, qui sont les plus faibles ; ce qui répond aux hypothèses de base dans les calculs.

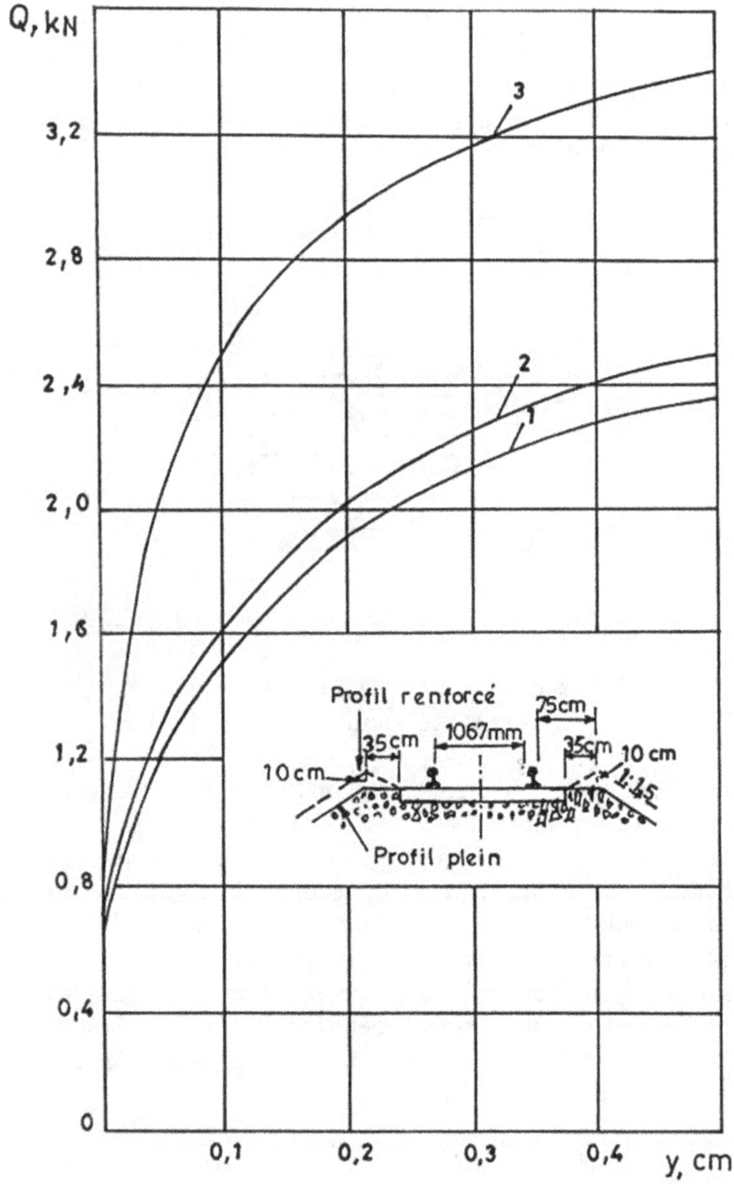

Fig. 8.3. Courbes des valeurs moyennes des résistances rapportées à une traverse bois (voie métrique) [35] [43]

1. Dans le sens transversal, profil de ballast normal plein
2. Dans le sens transversal, profil de ballast renforcé
3. Dans le sens longitudinal, profil de ballast normal plein

On constate que le caractère général du diagramme « effort – déplacement » est le même aussi bien dans le sens longitudinal que dans le sens transversal, mais les valeurs de résistance sont plus élevées dans le premier cas ; la butée longitudinale de la traverse étant plus importante que sa butée transversale.

La formulation la plus représentative de ces résistances est la suivante [35] [43] :

$$Q = Q_o\, y^n \qquad (8.1)$$

où :

Q_o et n sont des paramètres qui dépendent du type et de l'état du ballast, ainsi que d'autres facteurs, avec $n < 1$.

y est le déplacement de la traverse dans le ballast.

Dans notre cas, nous avons obtenu les expressions de Q ci-après [35] :

- résistance longitudinale, profil normal plein :

$$Q = 4{,}42\, y^{0{,}28} \text{ (kN)} \qquad (8.2)$$

- résistance latérale, profil normal plein :

$$Q = 2{,}9\, y^{0{,}28} \text{ (kN)} \qquad (8.3)$$

- résistance latérale, profil renforcé :

$$Q = 3{,}06\, y^{0{,}28} \text{ (kN)} \qquad (8.4)$$

Dans les calculs simplifiés, on considère généralement une résistance constante ; en effet comme on le constate de la figure 8.3., la résistance devient approximativement constante au-delà d'un certain déplacement. Dans notre cas on a retenu les valeurs suivantes [37] [35] :

- résistance longitudinale du ballast par traverse : 3,42 kN (342 kg)

- résistance latérale du ballast par traverse : 2,36 kN (236 kg)

En divisant la résistance du ballast Q rapportée à une traverse par l'espacement des traverses l_{tr}, on obtient les résistances unitaires du ballast. Ce sont ces résistances unitaires qui sont généralement utilisées dans les calculs simplifiés.

Pour les voies métriques, pour un travelage moyen de 1 722 tr/km

(l_{tr} = 0,58 m), on obtient les valeurs moyennes suivantes de résistances unitaires (correspondant à une voie déconsolidée) [37] :

- résistance longitudinale de la voie :

  $r = \frac{342}{0,58}$ = 600 kg/m ou 6 kg/cm pour la voie entière, soit 300 kg/m ou 3 kg/cm par file de rail

- résistance latérale de la voie :

  $q = \frac{236}{0,58}$ = 400 kg/m ou 4 kg/cm pour voie entière, soit 200 kg/m ou 2 kg/cm par file de rail

La résistance longitudinale de la voie standard peut varier de 500 à 1 000 kg/m pour l'ensemble des deux rails, avec une moyenne de 800 kg/m pour attaches élastiques soit 400 kg/m par file de rail [1].

Les résistances longitudinales et latérales du ballast dépendent du type de ballast, du degré de sa compaction, du profil de ballast (normal ou renforcé), du type et de la forme des traverses.

Concernant particulièrement la résistance latérale, on note la supériorité des traverses bi-blocs ; la traverse en béton monobloc lui est quelque peu inférieure tout en restant nettement supérieure elle-même à la traverse en bois. Quant à la traverse métallique, elle occupe une position intermédiaire entre la traverse bois et béton monobloc [93] La figure 8.4 montre l'influence du type de traverse sur la résistance transversale [79].

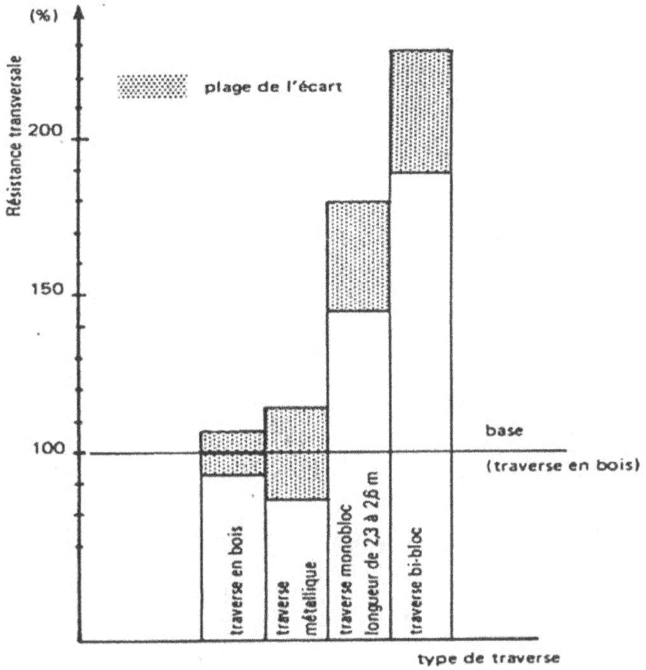

Fig. 8.4. Influence du type de traverse sur la résistance transversale [79]

La résistance latérale du ballast qui constitue le facteur primordial de la stabilité horizontale des L.R.S, pour un type donné de traverse, peut être augmentée localement notamment par les moyens suivants :

- renforcement du travelage en fonction du rayon de courbe, à titre d'exemple [94] :
  - 2 000 tr/km : R = 300 m
  - 1 722 tr/km : 400 m ≤ R ≤ 1 000 m
  - 1 611 tr/km : R > 1 000 m

- application des profils renforcés du ballast par le chargement des têtes des traverses avec une certaine hauteur de ballast [50] (Fig. 8.5) [4] [94] [95].

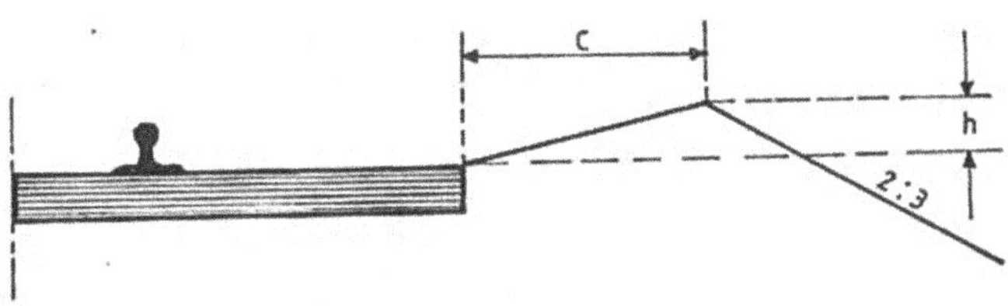

Fig. 8.5. Renforcement de profil de ballast [4] [94][95]

Dans ce cas, on peut obtenir les profils de ballast suivants en fonction du rayon[94] [95] :

• profil normal plein 80/0 : c = 0,80 m ; h = 0 : R > 1000 m
• profil renforcé 75/10 : c = 0,75 m ; h = 0,10 m : 400 m $\leq$ R $\leq$ 1 000 m
• profil renforcé 85/15 : c = 0,85 m ; h = 0,15 m : R = 300 m

- compactage des têtes de traverses ;

- emploi des bêches d'ancrage [124] [29] ; dans ce dernier cas l'augmentation de la résistance s'établit comme suit [97] :

• une bêche toutes les 3 traverses : 15 – 25%
• une bêche toutes les 2 traverses : 35 – 45%¨
• une bêche toutes les traverses : 60 – 90%

La figure 8.6 montre le schéma d'une bêche d'ancrage [4].

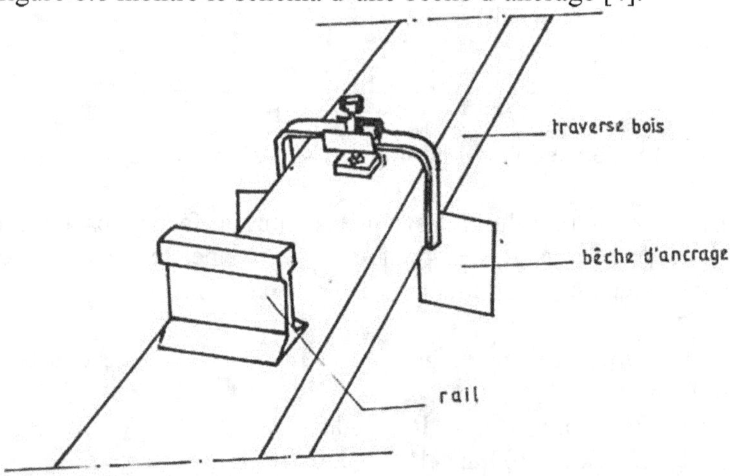

Fig. 8.6. Schéma d'une bêche d'ancrage [4]

Il convient de mentionner que une voie qui vient d'être posée, renouvelée, ou affectée par les travaux, ne dispose que d'une partie de sa résistance latérale définitive. Le tableau 8.2 montre, exprimée en pourcentage de la valeur stabilisée, le degré de réduction de cette résistance latérale obtenue après renouvellement ou entretien pour des traverses en bois [97].

Tableau 8.2. Influence des opérations d'entretien sur la résistance latérale de la voie [97]

Travaux de voie	Résistance latérale
Voie consolidée, avant les travaux	100 %
Bourrage (mécanique) sans relèvement ni dressage	60 %
Bourrage, relèvement, dressage.	35 - 55 %(1)
Bourrage, relèvement, dressage ÷ compactage devant les têtes de traverses	40 - 60 %
Bourrage, relèvement, dressage ÷ compactage dans les cases	45 - 60 %
Bourrage, relèvement, dressage + compactage devant les têtes de traverses et dans les cases	55 - 70 %
Après criblage du ballast (sans bourrage ni dressage)	30 %
Après correction de nivellement avec soufflage	40 - 45 %

(1) Plus le relèvement de la voie est important, plus la diminution de la résistance latérale est grande.

La résistance définitive s'acquiert progressivement sous l'action des circulations. Cet accroissement de résistance se fait suivant une loi logarithmique comme le montre la figure 8.7 [4]

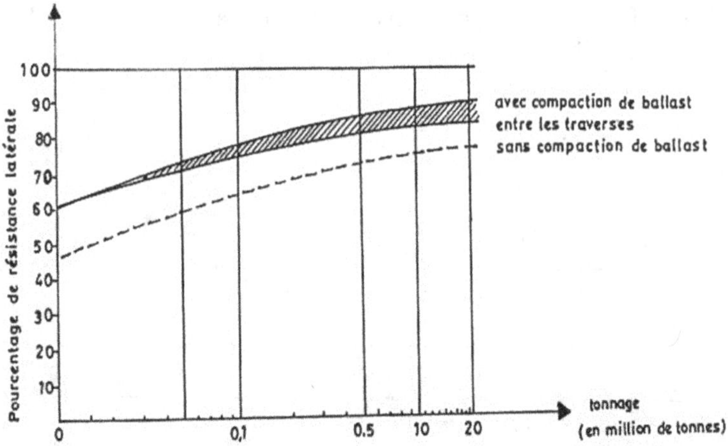

Fig. 8.7. Accroissement de la résistance latérale de la voie en fonction de la compaction du ballast entre les traverses [4]

Une autre illustration de l'accroissement de la résistance est montrée sur la figure 8.8 selon les essais réalisés au Japon pour voie métrique sur traverses en béton après travaux de bourrage [78].

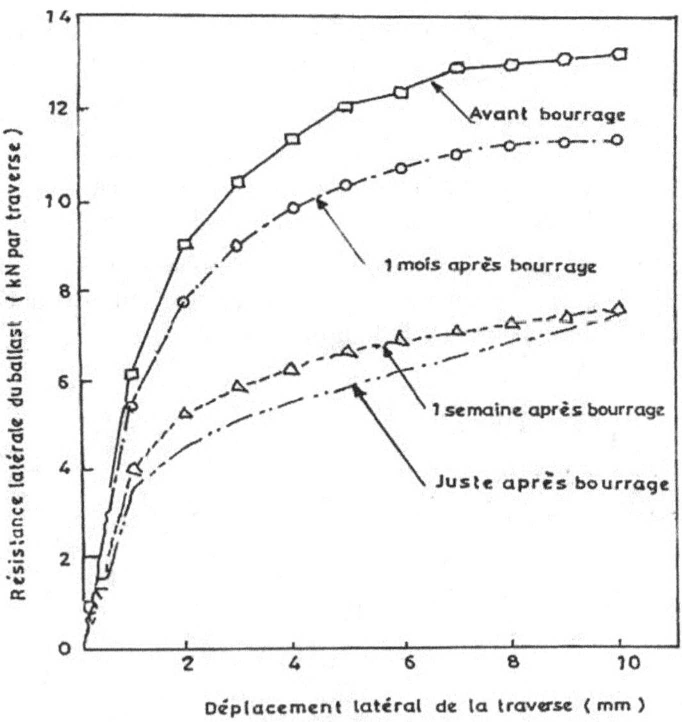

Fig. 8.8. Accroissement de la résistance latérale de la voie en fonction du temps écoulé [78]

Ainsi donc, on doit donc toujours avoir à l'esprit [51] :

- qu'une voie récemment remaniée n'acquiert que progressivement sa stabilité définitive ;
- que tout travail nécessitant un levage ou un ripage, même peu important de la voie, entraîne une déconsolidation notable pendant un temps plus ou moins long. C'est pourquoi de telles opérations sont strictement interdites sans limitations de vitesse si certaines conditions de température ne sont pas réalisées comme nous le verrons au point 11.2.7.2 du chapitre XI.

8.4. Détermination de la résistance des attaches à la rotation du rail par rapport à la traverse

Les résistances des attaches à la rotation des rails par rapport aux traverses dans le plan horizontal caractérisent la résistance du châssis de voie aux déformations transversales. Elles se déterminent expérimentalement. On exerce un couple d'axe vertical pour faire tourner un rail par rapport à la traverse [39] [13]. La figure 8.9 montre un exemple de montage expérimental simplifié [96].

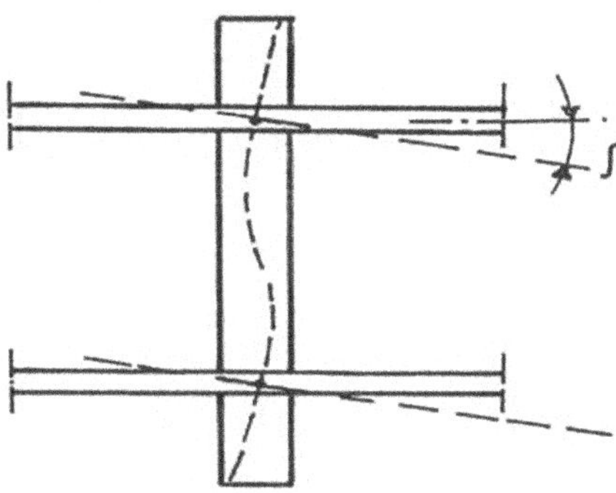

Fig. 8.9. Détermination de la résistance des attaches à la rotation du rail par rapport à la traverse [96]

Le couple de moment M caractérise la fixation ; son évolution en fonction de l'angle de rotation β est donnée au graphique de la figure 8.10 [96].

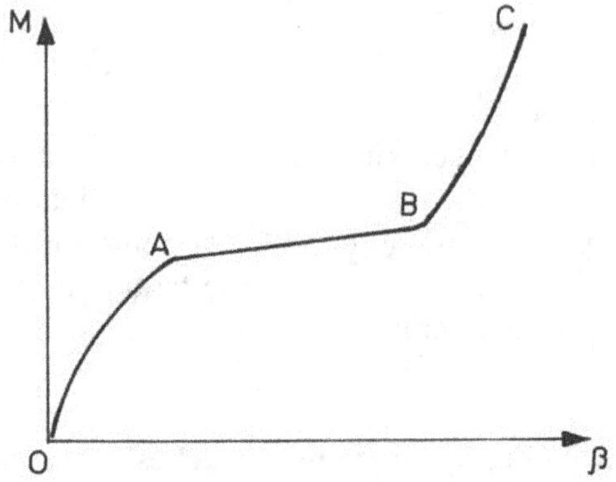

Fig. 8.10. Évolution du couple de moment M en fonction de l'angle de rotation β [96]

On y distingue une zone OA quasi linéaire au cours de laquelle β croît avec M, suivie d'une 2e zone AB correspondant à une phase de frottement dans laquelle M ne croît plus que très faiblement avec β. Apparaît enfin la zone BC à pente très forte, correspondant à la mise en butée du rail contre la selle, où M augmente à nouveau rapidement avec l'angle de rotation.

La figure 8.11 montre un exemple de courbe obtenue pour de grandes valeurs de β pour l'attache Pandrol lors d'un essai réalisé au Chemin de fer Congo-Océan [37].

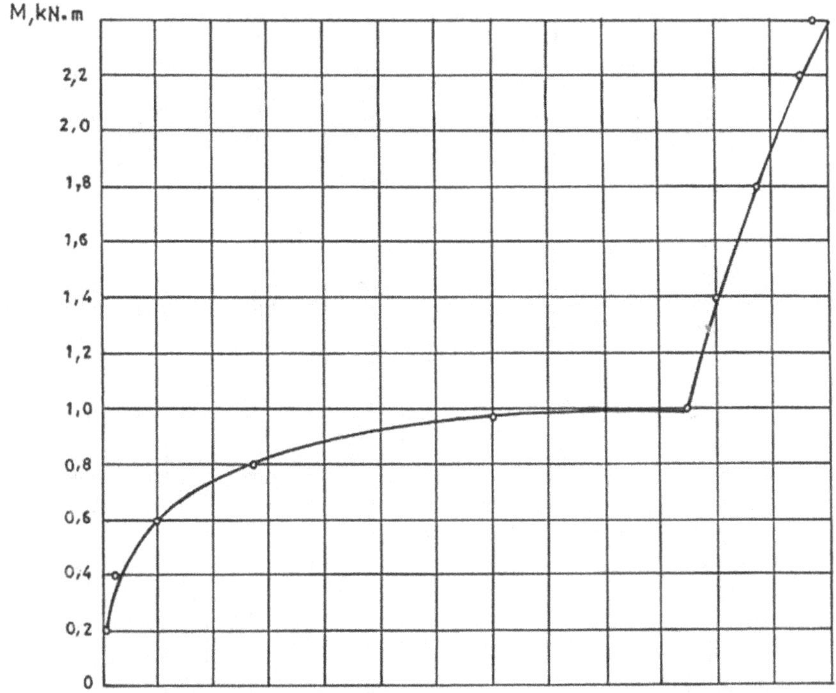

Fig. 8.11. Résistance des attaches à la rotation du rail par rapport à la traverse pour de grandes valeurs de β (attaches Pandrol, traverse bois) [37]

La figure 8.12 montre des exemples de courbes obtenues au cours de différents essais [39] [37] pour des faibles valeurs de β (pour quelques types d'attaches élastiques), ce qui correspond à l'hypothèse de base dans les calculs [13].

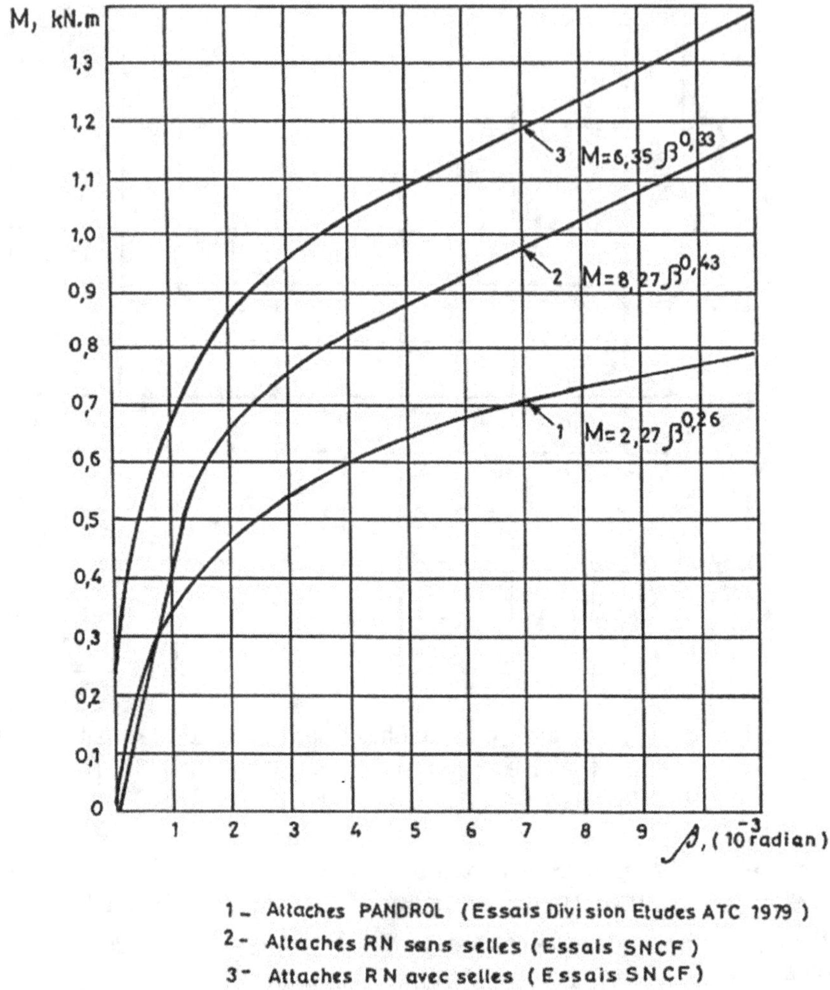

Fig. 8.12. Résistance des attaches à la rotation du rail par rapport à la traverse pour de faibles valeurs de β [37]

Ces courbes peuvent être représentées par une fonction de la forme suivante [54] [13] [37]:

$$M = m_o \beta^k \qquad (8.5)$$

où : m_o et k sont des paramètres qui dépendent de la conception de la fixation et du serrage des attaches [13], avec $k < 1$.

CHAPITRE IX
ÉCLISSAGE ET LES LONGS RAILS SOUDÉS

9.1. Éclissage

9.1.1. Définition et rôle de l'éclissage

Les points de la voie où un rail succède à un autre sont dénommés joints. Dans la pose avec barres normales, un joint se compose essentiellement de deux éclisses (4 à 6 trous) boulonnés sur les rails ; l'ensemble de cet assemblage porte le nom d'*éclissage* et par extension celui de *joint*. La figure 9.1 [2] montre un joint éclissé.

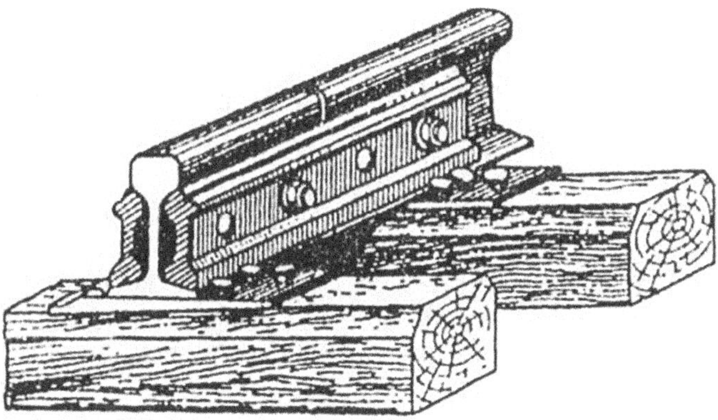

Fig. 9.1. Schéma d'un joint éclissé [2]

Le rôle de l'éclissage étant d'assembler deux rails consécutifs, il doit satisfaire aux quatre conditions suivantes [1] :

- relier les rails de façon qu'ils se comportent comme une poutre continue en alignement et en nivellement ;
- avoir une résistance à la déformation qui approche d'aussi près que possible celle des rails qu'il assemble ;
- empêcher les mouvements verticaux ou latéraux des extrémités des rails l'une par rapport à l'autre, tout en permettant la dilatation.

Les éclisses supportent des efforts importants. Lorsque l'essieu arrive au voisinage du joint, l'extrémité du rail amont tend à fléchir comme une poutre en console ; cette flexion est contrariée par la présence de l'éclisse qui reçoit ainsi une charge vers le milieu de sa portée supérieure et la reporte sur le patin des rails encadrants par les extrémités de sa portée inférieure [1]. Il en est de même lorsque la roue a franchi la lacune. La figure 9.2 montre schématiquement la déformation d'un joint.

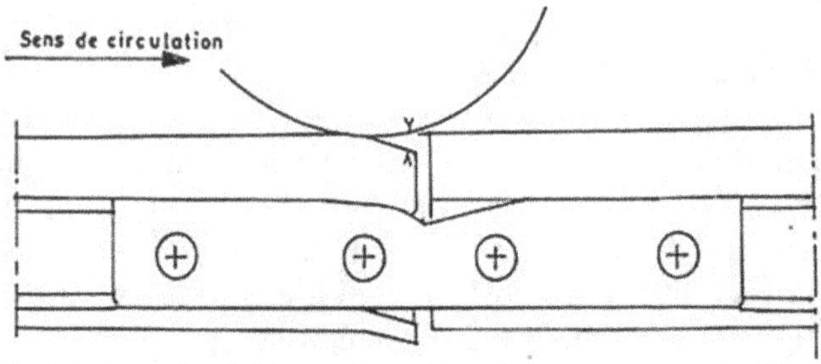

Fig. 9.2. Schéma de déformation d'un joint au passage d'une roue

Pour jouer son rôle, il faut que l'éclisse soit coincée entre les portées supérieure et inférieure du rail ; l'effort à transmettre étant parallèle à l'axe vertical du rail, il y a intérêt à donner aux portées une inclinaison aussi faible que possible sur l'horizontal.

Sous l'effet des déformations de flexion et des chocs au joint, des mouvements relatifs se produisent entre rail et éclisses, d'où résulte une usure qui affecte surtout les zones de transmission des efforts et qui peut atteindre 0,75 mm par an sur une voie très chargée [1]. En raison de cette usure, les éclisses s'enfoncent dans la chambre d'éclissage sous l'action des boulons dont la tension diminue. La nécessité du resserrage périodique de ceux-ci résulte principalement de l'usure des portées d'éclissage.

Le desserrage est notablement retardé par l'utilisation d'une rondelle Grower entre l'écrou et l'éclisse. L'expérience montre qu'il faut atteindre une tension de 10 000 kg au serrage si l'on veut, tout en ne procédant à cette opération qu'une fois par an, disposer à la fin de cette période d'une tension résiduelle supérieure à 2 500 kg, limite au-dessous de laquelle l'éclissage perd son efficacité [1].

9.1.2. Permissifs de dilatation

L'éclisse doit permettre au rail de se dilater et de se contracter librement en fonction des variations de température, de sorte qu'elle doit être périodiquement graissée, afin de faciliter le déplacement du rail, mais surtout le diamètre des trous d'éclissage dans le rail et dans l'éclisse et celui des boulons doivent être choisis de façon à permettre une libre dilatation [1]. La figure 9.3 montre la coupe d'un rail S 40 (36 kg/m) avec éclisses.

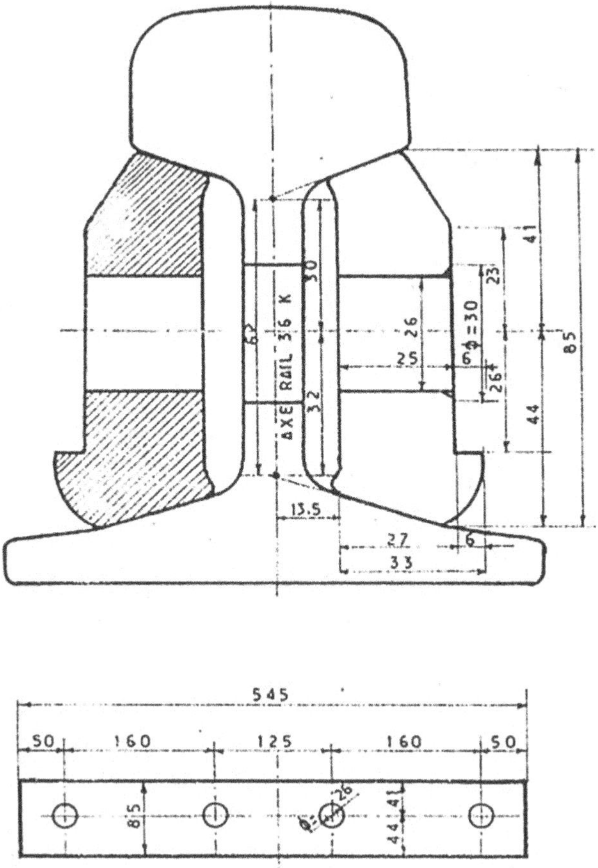

Fig. 9.3 Coupe transversale du rail S 40 (36 kg/m) avec éclisse
a) Perçage de rail ; b) Caractéristiques de l'éclisse

Soit r, le diamètre du trou du rail, e, le diamètre du trou d'éclisse, a, l'entraxe des trous centraux d'éclisses, b, la distance entre l'about du rail et l'axe de son premier trou, d, le diamètre du boulon et d', la distance bord à bord des trous. La figure 9.4 montre qu'il faut considérer deux cas [1] :

a) Il y a contact des deux rails. Le passage du boulon entre trous d'éclisse et de rail impose l'inégalité :

$$a - 2b \leq e + r - 2d$$

Le permissif est alors égal à :

$$2\,[(a - 2b)] + (d' - d) = a + e + r - 2\,(d + b) \qquad (9.1)$$

C'est le cas où l'on a un coincement sur le joint.

b) Il y a coincement des boulons, ce qui correspond à :

$$a - 2b > e + r - 2d$$

Le permissif est alors égal à : $2\,(e + r - 2d)$ (9.2)

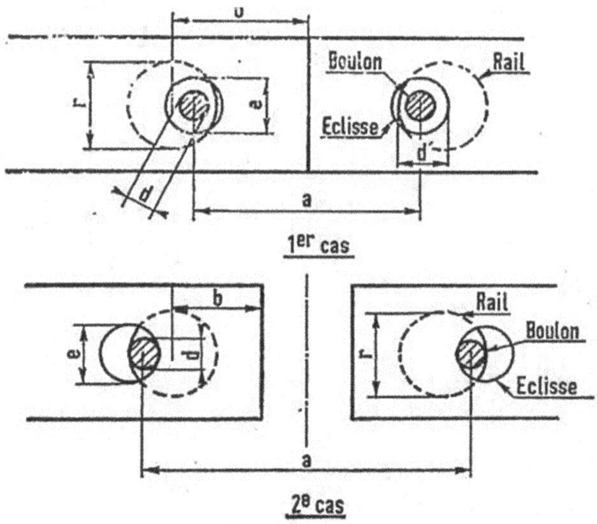

Fig. 9.4. Schéma pour la détermination des permissifs de dilatation [1]

La fixation des permissifs de dilatation résulte des considérations que l'on peut faire sur les mouvements des rails sous l'action des variations de température.

9.1.3. Joints isolants collés (J.I.C.)

En vue d'assurer l'isolement électrique longitudinal des files de rails nécessité pour les circuits de voie utilisés en signalisation, on utilise des joints isolants collés (J.I.C.) destinés essentiellement aux voies en longs rails soudés.

Ces joints isolants collés comportent des éclisses spéciales collées au rail par résines synthétiques avec un intercalaire isolant et fortement serrées par boulons à haute résistance, capables de résister aux efforts maximaux de compression et traction auxquels sont soumis les barres (Fig. 9.5) [1].

La photo 11 montre un joint isolant collé en voie au Chemin de Fer Congo-Océan (République du Congo).

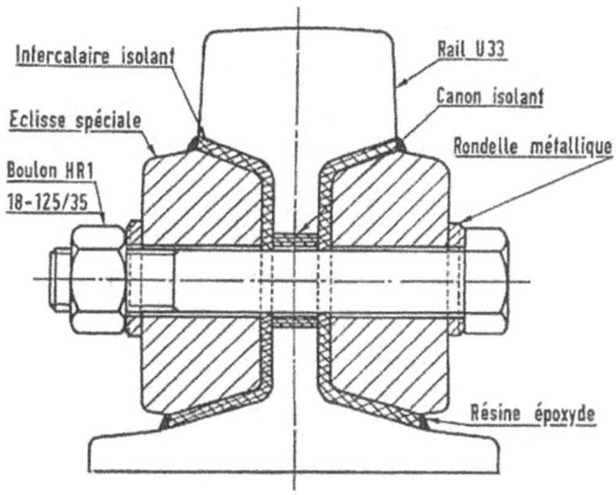

Fig. 9.4. Coupe transversale d'un joint isolant collé [1]

Photo 11 (Source : CFCO)

9.2. Les longs rails soudés

9.2.1. Définition – Bref aperçu historique

On appelle long rail soudés (L.R.S), une barre dont la longueur est telle qu'il subsiste toujours une zone centrale où aucun mouvement ne se produit, quelles que soient les variations de température. Dans cette zone, appelée « zone neutre », la dilatation est totalement contrariée et les contraintes thermiques y sont donc maximales aux températures extrêmes.

De part et d'autre de cette zone neutre, la dilatation n'est que partiellement contrariée ; il s'y produit des mouvements qui atteignent leur amplitude maximale aux extrémités des barres, là où les contraintes thermiques sont toujours nulles ou quasi nulles ; ces deux zones en mouvement sont appelées « zones de respiration ».

Les rails normaux, au contraire, ne comportent pas de zone neutre. Quand la température s'élève, il arrive un moment où seul le point central de la barre reste immobile ; lorsque la température continue d'augmenter, les contraintes, elles, n'augmentent plus et la dilatation se poursuit comme si la barre était libre jusqu'au moment où les joints encadrant se ferment.

Les L.R.S offrent aux réseaux un intérêt économique évident. On estime à 30% environ l'ordre de grandeur des économies d'entretien procurées par ce type de pose [8]. Ces économies concernent principalement :

- l'entretien du nivellement ; celui-ci est moins fréquent dans la voie soudée que dans la voie non soudée. On estime que l'entretien des joints (nivellement, démontage et remontage des éclisses avec remplacement éventuel, visite, rechargement des abouts) représente plus de 30% des dépenses d'entretien de la voie [8] ;
- la conservation du matériel ; en dehors de la suppression totale des dépenses relatives au matériel des joints, l'utilisation de la voie soudée élimine également celles dues à la fatigue plus accentuée de la voie au voisinage du joint. Les renouvellements de voie sont, en définitive, plus espacées dans le temps (augmentation de 30% environ de l'intervalle entre renouvellements) [8] ;
- le matériel roulant qui souffre également beaucoup moins ; les économies qui résultent au bénéfice de la traction suite à l'emploi des L.R.S sont de l'ordre de 20 à 26% [72].

À ces avantages économiques s'en ajoutent d'autres non chiffrables notamment, la diminution des nuisances acoustiques sur l'environnement et l'amélioration du confort des voyageurs.

Les L.R.S sont apparus si tardivement dans l'histoire du chemin de fer, ceci pour les 3 raisons essentiels [8] :

- la première est liée à la mise au point de la soudure de l'acier à rail. Il importait évidemment d'être certain de la tenue de ces soudures sous charges roulantes avant de pouvoir songer à réaliser des L.R.S ;
- la deuxième concerne les attaches de la voie ; il est en effet indispensable que la liaison rail/traverse soit permanente de façon que les mouvements ne se produisent qu'entre traverses et ballast ;
- la troisième est due à la crainte du flambage sous des efforts thermiques importants. Il a donc fallu analyser par la théorie et l'expérimentation cette difficile question.

La voie en longs rails soudés a fait l'objet de très nombreuses études théoriques et expérimentales dans beaucoup de pays développés.

9.2.2. Principe de fonctionnement des L.R.S

9.2.2.1. Dilatation des L.R.S

Considérons la barre de longueur L et de section S représentée à la figure 9.5 [4]. Lorsqu'elle est posée sans contrainte (libre de toute attache), elle peut se dilater ou se contracter librement proportionnellement à la variation de température qu'elle subit.

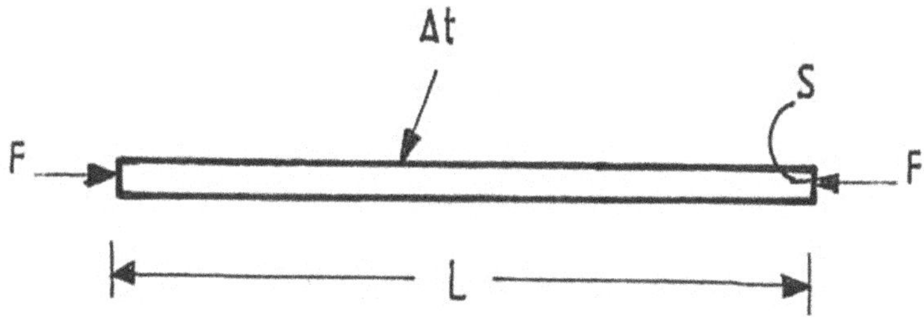

Fig. 9.5. Simulation simplifiée pour l'étude de fonctionnement d'un long rail soudé [4]

Si t_0 est la température de pose de la barre, sa variation de longueur Δl à la température t sera :

$$\Delta l = \alpha L \Delta t \tag{9.3}$$

où α : le coefficient de dilatation linéaire de l'acier à rail ; $\alpha = 11 \cdot 10^{-6}$ [17];

Δt : la variation de température ; avec :

$$\Delta t = (t - t_0) \tag{9.4}$$

Mais cette dilatation est en réalité contrariée par le frottement traverse-ballast (en considérant les attaches bien serrées, et en négligeant la résistance d'éclissage[11]).

Si la barre est suffisamment longue, sa partie centrale ne bouge pas quelles que soient les variations de température du fait de l'équilibre qui s'établit entre les efforts longitudinaux dus à la température et les forces de frottement ballast-traverse. Seuls les 100 – 150 derniers mètres [98] où cet équilibre n'existe plus se déplacent, entraînant un mouvement de l'extrémité.

[11] C'est la cas où les boulons d'éclisse sont entièrement desserrés, ou lorsque les L.R.S sont terminés par des appareils de dilatation qui n'offrent qu'une faible résistance d'éclissage, de l'ordre de 1,5 tonnes [8].

L'effort thermique F dont est le siège la partie centrale du L.R.S est, comme on le démontre dans le cours de Résistance des matériaux, égal à :

$$F = E\alpha S\Delta t \quad (9.5)$$

où E : module d'élasticité de l'acier à rail ; $E = 2{,}1.10^6$ kg/cm²

S : section du rail en cm²

α : coefficient de dilatation de l'acier à rail ; $\alpha = 11\cdot10^{-6}$.

Δt : variation de température

La contrainte thermique dans le rail qui résultera de cet effort F sera :

$$\sigma = \frac{F}{S} = E\alpha\Delta t \quad (9.6)$$

À une augmentation de température ($\Delta t > 0$) correspond une compression. À une diminution de température ($\Delta t < 0$) correspond une traction.

Afin d'illustrer ce qui vient d'être dit, considérons un L.R.S ballasté et fixé sans contrainte à la température t_0 (barre à l'état neutre) et subissant une montée uniforme en température de t_0 à t.

L'effort dû à la dilatation sera alors transmis intégralement au ballast par l'intermédiaire des traverses rendues solidaires au rail par les attaches (en considérant les attaches bien serrées et en négligeant la résistance d'éclissage).

Le frottement et la butée longitudinale des traverses sur le ballast exercent une résistance qui s'oppose à la variation de longueur de la barre sous $\Delta t = t - t_0$; c'est la résistance longitudinale du ballast r dont la valeur moyenne, comme nous l'avons vu précédemment, est de l'ordre de 800 kg/m pour la voie normale et 600 kg/m pour la voie métrique soit respectivement 400 kg/m et 300 kg/m par file de rail.

La force de résistance de la barre à la dilatation, nulle aux extrémités de la barre, croît proportionnellement avec la distance par rapport à ces extrémités. À titre d'exemple, au point d'abscisse X_A (Fig. 9.6) [98], cette force de résistance est $r\cdot X_A$. Au point M d'abscisse l_d, elle se trouve égale à la force de dilatation F exercée dans la barre.

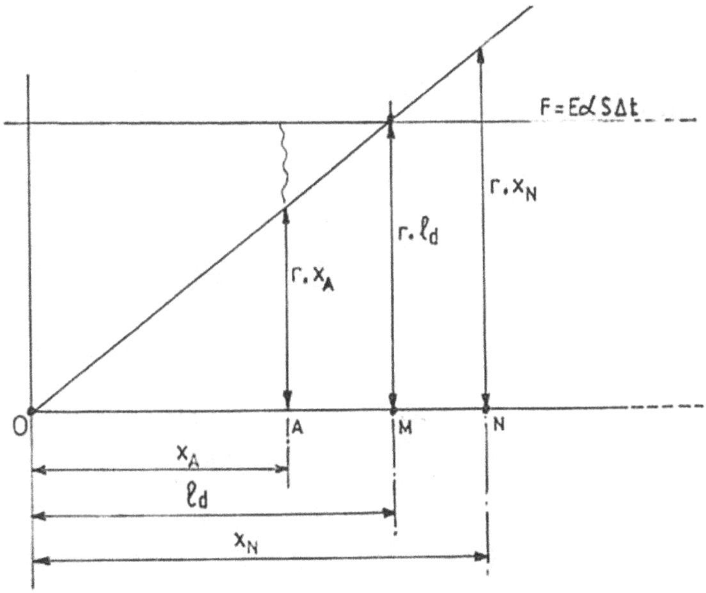

Fig. 9.6. Accroissement de la résistance en fonction de la distance par rapport aux extrémités du L.R.S [98]

Au-delà de ce point M, aucune dilatation du rail n'est plus permise, la force F = EαSΔt étant alors inférieure à la force de résistance du ballast en chacun des points de cette zone (exemple : point N où $r \cdot X_N > F = E\alpha S\Delta t$).

Comme nous venons de le mentionner, au point M on a :

$$r \cdot l_d = E\alpha S\Delta t \tag{9.7}$$

d'où :

$$l_d = \frac{E\,\alpha\,S\,\Delta t}{r} \tag{9.8}$$

Dans toute la zone MM' (Fig. 9.7) [98], le rail n'a subi aucun mouvement ; c'est par définition la « zone centrale » du L.R.S ou encore « zone neutre ».

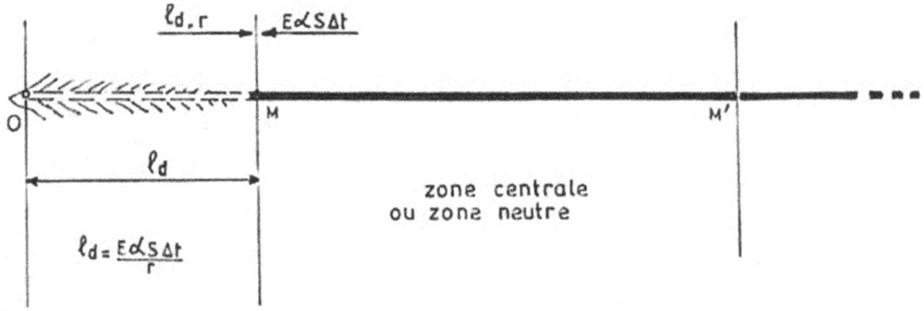

Fig. 9.7. Détermination de la zone centrale ou zone neutre [98]

Les zones OM et O'M' de longueur l_d chacune où l'on constate un mouvement sont appelées « zones de respiration ».

Au sens donné dans la définition du L.R.S tel que MM' ne soit jamais nul, la longueur minimale L_{min} d'une barre pour qu'elle puisse se comporter comme un L.R.S doit être :

$$L_{min} \geq 2\, l_d \qquad (9.9)$$

ou bien :

$$L_{min} \geq 2 \frac{E\,\alpha\,S\,\Delta t}{r} \qquad (9.10)$$

où

r : la résistance longitudinale du ballast par file de rail ;

Δt : le plus grand des écarts de température entre la température de fixation des L.R.S et les températures extrêmes qui peuvent être atteintes par le rail.

À titre d'exemple, pour le rail S 40 (36 kg/m) de section S = 46,55 cm^2, avec r =300 kg/m (3 kg/cm), nous aurons, pour Δt = 30 °C, L_{min} = 214 m. Pour le rail U 33 (46 kg/m) de section S = 59,06 cm^2, nous aurons L_{min} = 272 m.

La longueur minimale d'un L.R.S généralement admise est 300 m [83] [4] [17].

Dans tout ce qui vient d'être dit, nous avons considéré que R_e = 0 (résistance d'éclissage nulle) ; c'est le cas lorsque les boulons d'éclisses sont entièrement desserrés, ou lorsqu'on emploie des appareils de dilatation aux extrémités des L.R.S comme indiqué ci-haut.

Lorsque le rail est entièrement serré dans ses éclisses (c'est-à-dire lorsque $R_e \neq 0$), tout d'abord R_e s'oppose au mouvement jusqu'à une variation de température Δt_e égale à :

$$\Delta t_e = \frac{R_e}{E\,\alpha\,S} \qquad (9.11)$$

La résistance longitudinale du ballast ne sera mobilisée que lorsque la variation de température sera supérieure à $\frac{R_e}{E\alpha S}$. Dans ce cas, l'expression (9.7) deviendra :

$$R_e + r \cdot l_d = E\,\alpha\,S\,\Delta t \qquad (9.12)$$

La longueur de la zone de respiration sera :

$$l_d = \frac{E\,\alpha\,S\,\Delta t - R_e}{r} \qquad (9.13)$$

La longueur minimale d'un L.R.S deviendra:

$$L_{min} \geq 2\frac{E\,\alpha\,S\,\Delta t - R_e}{r} \qquad (9.14)$$

9.2.2.2. Diagramme théorique des efforts

Ce diagramme se dessine dans la partie centrale parallèlement à la ligne de référence OO' (représentant la longueur de la barre) de M_1 à M'_1 (Fig. 9.8) [98], avec pour valeur $F = E\alpha S\Delta t$. Il se raccorde à chaque extrémité O et O' suivant les droites OM_1 et $O'M'_1$.Le diagramme des contraintes est identique à celui des efforts, au diviseur S près.

Fig. 9.8. Graphique des efforts développés dans un L.R.S [98] (cas où $R_e = 0$)

Lorsque les rails sont entièrement serrés dans leurs éclisses c'est-à-dire lorsque $R_e \neq 0$, le graphique des efforts prend l'allure de la figure 9.9 [98] [8].

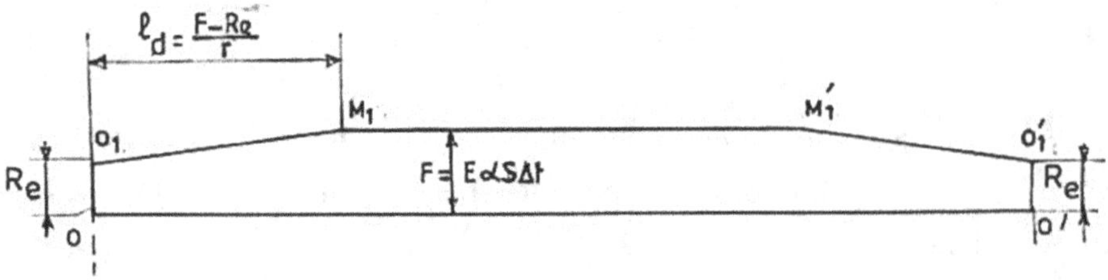

Fig. 9.9. Graphique des efforts développés dans un L.R.S [98] [8]
(cas où $R_e \neq 0$)

Dans le cas d'une barre normale de longueur l, le graphique des efforts aura l'allure de la figure 9.10. Dans ces barres, l'effort maximal se produira au milieu de la barre et sa valeur sera :

$$F = R_e + \frac{rl}{2} \tag{9.15}$$

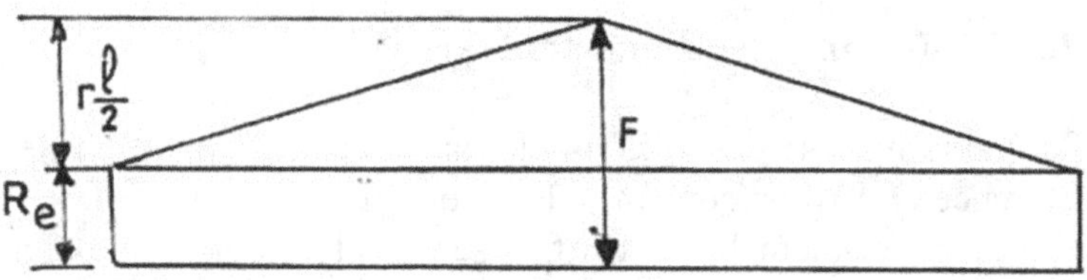

Fig. 9.10. Graphique des efforts développés dans un rail court [27]

9.2.2.3. Déplacement de l'extrémité du L.R.S

Nous avons vu au paragraphe précédent que les points de la zone de respiration se déplacent. Ce déplacement est maximal à l'extrémité du L.R.S.

a) Cas où $R_e = 0$

Le déplacement de l'extrémité de la barre se détermine par la formule suivante :

$$\lambda = \frac{E\alpha^2 S\,\Delta t^2}{2r} \tag{9.16}$$

b) Cas où $R_e \neq 0$

Le processus de variation de longueur de la barre sera identique à celui examiné au premier cas en l'absence de la force de serrage d'éclisses. Mais le déplacement de l'extrémité ne commencera que lorsque la résistance d'éclissage R_e sera vaincue, c'est-à-dire lorsque la variation de température Δt sera supérieure à $\frac{R_e}{\alpha ES}$. La formule (9.16) prend donc la forme suivante :

$$\lambda = \frac{E\,\alpha^2\,S}{2r}(\Delta t - \frac{R_e}{\alpha E\,S})^2 \qquad (9.17)$$

Si la température varie de t_0 température de pose à t_{max} (température maximale), $\Delta t = t_{max} - t_0$, d'où :

$$\lambda = \frac{E\,\alpha^2\,S}{2r}(t_{max} - t_0 - \frac{R_e}{\alpha E\,S})^2 \qquad (9.18)$$

Le déplacement se fera du milieu vers l'extrémité de la barre.

Par contre, si la température varie de t_0 à t_{min} (température minimale), $\Delta t = t_0 - t_{min}$ d'où :

$$\lambda = \frac{E\,\alpha^2\,S}{2r}(t_0 - t_{min} - \frac{R_e}{\alpha E\,S})^2 \qquad (9.19)$$

Le déplacement se fera de l'extrémité vers le milieu de la barre.

9.2.2.4. Cas de variations cycliques de température

Si après avoir subi une élévation de température Δt, la barre subit une diminution de température Δt, c'est-à-dire si elle revient à sa température neutre, le diagramme des efforts se caractérise par la subsistance des contraintes (de traction dans ce cas) de valeur maximale $\frac{E\,\alpha\,\Delta t}{2}$ dans la zone de respiration (Fig. 9.11) [8].

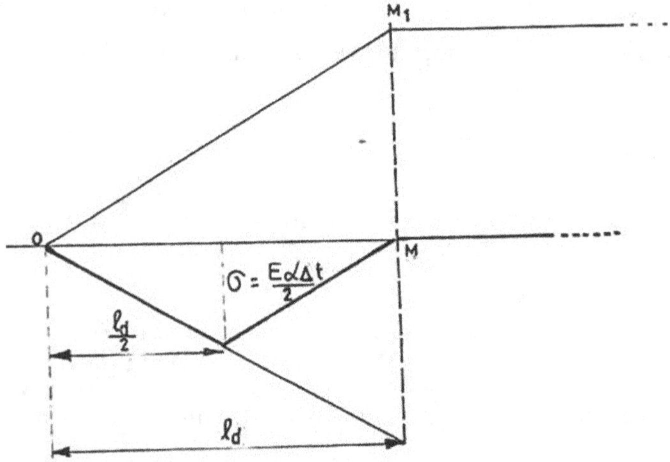

Fig. 9.11. Contraintes dans la zone de respiration [8]

Le mouvement résultant de la barre est [8] :

$$\lambda = \frac{E\,\alpha^2\,S\Delta t^2}{4r} \qquad (9.20)$$

Il se produit donc des hétérogénéités de contraintes dans la barre (Fig. 9.12) [8]. De telles hétérogénéités de contraintes peuvent s'observer lorsqu'on pose des barres élémentaires à une même température et qu'on les soude quelques jours après à la même température.

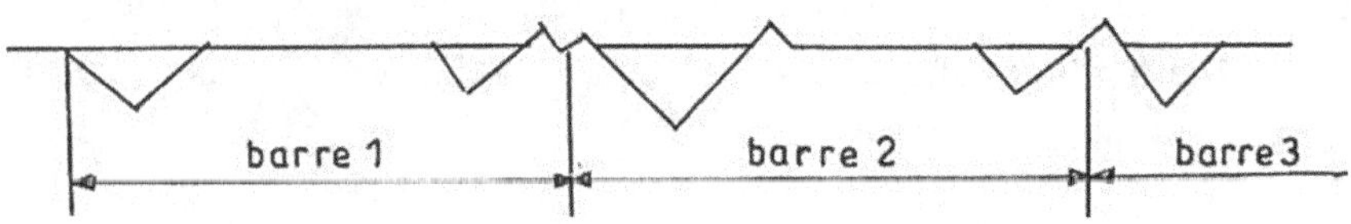

Fig. 9.12. Hétérogénéités de contraintes dans les barres [8]

9.2.2.5. Influence des opérations de maintenance

Si certaines opérations de maintenance telles que la réparation d'une soudure en période de basse température ou des opérations qui déconsolident la voie (nivellement) en période chaude ont été effectuées sans précautions, les diagrammes de contraintes peuvent présenter des écarts sensibles avec les diagrammes théoriques. Le diagramme se déplace donc parallèlement à lui-même suivant l'axe des contraintes et il peut en résulter des pics de contraintes aggravant les risques de ruptures aux basses températures, et des déformations en période chaude [8].

Afin d'effacer ces pics de contrainte, on effectue une libération partielle de l'élément du L.R.S intéressé par les travaux, ou une homogénéisation de contraintes dont les modes opératoires seront traités au point 9.2.8.

Des règles précises d'entretien ont été édictées afin d'éviter que dans la période chaude, et en particulier lorsque la température du rail est supérieure à la température de libération des contraintes, on entreprenne des opérations qui risquent de déconsolider le ballast, en particulier les opérations de nivellement par bourrage [8]. Cette question sera traitée aux points 11.2.7.2. et 11.2.7.3. du chapitre XI.

En cas de rupture des L.R.S en période de basses températures, il se produit une lacune principalement fonction de l'écart entre température neutre et température de rupture. Pour cela, on introduit un coupon de rail, au droit de la rupture, sans modifier l'équilibre de la barre [8]. À cet effet, on remplace une longueur d'environ 4 m par un coupon de longueur strictement équivalente à la température d'exécution du travail et l'on rétablit le contact entre les différents morceaux de rail (compte tenu de l'épaisseur des intercalaires de soudure) par traction avec des vérins hydrauliques des extrémités adjacentes, Pour maintenir la situation provisoire en attente de soudure, on utilise des « C » indesserrables de conception voisine de celle des éclisses Paulvé [8].

Les détails sur la réparation des L.R.S suite à des incidents (ruptures de rails et déformation de voie) sont données au point 11.2.7.5 du chapitre XI.

9.2.3. Stabilité transversale des L.R.S

9.2.3.1. Généralités

Sous l'effet des efforts longitudinaux thermiques de compression, la voie va présenter une tendance au flambement, c'est-à-dire à la déformation transversale (Fig. 9.13) [13]. Cette tendance ne peut être contrebalancée efficacement que par la résistance transversale offerte par les traverses dans le ballast, pour la voie non chargée, résistance transversale que l'on peut connaître par différentes méthodes de mesure [5] (voir paragraphe 8.2, chapitre VIII.).

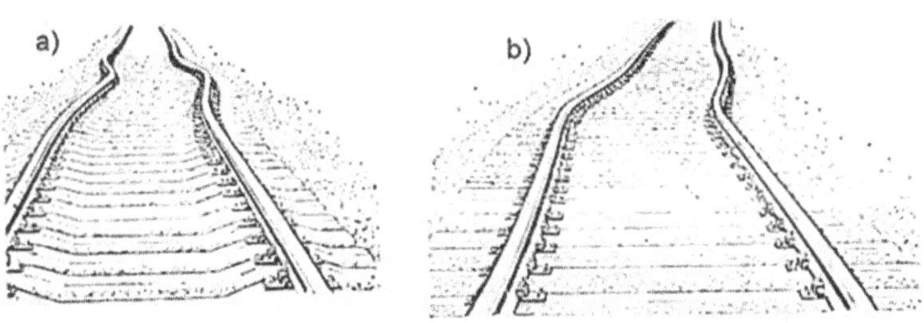

Fig. 9.13. Représentation du phénomène de flambement dans un L.R.S [13]
a) en alignement; b) en courbe

Si le L.R.S est insuffisamment ballasté, notamment au niveau des banquettes, il y a diminution de la butée latérale des têtes de traverses et risque de déformation.

D'autre part, en courbe, la résistance latérale du ballast est réduite de F/R (où F est l'effort longitudinal thermique dans le L.R.S ; R est le rayon de courbe).

C'est pourquoi, le problème le plus important lié à l'emploi des longs rails soudés concerne l'étude de leur stabilité dans le plan horizontal, et de nombreuses études théoriques et expérimentales ont été réalisées dans beaucoup de pays développés pour élucider cette difficile question.

Rappelons que les facteurs mécaniques qui influencent la stabilité horizontale de la voie sont [54] [50] :

- la rigidité transversale de la voie,
- la résistance latérale du ballast,
- la résistance offerte par les attaches à la rotation du rail par rapport à l'axe vertical de la traverse.

Tous ces facteurs ont été étudiés au chapitre VIII. Les expériences ont montré que le premier facteur intervient entre 15 et 20% dans la stabilité ; le second, entre 55 et 70% ; et le troisième représente environ 25% de la stabilité [54].

D'autre part, l'existence des défauts préalables dans la voie est nécessaire pour qu'un phénomène de flambement se produise [54] [50] [13].

9.2.3.2. Méthode de calcul de stabilité de la voie en L.R.S.

9.2.3.2.1. Principe de la méthode

Il existe plusieurs méthodes de calcul de stabilité de la voie en longs rails soudés ; certaines d'entre elles ont été analysées dans [37] et [27], en particulier celle élaborée par les Chemins de fer français [50] [95] dans laquelle, on considère que pour qu'une voie équipée en L.R.S ne se déforme pas sous l'effet des variations de température, il faut que les efforts exercés sur le ballast ne dépassent pas une valeur limite de sa résistance latérale.

Nous exposerons ici la méthode du Professeur Perchine S.P. [53] [54] qui est la méthode officielle des Chemins de fer russes que nous avions adaptée à la voie métrique[12] [37] [43].

On considère que la voie présente un défaut initial en plan (défaut de dressage), de flèche f_0, régnant avant l'apparition dans les rails des efforts de compression thermiques. L'apparition de ces efforts entraîne une déformation supplémentaire de flèche Δf, ce qui constitue un prélude au flambement.

Le problème consiste à déterminer l'effort de compression critique minimal P_{cr} qui provoque le flambement de la voie suivant les déformées représentées sur la figure 9.14 [54].

Les conditions d'équilibre se déterminent par la méthode énergétique basée sur le principe du travail minimum : les énergies des forces internes et externes mises en jeu dans la déformation d'une section de voie doivent être égales entre elles [54].

La résistance latérale du ballast Q rapportée à une traverse et le moment d'encastrement rail-traverse M, pris en compte dans cette méthode, sont représentés par les formules (8.2), (8.3) et (8.5) du chapitre VIII.

Cette méthode permet de déterminer les rayons de courbe minimaux admissibles pour la pose des voies en longs rails soudés [29].

[12]Cette méthode peut être aisément utilisée pour la voie standard après justification de certains paramètres.

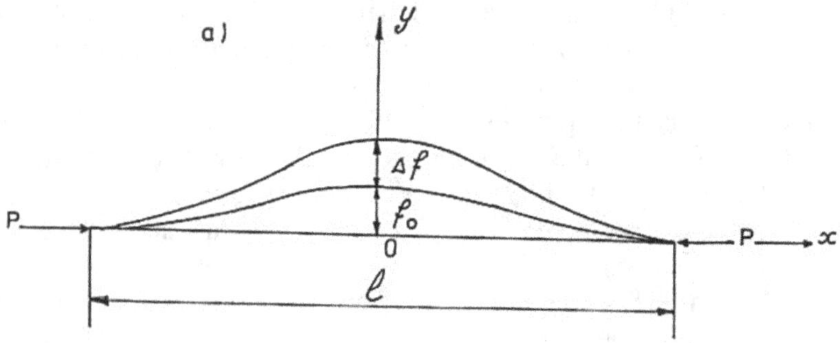

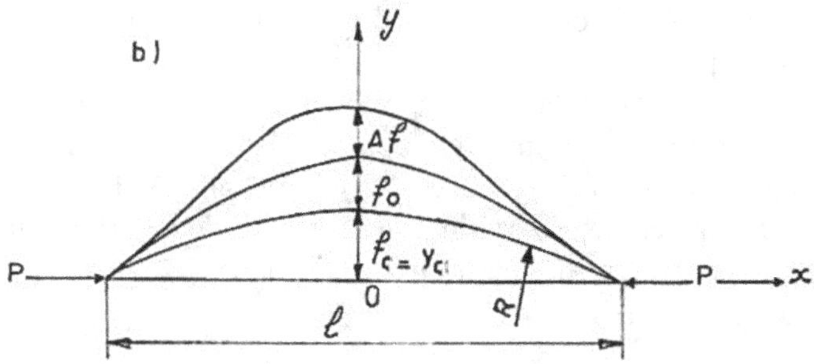

Fig. 9.14. Schéma de calcul de stabilité des L.R.S [54]
a) en alignement ; b) en courbe

9.2.3.2.2. Formule pratique pour la détermination de l'effort de compression critique minimal

L'effort de compression critique minimal P_{cr} pour les voies métriques en fonction de différents facteurs et paramètres se détermine par la formule suivante [37] [43] :

$$P_{cr} = \frac{9{,}81 \cdot A_{cr}}{i_0^{\alpha_{cr}}} \cdot K_1 \cdot K_2 \cdot K_3 \quad \text{(kN)} \qquad (9.21)$$

dans laquelle :

A_{cr} et α_{cr} : paramètres qui dépendent du type de rail et du plan de la voie. Les valeurs de A_{cr} et α_{cr} pour les principaux types de rail en voie métrique sont portées dans le tableau 9.1 [37] [43] ;

i_0 : la pente moyenne du défaut initial de la voie en plan à l'état neutre[13] ; en général pour la voie métrique, on prend $i_0 = 4$ ‰.

Tableau 9.1. Valeurs des coefficients A_{cr} et α_{cr} [37] [43]

Rayon de courbe R, m	S30 (30 kg/m)		S40 (36 kg/m)		U33 (46 kg/m)		U36 (50 kg/m)	
	A_{cr}	α_{cr}	A_{cr}	α_{cr}	A_{cr}	α_{cr}	A_{cr}	α_{cr}
150	85	0,156	91	0,147	100	0,143	105	0,125
200	100	0,198	106	0,178	117	0,165	120	0,155
300	121	0,251	131	0,235	144	0,210	151	0,199
500	150	0,316	162	0,299	181	0,276	192	0,264
1000	182	0,385	200	0,368	229	0,351	244	0,343
∞	230	0,472	257	0,462	310	0,460	335	0,458

K_1, K_2, K_3 : coefficients tenant compte de la différence des caractéristiques de calcul par rapport aux caractéristiques de référence [37] [43]. Les valeurs de K_1 et K_2 se déterminent à partir de la figure 9.15. Ces coefficients sont explicités comme suit :

K_1 : dépend de la résistance transversale du ballast et est égal à 1,0 pour les traverses en bois, 1,25 pour les traverses métalliques, 1,4 pour les traverses en béton (profil de ballast normal) ;

K_2 : dépend du nombre de traverses au kilomètre et est égal à 0,95 ; 1,0 et 1,11 respectivement pour 1 611, 1 722 et 2 000 traverses au kilomètre ;

K_3 : dépend du type d'attaches et est égal à 0,9 pour les attaches ordinaires sur les traverses métalliques, 0,92 pour les attaches Pandrol sur les traverses en bois ; 1,0 sur les attaches RN pose sans selles et 1,03 pour les attaches RN pose avec selles sur les traverses en bois.

[13] On considère que la voie possède un défaut initial en plan à l'état neutre ; ce défaut est caractérisé par une flèche f_0 pouvant atteindre 2 cm pour une corde de longueur l égale à 10 m (1 000 cm), ce qui correspond à la pente : $i_0 = \frac{2f_0}{l} = \frac{2 \cdot 2}{1000} = 4$ ‰ [37] [43].

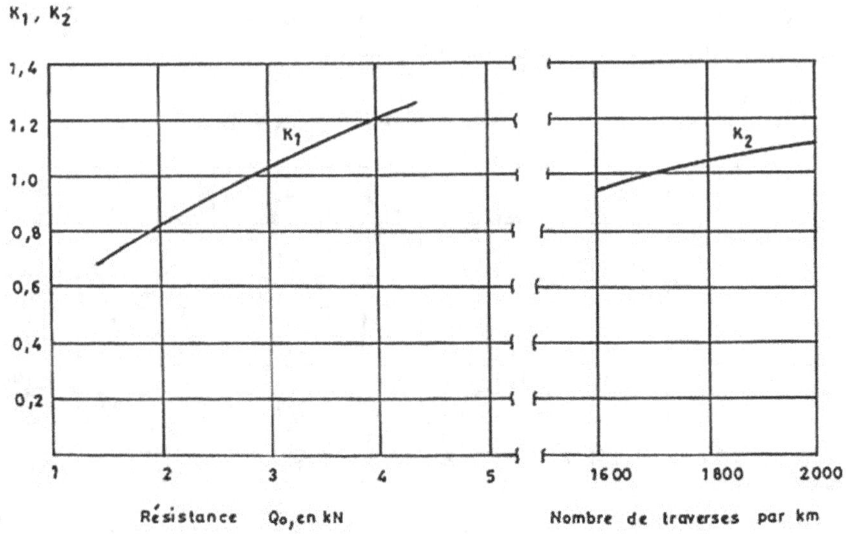

Fig. 9.15. Variation des coefficients K_1 et K_2 [37] [43]

Les résultats théoriques de l'effort de compression critique minimal obtenus à partir de la formule 9.21, concordent parfaitement [37] avec les résultats expérimentaux obtenus par Numato [42] au Japon pour l'étude du flambement de la voie métrique sur les traverses en bois nouvellement posée, ce qui nous permet de recommander cette formule pour les applications pratiques.

La figure 9.16 montre à titre d'exemple, la variation de l'effort de compression P en fonction de la déformation Δf pour différents rayons de courbe dans le cas de la voie en rails U 33 (46 kg/m) sur traverses bois, attaches RN sans selles, travelage 1 722 tr/km, i_0 = 4 ‰. On constate que l'effort de compression P croît progressivement lorsque Δf augmente jusqu'à atteindre la valeur critique P_{cr} pour laquelle intervient le flambement, après quoi commence à décroître.

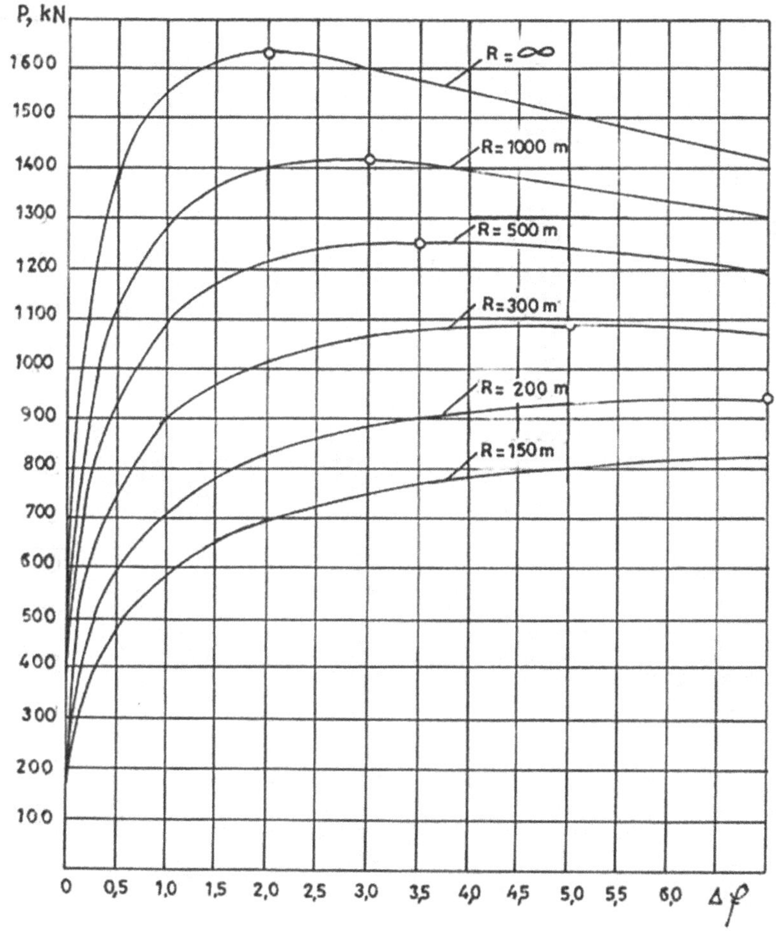

Fig. 9.16. Variation de l'effort de compression en fonction de la déformation de flèche Δf [37]

La figure 9.17 présente les courbes de variation de l'effort de compression critique minimal P_{cr} en fonction de la pente du défaut initial i_0 pour la même voie en rails U 33 (46 kg/m). L'examen de ces courbes montre que d'une manière générale P_{cr} diminue quand i_0 augmente ; cette diminution est particulièrement remarquable en alignement et en courbes de grand rayon. Les défauts initiaux dans la voie affectent donc très sensiblement la stabilité de la voie.

Quand i_0 tend vers zéro, c'est-à-dire en l'absence quasi-totale de défauts initiaux à l'état neutre, la voie en alignement est théoriquement en stabilité absolue dans les conditions normales ; en effet, P_{cr} tend vers des valeurs infiniment élevées, ce qui confirme les résultats obtenus par d'autres chercheurs.

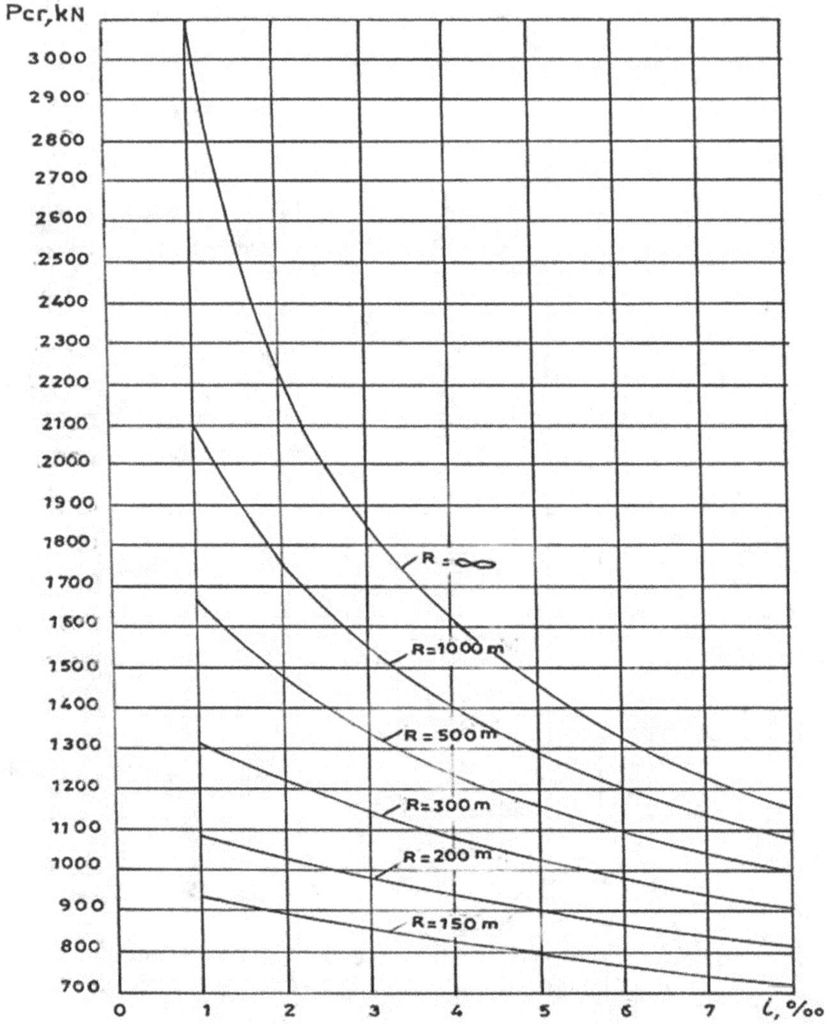

Fig. 9.17. Variation de l'effort de compression critique minimal P_{cr} en fonction de la pente du défaut initial en plan [37]

9.2.3.2.3. Calcul de la stabilité de la voie

Le calcul de la stabilité de la voie en longs rails soudés se réduit à la détermination du coefficient de sécurité K_s, qui est le rapport de l'effort de compression critique minimal P_{cr}, qui provoque le flambement de la voie dans le plan horizontal, à l'effort de compression thermique admissible P_a dans la voie :

$$K_S = \frac{P_{cr}}{P_a} \tag{9.22}$$

L'effort de compression thermique admissible dans la voie P_a se détermine par la formule classique suivante résultant du cours de Résistance des matériaux (formule 9.5), qui devient :

$$P_a = 2\,E\alpha\,S\,\Delta t_c \qquad (9.23)$$

où E : module d'élasticité de l'acier à rail, égal à 20601 kN/cm^2 ;

α : coefficient de dilatation linéaire de l'acier à rail égal à $11\cdot10^{-6}$;

2S : section des deux rails, en cm^2 ;

Δt_c : élévation maximale admissible de température par rapport à la température neutre (température de fixation des L.R.S).

La voie est considérée comme « thermiquement » stable si le coefficient de sécurité K_s est supérieur ou égal à 2.

La méthodologie ci-dessus présentée concerne le cas où la température de fixation des L.R.S est connue d'avance, le problème consistant à vérifier la stabilité pour n'importe quel type d'armement de voie.

Dans la pratique c'est parfois Δt_c, et partant, la température de fixation que l'on cherche à déterminer. Dans ce cas on procède de la façon suivante. De la formule 9.22 en prenant en première approximation $K_s = 2$, on trouve l'effort de compression thermique admissible P_a dans la voie :

$$P_a = \frac{P_{cr}}{2} \qquad (9.24)$$

En tenant compte de la formule (9.23), on obtient l'élévation admissible de température :

$$\Delta t_c = \frac{P_a}{2E\alpha S} \qquad (9.25)$$

9.2.3.2.4. Exemples d'application

- a) Exemple n°1.

Vérifions la stabilité d'un tronçon de voie équipée en L.R.S comportant des courbes de rayon minimal égal à 300 m. Les données de base sont les suivantes :

- rails U33 (46 kg/m) ;
- traverses bois, travelage moyen 1722 tr/km ;
- attaches Pandrol ;
- profil de ballast normal plein ;
- température de fixation des L.R.S : 45 °C ;
- température maximale des rails : 60 °C.

L'élévation de température au-dessus de la température de fixation des L.R.S est : $\Delta t = 60 - 45 = 15$ °C.

Pour le rail U33, S = 59 cm² (voir tableau 3.2, chapitre III) ; d'où, l'effort de compression thermique admissible est, conformément à la formule 9.23, égal à :

$$P_a = 2 \cdot 20601 \cdot 11 \cdot 10^{-6} \cdot 59 \cdot 15 = 400 \text{ kN pour les deux files de rails.}$$

Le tableau 9.1 donne pour le rail U 33 et R = 300 m, $A_{cr} = 144$ et $\alpha_{cr} = 0{,}21$. D'autre part, $K_1 = 1{,}0$ (traverses bois) ; $K_2 = 1{,}0$ (travelage : 1722 tr/km) ; $K_3 = 0{,}92$ (attaches Pandrol). L'effort de compression critique minimal (voir formule 9.21) est :

$$P_{cr} = \frac{9{,}81 \cdot 144}{4^{0{,}21}} \cdot 1 \cdot 1 \cdot 0{,}92 = 971 \text{ kN}$$

Déterminons à présent le coefficient de sécurité (voir formule 9.22) :

$$K_s = \frac{971}{400} = 2{,}4$$

Le coefficient de sécurité est supérieur à 2. Nous pouvons donc conclure que les L.R.S sont « thermiquement » stables.

b) Exemple n°2

Déterminons la température minimale de fixation des L.R.S dans les conditions suivantes :

- rails S 40 (36 kg/m) ;
- section du rail : 46,55 cm^2 ;
- traverses métalliques, travelage 1722 tr/km ;
- profil de ballast normal plein ;
- rayon minimal de courbe : 200 m ;
- température maximale des rails : 60 °C.

Le tableau 9.1 donne pour le rail S40 et R = 200 m : $A_{cr} = 106$, $\alpha_{cr} = 0{,}178$. Les autres paramètres sont les suivants : $K_1 = 1{,}25$ (traverses métalliques) ; $K_2 = 1{,}0$ (travelage 1 722 tr/km) ; $K_3 = 0{,}9$ (attaches standard pour traverses métalliques).

L'effort de compression critique minimal est :

$$P_{cr} = \frac{9{,}81 \cdot 106}{4^{0{,}178}} \cdot 1{,}25 \cdot 1{,}0 \cdot 0{,}9 = 915 \text{ kN}$$

En prenant en première approximation $K_2 = 2$, nous obtenons l'effort de compression thermique admissible (formule 9.24) :

$$P_a = \frac{915}{2} = 457{,}5 \text{ kN}$$

Déterminons à présent l'élévation admissible de température par rapport à la température de fixation des L.R.S (voir formule 9.25) :

$$\Delta t_c = \frac{457{,}5}{2 \cdot 20\,601 \cdot 0{,}000011 \cdot 46{,}55} = 22\text{ °C}$$

La température minimale de fixation des L.R.S est donc :
60 °C – 22 °C = 38 °C.

9.2.4. Conditions de pose des L.R.S

9.2.4.1. Détermination de l'intervalle des températures de fixation des L.R.S

9.2.4.1.1. Méthodologie de détermination de l'intervalle des températures de fixation des L.R.S

Nous avons vu au point 9.2.2.1. que la partie centrale ou zone neutre d'un L.R.S est le siège de contraintes thermiques importantes. Ainsi, aux basses températures, les contraintes de traction peuvent provoquer des ruptures de rail. Par contre, aux périodes de fortes chaleurs, les contraintes de compression dans les rails peuvent favoriser le phénomène de flambement qui se traduit par des déformations de voie dans le plan horizontal.

Pour éviter ces ruptures et ces déformations, les rails doivent être soudés en continu à une température dite « neutre »[14], comprise dans un intervalle des températures déterminé. Cet intervalle comprend des limites supérieure et inférieure pour la température de fixation.

Pour déterminer les limites de l'intervalle des températures de fixation des L.R.S, il faut connaître :

- l'abaissement admissible de température par rapport à la température maximale de fixation ;
- l'élévation admissible de température par rapport à la température minimale de fixation.

---

[14]Température où les contraintes sont nulles

Adoptons les désignations suivantes :

- T_{max} : température maximum du rail ;
- T_{min} : température minimum du rail ;
- Δt_t : abaissement admissible de température par rapport à la température maximale de fixation[15] ;
- Δt_c : élévation admissible de température par rapport à la température minimale de fixation ;
- $maxt_f$: limite supérieure ou température maximale de fixation ;
- $mint_f$: limite inférieure ou température minimale de fixation.

Les valeurs de T_{max} et T_{min} se déterminent facilement à partir d'un traitement statistique des valeurs de températures du rail enregistrées dans la zone considérée sur plusieurs années.

À titre d'exemple, les figures 9.18 et 9.19 montrent des courbes de variation de température de rail (variations annuelles et journalières) enregistrées dans le cadre du projet du Réalignement du Chemin de Fer Congo-Océan (CFCO) [37]. Le traitement statistique des valeurs de température de rail de ce projet, enrégistrées sur quelques années, réalisé par la méthode de Klinov S.I. [108], a permis d'établir une valeur maximale probable de température de rail de l'ordre de 60 °C [37]. C'est généralement cette valeur que l'on prend comme valeur de température maximale de rail T_{max} dans la plupart des réseaux ferroviaires. Quant à la température minimale probable du rail T_{min}, en général en zone de climat tropical, elle peut être prise égale à 15 °C, et dans certains cas, à 10°C [38] ; ce qui donne une amplitude maximale de variation de température T_A de l'ordre de 45 °C à 50 °C [38].

En France, les températures maximale et minimale sont prises égales à +60 °C et –10 °C [8].

---

[15] L'indice t de Δt_t indique que l'abaissement de température engendre des contraintes de traction

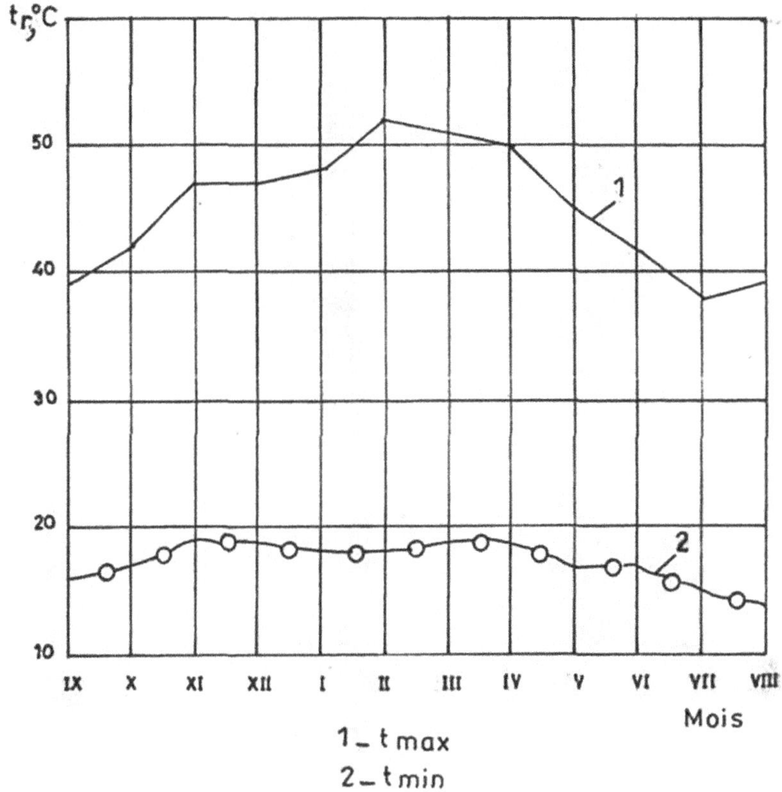

Fig. 9.18. Exemples de courbes de variation annuelle de température de rail au Congo Brazzaville (1979 – 1980, PK 16) [37]

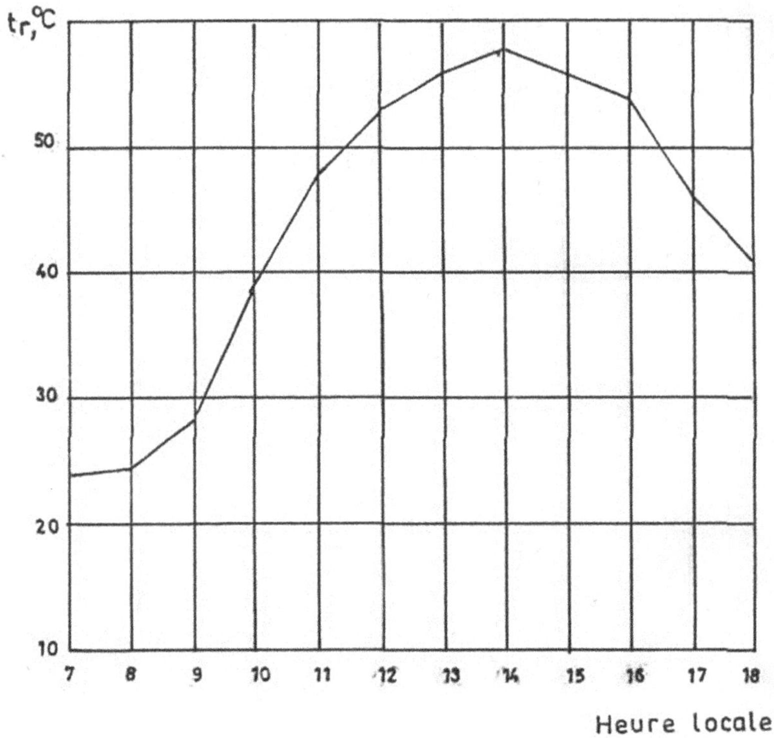

Fig. 9.19. Exemple de courbe de variation journalière de température de rail au Congo Brazzaville (31-01-1981, PK 67) [37]

L'élévation admissible de température Δt_c se détermine à partir des calculs de stabilité des L.R.S comme nous l'avons vu au point 9.2.3.2.3.

L'abaissement admissible de température Δt_t se détermine de façon à limiter les ruptures de rails aux basses températures sous l'effet conjugué des contraintes dues aux charges roulantes et des contraintes thermiques de traction.

Comme nous l'avons indiqué au point 4.3.4.4.1 du chapitre IV, pour déterminer les contraintes dynamiques dans les rails sous l'action de la charge de la roue, ce sont les contraintes de traction dues à la flexion sur le bord extérieur du patin et les contraintes de compression dues à la flexion sur le bord intérieur du champignon qui présentent un intérêt pratique [17].

La figure 9.20 [17] montre d'une manière schématique, les contraintes normales auxquelles est soumis le L.R.S en période de basses températures. On voit bien que les contraintes dynamiques maximales de flexion (contraintes de traction) $\sigma_{p(b)}$, et les contraintes thermiques maximales de traction σt_t s'ajoutent algébriquement ; la valeur maximale est atteinte au niveau du patin du rail.

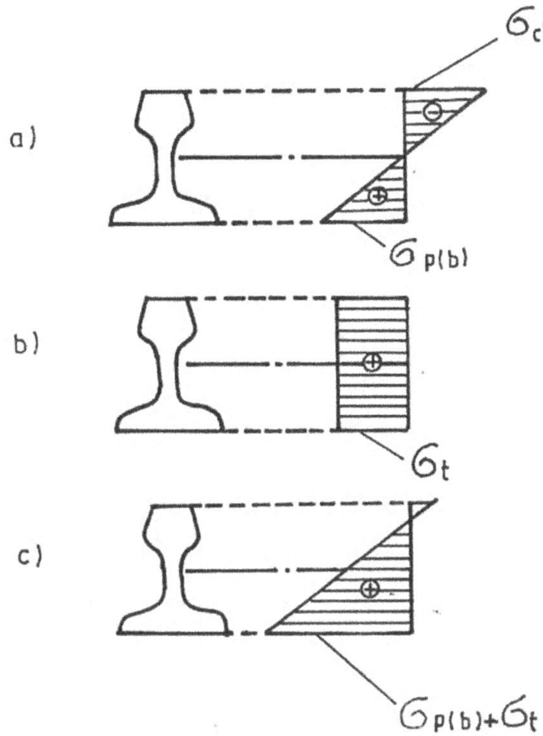

Fig. 9.20. Diagrammes de contraintes normales dans le rail en période de basses températures [17]

a) Contraintes dynamiques de flexion
b) Contraintes thermiques
c) Contraintes totales

La résistance du patin du rail à la rupture est assurée si la somme des contraintes thermiques maximales de traction σt_t (provenant de l'abaissement de température) et des contraintes dynamiques maximales de flexion $\sigma_{p(b)}$, (dues aux charges roulantes) en tenant compte du coefficient de réserve de résistance, ne dépasse pas la contrainte admissible [17] :

$$\sigma t_t + k_r \cdot \sigma_{p(b)} \leq [\sigma] \qquad (9.26)$$

où k_r : coefficient de réserve de résistance ; $k_r = 1{,}3$ [15] [17].

[σ] : contrainte admissible. Pour les longs rails soudés :

$[\sigma] = 3\ 500\ \text{kg/cm}^2$ [16] [17].

Pour un type de matériel roulant donné, la contrainte thermique maximale de traction σt_t doit être :

$$\sigma t_t \leq [\sigma] - k_r \cdot \sigma_{p(b)} \qquad (9.27)$$

Selon la formule générale de la contrainte thermique, on a :

$$\sigma t_t = E\alpha\Delta t_t \qquad (9.28)$$

où Δt_t : abaissement admissible de température par rapport à température maximale de fixation des L.R.S.

En tenant compte de la formule générale de la contrainte, l'expression (9.27) devient :

$$E\alpha\Delta t_t \leq [\sigma] - k_r \cdot \sigma_{p(b)} \qquad (9.29)$$

d'où :

$$\Delta t_t \leq \frac{[\sigma] - k_r \cdot \sigma_{p(b)}}{E\alpha} \qquad (9.30)$$

En climat tropical, pour les L.R.S. en rails de poids supérieur ou égal à 46 kg/m, les valeurs de Δt_t sont généralement plus élevées que l'amplitude maximale de variation de température T_A qui est de l'ordre de 50 °C [37] [38].

A tritre d'exemple, pour la locomotive BB-BB, circulant sur une courbe de 300 m de rayon, avec une vitesse de 60 km/h sur des L.R.S. en rails U 33 (46 kg/m), la contrainte sur le bord extérieur du patin du rail est (voir point 4.3.4.5.) : $\sigma_{p(b)} = 1\,464$ kg/cm^2.

On obtient donc conformément à la formule (9.30) :

$$\Delta t_t \leq \frac{3\,500 - 1{,}3 \cdot 1\,464}{2{,}1 \cdot 10^6 \cdot 0{,}000011} = 69\ °C$$

Cette valeur est bien supérieure à l'amplitude maximale de température $T_A = 50$ °C.

La situation peut être différente pour les rails légers, notamment pour les courbes de faible rayon. Selon Josse [38], il semble prudent de ne pas dépasser la valeur de $\Delta t_t = 45$ °C.

9.2.4.1.2. Schéma théorique de l'intervalle des températures de fixation des L.R.S

Connaissant Δt_t et Δt_c, on peut construire le schéma théorique de l'intervalle des températures de fixation des LRS qui se présente comme indiqué sur la figure 9.21 [81] [27].

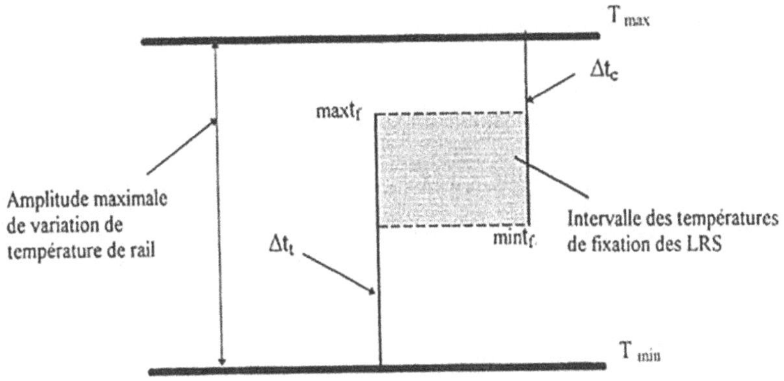

Fig. 9.21. Schéma théorique de l'intervalle des températures de fixation des L.R.S. [81] [27]

À partir de ce schéma, on peut aisément déterminer les limites de l'intervalle des températures de fixation des L.R.S :

- limite supérieure : $maxt_f = T_{min} + \Delta t_t$
- limite inférieure : $mint_f = T_{max} - \Delta t_c$

Le tableau 9.2 donne quelques exemples d'intervalles des températures de fixation des L.R.S adoptés dans certains réseaux [22] [27].

Tableau 9.2. Exemples d'intervalles des températures de fixation des L.R.S [22] [27]

Réseaux	Intervalles des températures de fixation des L.R.S.
SNCF (France)	20 °C – 32 °C
ONATRA (Rép. Dém. du Congo)	40 °C – 52 °C
SCFB (Burkina Faso)	35 °C – 55 °C
SICF (Côte d'Ivoire)	35 °C – 50 °C
CFCO (Congo Brazzaville)	40 °C – 55 °C
OCTRA (Gabon)	35 °C – 50 °C
RCFS (Sénégal)	35 °C – 50 °C
SNCC (Rép. Dém. du Congo)	35 °C – 50 °C
	30 °C – 45 °C

9.2.5. Domaines et règles d'emploi des L.R.S

La pose de L.R.S doit être considérée comme la pose normale de voie. Lorsque les conditions de tracé le permettent (courbures faibles) et lorsqu'il n'ya pas de points singuliers (appareils de voie, ouvrages d'art, zones instables) rien ne s'oppose à la pose de barres de longueur infinie puisque les efforts longitudinaux sont, en dehors de ces cas particuliers, indépendants de la longueur. Toutefois, elle est soumise à un certain nombre de conditions impératives [51].

a) Conditions de plateforme

Les L.R.S ne doivent pas être posés sur une plateforme instable, en particulier sur les zones d'affaissements miniers et les remblais récents insuffisamment compactés. Une manifestation caractérisée d'instabilité de plateforme ou un incident intéressant l'infrastructure d'une voie équipée en L.R.S peuvent nécessiter son remplacement par des barres normales [51] posées à joints éclissés.

On peut également poser dans ce cas, des barres éclissées d'une certaine longueur avec compression aux abouts comme nous le verrons au paragraphe 9.2.7.

b) Conditions d'armement

- Rails

Pratiquement la plupart des rails à patin se prêtent à la construction des L.R.S, sous réserve qu'ils puissent être solidarisés correctement aux traverses. La pose peut s'effectuer en rails neufs ou de réemploi : dans ce dernier cas, il est recommandé que les rails soient examinés aux ultra-sons avant d'être reposés, et que les défauts d'alignement soient supprimés.

- Traverses

En pose nouvelle, les L.R.S. sont réalisés avec tous les types de traverses équipées d'attaches élastiques.

Lorsque les L.R.S. sont posés sur traverses métalliques, il est recommandé, aux Chemins de fer français, de poser une semelle cannelée en caoutchouc entre rail et traverse, ainsi qu'une rondelle ressort double spire au-dessus du crapaud [51].

- Ballast

En pose nouvelle le ballast est en principe en pierre cassée, généralement de granulométrie 25 – 50 mm. Le problème de dimensionnement de l'épaisseur globale « couche de ballast + sous-ballast » a été abordé au paragraphe 3.4.3 du chapitre III.

On peut appliquer des profils renforcés du ballast par le chargement des têtes de traverses avec une certaine hauteur de ballast comme nous l'avons vu au paragraphe 8.3 du chapitre VIII.

La largeur de la banquette de ballast non surhaussée en tête des traverses doit être au moins de 350 mm en alignement.

c) Conditions de tracé

La pose des L.R.S est effectuée en alignement et en courbe. Les rayons minimaux doivent être fixés à la suite de calculs de stabilité de la voie (voir point 9.2.3.).

Le travelage normal en pose nouvelle est de 1 666 traverses par km pour une infrastructure et des couches d'assises de qualité courante. Ce nombre peut être augmenté à 1 722 traverses au km et davantage notamment en courbes afin d'augmenter la résistance de la voie (comme nous l'avons vu au paragraphe 8.3), mais ne doit pas dépasser 2 000 traverses au km si on ne veut pas risquer de gêner les opérations d'entretien, le nivellement par bourreuses-dresseuses mécaniques lourdes notamment [51].

Il est possible de diminuer les rayons de courbe permettant la pose de L.R.S sur traverses bois, moyennant la pose de bêches d'ancrage sur une certaine proportion des têtes de traverses, afin d'augmenter la résistance latérale de la voie comme nous l'avons indiqué au paragraphe 8.3 du chapitre VIII.

d) Raccords d'extrémités des L.R.S

Les L.R.S peuvent être terminés soit par des appareils de dilatation, soit par des dispositifs de dilatation à joints multiples.

L'application de la technique des dispositifs de dilatation à joints multiples exige moins d'entretien et est actuellement appliquée même dans certains grands réseaux tels que les Chemins de fer russes qui ont abandonné l'utilisation des appareils de dilatation [17]. Une approche pour le calcul du nombre de joints à ménager ainsi que leurs ouvertures à la pose est exposée au paragraphe 9.2.6.

e) Dispositions spéciales pour le franchissement des ponts-rails à pose sans ballast.

Dans le cas d'un pont ballasté, le problème ne se pose pas et les L.R.S peuvent, en principe, le franchir sans disposition particulière[16].

Par contre, le problème est différent lorsqu'il s'agit notamment d'un pont à tablier métallique à pose directe. Dans ce cas, les rails sont entraînés par les déplacements du tablier dus aux déformations sous surcharges dont les plus importants se produisent au droit de l'appui mobile [113]. Ces déplacements provoquent des contraintes dans les rails qui s'ajoutent à celles qui se produisent en zone neutre du L.R.S sous l'effet des variations de température [113].

C'est ainsi que pour les ouvrages d'art dilatables on interrompt les L.R.S sur les ponts dont la combinaison des mouvements dus à la dilatation et de ceux dus aux déformations sous surcharges risquent d'engendrer dans les barres des efforts longitudinaux trop importants [8].

Ceci conduit à imposer des conditions supplémentaires à la pose de L.R.S pour que ceux-ci franchissent l'ouvrage sans dispositions particulières [51] .

- Condition spécifique à la voie :

Pour qu'un L.R.S puisse franchir un pont-rail à pose sans ballast, il faut que l'ouvrage se trouve à une distance minimale des extrémités du L.R.S de 100 m.

- Conditions particulières à l'ouvrage :

Sur les ouvrages à tabliers non ballastés situés dans une zone de L.R.S, au contraire de la voie courante, les attaches doivent permettre un certain glissement du rail sur son support.

La longueur dilatable admissible du tablier de l'ouvrage, sans interruption du L.R.S, dépend du type d'attache utilisée et du tracé comme indiqué dans le tableau 9.3 [51].

[16] Même les ponts à travées indépendantes, à pose ballastée et appuis en élastomère (appuis caoutchoutés) et dont la longueur totale de la structure peut se dilater sont favorables à la pose de L.R.S sans dispositions particulières [96] [112].

Tableau 9.3 Longueur dilatable maximale admissible du tablier [51]

Rayon	R › 800 m	800 m › R › 600 m	600 m › R › 500 m
Longueur dilatable maximale admissible du tablier de l'ouvrage, sans interruption du L.R.S	Attaches élastiques modérément serrées		
	20 m	15 m	
	Attaches spéciales glissantes		
	50 m	30 m	15 m

Dans tous les cas, les banquettes sont au minimum du profil renforcé classique sur 20 m de part et d'autre de l'ouvrage [51].

Pour des longueurs dilatables supérieures, les ouvrages sont encadrés par des appareils spéciaux de dilatation ou par des dispositifs de dilatation à joints multiples.

f) Pose de L.R.S en tunnel

Lorsque les L.R.S sont continus au franchissement d'une tête de tunnel, les 30 premiers mètres de voie, à l'intérieur du tunnel sont soumis aux règles applicables aux L.R.S [51].

9.2.6. Dispositifs de dilatation à joints multiples

9.2.6.1. Principe de calcul du nombre de joints

Comme mentionné au point 9.2.5, les raccords d'extrémités des L.R.S peuvent être réalisés à l'aide de dispositif à joints multiples constitué de barres de longueur élémentaire (existant dans le rail utilisé en armement), séparées par des joints (dispositifs de dilatation à joints multiples).

Des tentatives pour aborder cette question de manière plus détaillée ont été effectuées [84] [37] [49]. Pour éviter des expressions trop complexes, nous adopterons l'approche simplifiée des Chemins de fer français [83] [40] qui permet d'obtenir un résultat plus rapide, en calculant l'ouverture cumulée des joints pour une annulation à une température inférieure de 10 °C ou 15 °C (10 °C pour les rails de poids $\geq$ 46 kg/m et 15 °C pour les rails de poids < 46 kg/m) à la température maximale qui peut être atteinte par le rail.

Il faut définir le nombre de joints à ménager ainsi que la valeur à donner aux joints. Le joint du rail côté appareil de voie doit être nul à la pose (ouverture zéro) [83], afin de limiter l'écrasement des abouts par les chocs des roues.

9.2.6.2. Détermination des ouvertures des joints

L'ouverture cumulée des joints peut se déterminer en considérant l'ensemble « extrémité L.R.S + rails compensateurs + coupon mixte (lorsque les rails de l'appareil de voie et du L.R.S sont de types différents) » en dilatation libre ; l'appareil de voie étant supposé « point fixe » compte tenu de sa grande résistance au déplacement dans le sens longitudinal [49]. La longueur dilatable de l'extrémité du L.R.S est en général prise égale à 100 m [83].

Cette dilatation libre de l'ensemble « extrémité L.R.S + rails ompensateurs + coupon mixte » est l'ouverture maximale $\Delta\lambda$ nécessaire et est égale à :

$$\Delta\lambda = \alpha(l_1 + l_2)\,\Delta t \qquad (9.31)$$

où :

l_1 : longueur dilatable de l'extrémité du L.R.S prise égale à 100 m ;
l_2 : longueur totale des rails compensateurs et du coupon mixte ;
Δt : variation de température entre la température minimale du rail T_{min} et la température de fermeture des joints ;
α : coefficient de dilatation linéaire de l'acier à rail, égal à $11 \cdot 10^{-6}$.

Si t_f est la température de fermeture des joints et t – leur température de réglage, on aura une ouverture par joint J_t à la température t égale à :

$$J_t = \frac{\alpha\,(l_1 + l_2)(t_f - t)}{n} \qquad (9.32)$$

où n est le nombre de joints à ménager pour encadrer les extrémités des L.R.S adjacents aux appareils de voie.

Le permissif de ces joints doit être vérifié (ou adapté) pour que les boulons ne soient pas sollicités en cisaillement aux températures les plus basses qui peuvent être envisagées [83] [40].

Cette méthode peut être également utilisée pour le choix de dispositif de dilatation sur les ouvrages d'art à tablier métallique ou en béton non ballasté.

9.2.6.3. Exemple d'application

Soit à définir le dispositif de dilatation à joints multiples à l'extrémité des L.R.S devant un appareil de voie dans les conditions suivantes :

- L.R.S. en rail : U 33 (46 kg/m) ;
- T_{min} = 15 °C et T_{max} = 60 °C.

- appareil de voie en rails de 50 kg.

Considérons le dispositif présenté à la figure 9.22 [83] comprenant deux rails compensateurs de 18 m (longueur normale du rail U 33) et d'un coupon mixte de 9 m en rail U 50 (50 kg/m) du côté de l'appareil de voie et U 33 (46 kg/m) du côté des L.R.S. et déterminons l'ouverture cumulée des joints J_1, J_2 et J_3 ; le joint du côté de l'appareil de voie devant être nul à la pose (J_0 = 0).

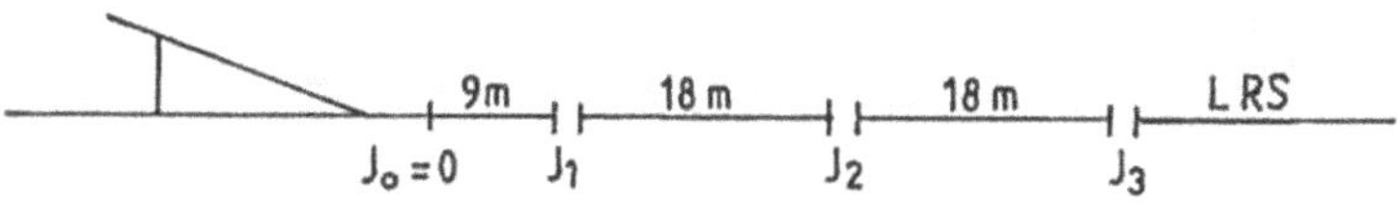

Fig. 9.22. Exemple de dispositif de dilatation à joints multiple [83]

Comme mentionné au point précédemment, pour le rail U 33 (46 kg/m), l'ouverture cumulée de J_1, J_2 et J_3 peut être calculée pour une annulation à une température inférieure de 10 °C à la température maximale qui peut être atteinte par le rail, soit : 60 – 10 = 50 °C.

Prenons comme ouverture maximale du joint λ_{max} = 18 mm.

Pour une fermeture de joint à t_f = 50 °C, le jeu maximum $\Delta\lambda$, lorsque la température descendra à T_{min}, (15 °C), sera, conformément à la formule (9.31) :

$$\Delta\lambda = 0{,}000011(100 + 18 + 18 + 9)\,(50 - 15) = 0{,}0558 \text{ m} = 55{,}8 \text{ mm}$$

Cette variation de longueur devra être absorbée par les 3 joints : J_1, J_2 et J_3 ; ce qui fait par joint 18,6 mm. Cette valeur n'est pas très éloignée de λ_{max} = 18 mm.

L'ouverture cumulée des joints à la température de pose t conformément à la formule 9.31 sera :

$$0{,}000011(100 + 18 + 18 + 9)\,(50 - t) = 79{,}75 - 1{,}597t$$

En divisant par 3 (nombre de joints), on obtient par joint, conformément à la formule (9.32) :

$$J_1 = J_2 = J_3 = 26{,}5 - 0{,}53t$$

En faisant varier t de 50 °C à 15 °C, on obtient les valeurs des ouvertures des joints indiquées dans le tableau 9.4 en fonction de la température de réglage.

Tableau 9.4. Ouvertures des joints en fonction de la température de réglage

Température (°C)	Ouverture des joints J_1, J_2 et J_3 (mm)	Température (°C)	Ouverture des joints J_1, J_2 et J_3 (mm)
≥ 50	0	31	10
49, 48	1	30, 29	11
47, 46	2	28, 27	12
45, 44	3	26, 25	13
43, 42	4	24, 23	14
41,40	5	22, 21	15
39, 38	6	20, 19	16
37, 36	7	18, 17	17
35, 34	8	16, 15	18
33, 32	9		

En résumé, on peut ménager 3 joints à chaque extrémité des L.R.S pour encadrer les appareils de voie.

9.2.7. Pose des barres éclissées avec compression aux abouts

9.2.7.1. Comportement thermique des barres éclissées avec compression aux abouts

Lorsque pour diverses raisons : plateforme instable, présence de courbes de très faible rayon etc., la pose des L.R.S n'est pas possible, afin de profiter des avantages que représente la diminution du nombre de joints en voie non soudée, on peut poser des barres éclissées dans lesquelles on admettra une compression aux abouts[17].

Il s'agit des barres de longueur telle, que les joints encadrants se fermeront bien avant que les plus hautes températures soient atteintes, ce qui aura pour conséquence l'apparition dans ces barres des contraintes de compression, mais de valeurs inférieures à celles susceptibles d'occasionner une déformation de voie.

Examinons le comportement thermique des barres éclissées avec compression aux abouts en utilisant le diagramme présenté à la figure 9.23

[17]Il s'agit de barres de longueur supérieure à la longueur élémentaire des rails ; à titre d'exemple, la SNCF pose dans les courbes de très faible rayon des rails de 36 m sur traverses bois avec selles [50].

[37] qui représente l'ensemble du mouvement du rail, en supposant qu'il y'ait blocage de joint.

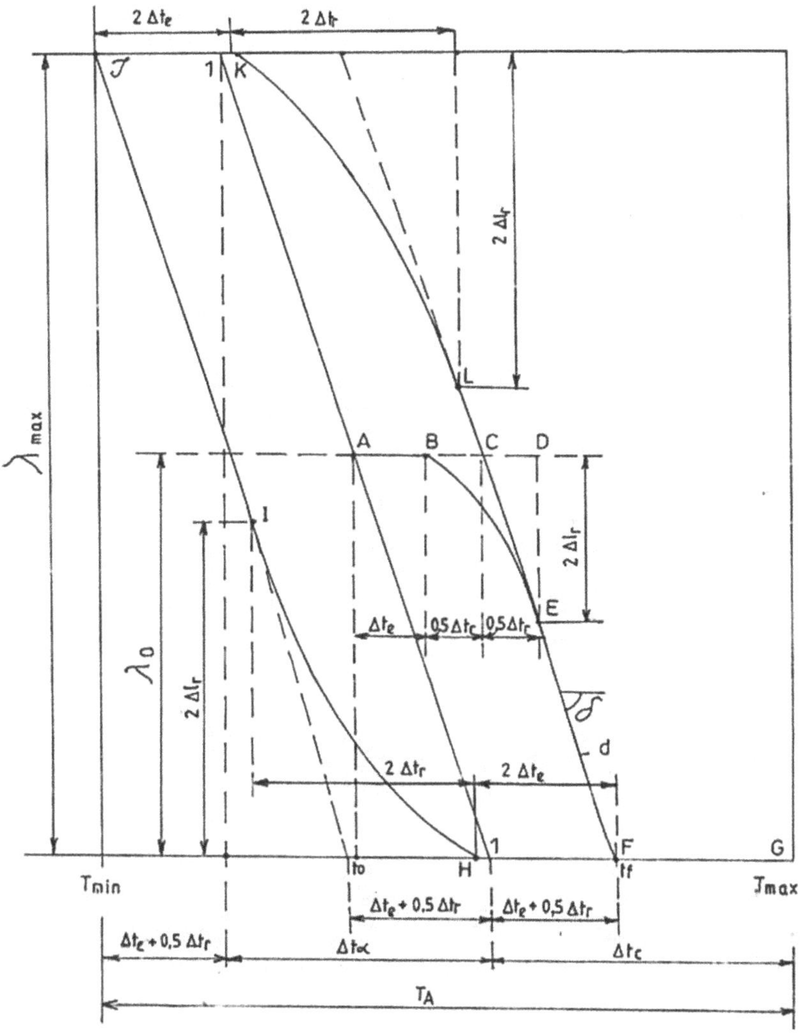

Fig. 9.23. Diagramme de fonctionnement thermique des barres éclissées avec compression aux abouts [37]

Nous considèrerons, pour simplifier l'analyse, que la résistance longitudinale de la voie r est constante comme nous l'avons mentionné au paragraphe 8.3. du chapitre VIII.

Au début, la résistance d'éclissage R_e s'oppose aux mouvements des extrémités des rails. La valeur d'ouverture du joint λ_o va demeurer inchangée jusqu'à ce que la température varie de Δt_e avec :

$$\Delta t_e = AB = \frac{R_e}{\alpha ES} \qquad (9.33)$$

Le point A correspond au moment de la pose du rail.

Examinons à présent le processus de réchauffement du rail. La température correspondant au point B est égale à :

$$t_e = t_o + \Delta t_e \qquad (9.34)$$

où t_0 : température de pose.

Lors de l'élévation ultérieure de température, le rail va commencer à s'allonger ; les ouvertures de joints diminuent suivant la loi d'une parabole d'axe vertical de deuxième degré [1]. Le processus se poursuit jusqu'à ce que les parties sur lesquelles se produisent les dilatations atteignent le milieu du rail. L'augmentation de température correspondant à cet instant depuis le début de la dilatation du rail de longueur L sera :

$$\Delta t_r = BD = \frac{L \cdot r}{2\alpha ES} \qquad (9.35)$$

La diminution d'ouverture correspondant au point E sera:

$$\Delta l_r = ED = \frac{L^2 r}{4ES} \qquad (9.36)$$

La température correspondant au point E sera égale à :

$$t_r = t_o + \Delta t_e + \Delta t_r \qquad (9.37)$$

Lors de l'augmentation ultérieure de température, la dilatation va se poursuivre librement. La variation d'ouverture $\Delta\lambda$ sous l'écart de température Δt va se produire selon l'expression ci-dessous qui est tangente à la parabole :

$$\Delta\lambda = \alpha L \Delta t \qquad (9.38)$$

En conséquence, la partie finale de la ligne des ouvertures (à partir du point E) est représentée par la droite « d » dont la tangente de l'angle d'inclinaison est :

$$tg\delta = \frac{\Delta l_r}{\Delta t} = \alpha L \qquad (9.39)$$

La droite d se poursuit jusqu'au point F correspondant à la fermeture du joint ($\lambda = 0$) dont la température de fermeture t_f est inférieure à la température maximale T_{max}.

Le processus examiné ci-dessus est relatif à la montée uniforme de température du rail.

Examinons le cas contraire, lorsque la température, après avoir atteint sa valeur maximale T_{max} diminue jusqu'à t_f. Dans ce cas, l'ouverture λ reste constante. Lors de la baisse ultérieure de température, les contraintes dans les rails qui ont existé suite aux résistances dans les éclisses au cours de la montée uniforme de température, disparaissent ; ensuite seront vaincues les résistances dans les éclisses correspondant à la baisse de température. La constance d'ouverture qui s'observe correspond ainsi à une variation de température égale à $2\Delta t_e$; ce qui, sur le diagramme correspond à la droite F-H.

Ensuite, de manière analogue disparaissent les contraintes dans les rails dues à l'élimination des résistances linéaires résultant de la montée uniforme de température ; sont également vaincues les mêmes contraintes correspondant au processus de baisse de température. Cette situation est liée à une variation de température correspondant à $2\Delta t_r$, ce qui sur le diagramme correspond à la droite H-I. Après, la variation ultérieure de longueur du rail s'effectue librement (droite I-J).

La ligne 1-1 sur le graphique caractérise la valeur d'ouverture de joints à la pose des rails, en l'absence de contraintes thermiques.

9.2.7.2. Longueur maximale admissible des barres éclissées avec compression aux abouts

La longueur maximale admissible des barres avec compression aux abouts peut être déterminée si l'on connaît : l'amplitude maximale de variation de température des rails T_A, l'ouverture maximale du joint λ_{max}, la résistance d'éclissage R_e, la résistance longitudinale r, ainsi que l'écart admissible de variation de température Δt_c des barres éclissées avec compression aux abouts selon les conditions de stabilité au flambement [13] [37].

Conformément au graphique de la figure 9.23, l'amplitude maximale de variation de température des rails T_A comprend les composantes suivantes :

$$T_A = \Delta t_\alpha + \Delta t_e + 0{,}5\Delta t_r + \Delta t \qquad (9.40)$$

où Δt_α : variation de température pour la fermeture des joints en dilatation libre, avec ;

$$\Delta t_\alpha = \frac{\lambda_{max}}{\alpha L} \qquad (9.41)$$

L'équation (9.40) constitue l'équation principale pour résoudre le problème de longueur admissible d'un rail avec compression aux abouts [13]. En exprimant Δt_α et Δt_r à travers L (formules 9.41 et 9.35) et en résolvant l'équation (9.40) par rapport à L, nous obtenons la formule pour la détermination de la longueur maximale admissible des barres éclissées avec compression aux abouts [37] [29] :

$$L = \frac{2\alpha ES}{r}\left[T_A - \Delta t_e - \Delta t_c - \sqrt{(T_A - \Delta t_e - \Delta t_c)^2 - \frac{r\lambda_{max}}{\alpha^2 ES}}\right] \qquad (9.42)$$

où : L : longueur maximale admissible de la barre avec compression aux abouts ;

α : coefficient de dilatation linéaire d'acier à rail : $\alpha = 11\cdot10^{-6}$;

E : module d'élasticité de l'acier à rail : $E = 2{,}1.10^6$ kg/cm^2 ;

S : section de rail, en cm^2 ;

r : résistance longitudinale de la voie rapportée à une file de rail, en kg/cm ;

Δt_c : écart admissible de température des barres éclissées à la compression ;

λ_{max} : ouverture maximale du joint ;

Δt_e : écart de température pour vaincre la résistance offerte par les éclisses.

L'écart admissible de température Δt_c doit être choisi de manière à éviter que la compression dans les barres engendre le phénomène de flambement ; sa détermination résulte d'un calcul de stabilité de ces barres vis-à-vis du flambement. À cet effet, on considère que l'effort longitudinal de compression critique qui provoque le flambement d'une voie éclissée est d'environ 1,5 fois inférieur à l'effort de compression critique minimal P_{cr} d'une voie équipée en L.R.S. Ceci s'explique principalement par l'excentricité de transmission de l'effort longitudinal d'un rail à l'autre au niveau des joints [84]. Dans ce cas, l'expression (9.25) devient [37] :

$$\Delta t_c = \frac{P_{cr}}{1{,}5\, K_s\, 2E\alpha S} \qquad (9.43)$$

où P_{cr} : effort de compression critique minimal qui provoque le flambement de la voie en L.R.S (formule 9.21) ;

K_s : coefficient de sécurité (formule 9.22) ;

2S : section des 2 rails.

L'ouverture maximale du joint peut être déterminée par la formule (9.2) [1] comme nous l'avons vu au point 9.1.2 :

$$\lambda_{max} = 2(e + r - 2d)$$

où : e - diamètre du trou d'éclisse ;
r – diamètre du trou du rail ;
d – diamètre du boulon d'éclisse.

9.2.7.3. Détermination des ouvertures des joints à ménager à la pose des barres

Après avoir déterminé la longueur maximale admissible des barres, il est nécessaire de définir les ouvertures à ménager à la pose en fonction de la température de réglage des joints.

La température de réglage des joints t correspondant à une ouverture donnée λ, est donnée par l'expression suivante [37] :

$$t = T_{min} + \Delta t_e + 0{,}5\ \Delta t_r + \Delta t_\alpha - \frac{\lambda}{\alpha L} \qquad (9.44)$$

En faisant varier λ de zéro à λ_{max} (valeur d'ouverture maximale du joint), on obtient l'ouverture du joint correspondant à une température donnée t de réglage.

9.2.7.4. Exemple d'application

Soit à déterminer la longueur maximale admissible des barres éclissées avec compression aux abouts, ainsi que les ouvertures des joints à la pose selon les conditions ci-après :

- rail S40 (36 kg/m) de section S = 46,55 cm^2 ;
- rayon minimal de courbe : 200 m ;
- traverses métalliques ;
- travelage : 1 722 tr/km ;
- résistance longitudinale de la voie par file de rail : r = 3 kg/cm ;
- résistance minimale offerte par les attaches : R_e = 2 500 kg ;
- ouverture maximale de joints : λ_{max} = 18 mm (1,8 cm) ;
- T_{max} = 60 °C ; T_{min} = 15 °C

Déterminons tout d'abord les différents paramètres :

- Écart de Température Δt_e

La résistance offerte par les éclisses (R_e = 2 500 kg) sera vaincue pour un écart de température (voir formule 9.33) égale à :

$$\Delta t_e = \frac{2\,500}{0{,}000011 \cdot 2{,}1 \cdot 10^6 \cdot 46{,}55} = 2{,}32\ °C$$

- Amplitude maximale de variation de température (T_A)

Les températures extrêmes du rail retenues étant T_{max} = 60 °C et T_{min}= 15 °C, l'amplitude maximale de variation de température est : T_A = 60 °C – 15°C = 45 °C.

- Écart de température Δt_c

L'écart admissible de température des barres éclissées à la compression se détermine par la formule (9.43).

Au point 9.2.3.2.4, pour le L.R.S en rail S 40, nous avons trouvé (exemple N° 2) P_{cr} = 915 kN ; ce qui donne (avec E = 20 601 kN/cm²) :

$$\Delta t_c = \frac{915}{1{,}5 \cdot 2 \cdot 2 \cdot 20601 \cdot 0{,}000011 \cdot 46{,}55} = 14\ °C.$$

La longueur maximale admissible des barres, conformément à la formule (9.42), sera:

$$L = \frac{2 \cdot 0{,}000011 \cdot 2{,}1 \cdot 10^6 \cdot 46{,}55}{3}\left[45 - 2{,}32 - 14 - \sqrt{(45 - 2{,}32 - 14)^2 - \frac{3 \cdot 1{,}8}{(0{,}000011)^2 \cdot 2{,}1 \cdot 10^6 \cdot 46{,}55}}\right]$$

L = 6 939 cm soit 69,39 m.

Pratiquement nous retiendrons L = 72 m. Une telle barre sera obtenue par soudure de 6 rails de longueur élémentaire de 12 m.

Pour la détermination des ouvertures des joints à la pose, nous utiliserons la formule (9.44) qui donne la température de réglage des joints t correspondant à une ouverture donnée λ:

$$t = T_{min} + \Delta t_e + 0{,}5\ \Delta t_r + \Delta t_\alpha - \frac{\lambda}{\alpha \cdot L}$$

L'écart de température pour vaincre la résistance longitudinale du ballast sur toute la longueur du rail est (voir formule 9.35) est :

$$\Delta t_r = \frac{L \cdot r}{2\alpha ES} = \frac{7\,200 \cdot 3}{2 \cdot 0{,}000011 \cdot 2{,}1 \cdot 10^6 \cdot 46{,}55} = 10\ °C$$

La variation de température pour la fermeture des joints en dilatation libre est (voir formule 9.41) :

$$\Delta t_\alpha = \frac{\lambda_{max}}{\alpha L} = \frac{1{,}8}{0{,}000011 \cdot 7\,200} = 22{,}7\ °C$$

En faisant varier λ de zéro à 18 mm (valeur maximale d'ouverture de joint retenue), on obtient l'ouverture du joint (en mm) correspondant à une température de réglage donnée t.

À titre d'exemple (formule 9.44), pour $\lambda = 0$, on a : $t = 15 + 2{,}32 + 0{,}5 \cdot 10 + 22{,}7 - 0 = 45$ °C.

Cela signifie que la fermeture des joints intervient à 45 °C.

Pour $\lambda = 1$ mm et en mettant L = 72 000 mm, nous aurons :

$$t = 15 + 2{,}32 + 0{,}5 \cdot 10 + 22{,}7 - \frac{1}{0{,}000011 \cdot 72\,000} = 44 \text{ °C}$$

Le tableau 9.5 donne les ouvertures calculées des joints à la pose des barres.

Tableau 9.5. Ouvertures calculées des joints en fonction de la température de pose.

Ouverture des joints (mm)	0	1	2	3	4	5	6	7	8	9	10
Température (°C)	45	44	43	41	40	39	37	36	35	34	32
Ouverture des joints (mm)	11	12	13	14	15	16	17	18			
Température (°C)	31	30	29	27	26	25	24	22			

Lorsque la température descendra de 22°C à 15°C (température minimale), il n'y aura pas sollicitation des boulons en cisaillement car entrera en jeu, le retard à l'ouverture des joints dû aux résistances d'éclissage et longitudinale de la voie, représentée par l'expression $\Delta t_e + 0{,}5\Delta t_r$ (segment 1 – J de la figure 9.23), soit : $2{,}32 + 0{,}5 \cdot 10 = 7{,}3$ °C.

9.2.8. Libération des L.R.S – Homogénéisation des contraintes

9.2.8.1. Libération des L.R.S

Il importe que les contraintes maximales de compression ou de traction prenant naissance dans les L.R.S sous l'effet des variations de température restent dans des limites raisonnables.

À la pose des L.R.S, on choisit une température de contrainte nulle (température neutre) située dans l'intervalle des températures de fixation. En France elle est de 25 °C ; elle est de 45 °C dans certains réseaux de l'Afrique au sud du Sahara (Gabon, Congo, République démocratique du Congo).

On réalise la libération des L.R.S. qui est une opération dont le but est :

- de permettre au L.R.S de se dilater librement et annuler ainsi toutes les contraintes.
- de fixer ensuite la barre à une température déterminée, comprise dans l'intervalle des températures de fixation admis dans chaque réseau, comme mentionné ci-dessus.

La libération doit toujours être effectuée, lorsque la voie est stabilisée c'est-à-dire lorsque les résistances longitudinales et transversales du ballast ont atteint une valeur suffisante [8] :

- soit à la température ambiante lorsque celle-ci est comprise dans l'intervalle des températures de fixation ;
- soit à l'aide des tendeurs hydrauliques [52][18], sous réserve d'opérer à une température inférieure à la température recherchée[19]et de disposer de part et d'autre de la longueur à libérer d'un ancrage suffisant du LRS [52]. L'ordre de grandeur de la longueur à traiter est de 150 à 400 m (de chaque côté du tendeur), selon la grandeur du rayon et le système d'attache [96]. La photo 12 montre à titre d'exemple le tendeur de rail Geismar TH 542.

Photo 12 (Source : Geismar)

---

[18]Le tendeur hydraulique permet d'obtenir, par traction du rail après sa mise en contrainte nulle à la température t_0, un état de contrainte déterminé correspondant à la température de libération recherchée, par exemple 45 °C pour certains réseaux au sud du Sahara.

[19]Dans ce cas, on allonge le rail par traction d'une longueur égale à la dilatation libre qu'aurait le rail entre 45 °C et la température du moment relevée au rail [8].

Le mode opératoire de libération des L.R.S à l'aide de tendeurs hydrauliques est décrit dans des documents spéciaux, par exemple [52] ; un extrait de ce mode opératoire est présenté dans l'Annexe 2 de cet ouvrage. Nous nous limiterons ici à un rappel des points essentiels en ce qui concerne la libération à température ambiante [51] :

- la libération s'effectue sur les deux fils de rails simultanément ;
- la longueur à traiter en une seule fois ne doit pas excéder 1 200 m (on procèdera par fractions en tronçonnant le rail puis en déboitant une extrémité de la longueur traitée).

Pour obtenir la libre dilatation du L.R.S et annuler toutes les contraintes, il est nécessaire :

- de desserrer les attaches ;
- de mettre la barre sur rouleaux (un rouleau toutes les 10 à 15 traverses) ;
- de faire « vibrer » toute la partie de rail desserrée et mis sur rouleaux simultanément sur toute la longueur, soit avec des vibreurs agréés, soit en frappant le rail avec une masse ne blessant pas le rail (masse en acier interdite). Il doit y avoir au minimum 1 frappeur tous les 150 m par file de rail.

Pour la fixation des L.R.S :

- s'assurer que la barre est bien à la température choisie en contrôlant les allongements du rail tous les 50 mètres au moyen de repères fixes et mobiles ;
- procéder au « boutonnage » du rail à la température choisie, tout en continuant à faire vibrer les parties de L.R.S encore sur rouleaux.

La température de fixation T_f du L.R.S sera déterminée comme étant la moyenne arithmétique pondérée des températures observées pendant le serrage des attaches sur toute la longueur considérée ; c'est donc la température neutre.

9.2.8.2. Homogénéisation des contraintes

L'homogénéisation des contraintes a pour but d'uniformiser les contraintes dans une zone où elles ont été perturbées à la suite d'exécution de certains travaux, soudures, etc. [51]. Elle ne nécessite pas la coupe des L.R.S.

Cette opération n'intéresse que la zone centrale des L.R.S, donc ne pas se rapprocher à moins de 150 m du L.R.S. Elle doit être effectuée sur une voie stabilisée.

L'homogénéisation des contraintes s'exécute à température modérée, sensiblement constante. On procède de la manière suivante :

- desserrer les attaches sur la longueur à traiter ;
- si cette longueur est > 150 m : mettre sur rouleaux ;
- donner quelques coups de masse (masse en acier interdite) sur le rail ;
- resserrer les attaches.

CHAPITRE X
LES APPAREILS DE VOIE

10.1. Rôle des appareils de voie

Les rails servant autant à guider les véhicules qu'à les supporter, il est nécessaire, lorsque ces véhicules doivent passer d'une voie sur d'autres ou les traverser, de concevoir des dispositifs de guidage que l'on désigne sous le vocable général d'*appareils de voie*.

En d'autres termes, l'appareil de voie est un dispositif spécial qui permet au matériel roulant de passer d'une voie sur une autre, de traverser une voie, sans créer des coupures dans la voie.

Malgré leur complexité apparente, les appareils de voie peuvent être classés en deux catégories de base, et en une troisième combinant les deux premières :

- les *branchements* (Fig. 10.1), qui permettent à une voie de se ramifier en deux ou exceptionnellement en trois autres voies ;
- les *traversées*, qui permettent le croisement d'une voie par une autre voie (Fig. 10.2) ;
- les *traversées jonctions* simples ou doubles, qui combinent les fonctions des branchements et des traversées (Fig. 10.3) et permettent le croisement et la ramification.

Les ensembles peuvent se combiner pour réaliser [5] :

- des communications (Fig. 10.4) : combinaison de 2 branchements en déviation permettant de relier entre eux deux itinéraires principaux non-convergents ;
- des diagonales (Fig. 10.5) : comprenant deux branchements posés en opposition et s'interpénétrant ;
- des bifurcations (Fig. 10.6) : combinaison de deux branchements et d'une traversée permettant à partir de deux itinéraires principaux le départ de deux itinéraires divergents ;
- des communications croisées (Fig. 10.7) : qui est un ensemble de deux communications qui se coupent.

Branchement 2 voies
déviation à droite

Branchement 2 voies
déviation à gauche

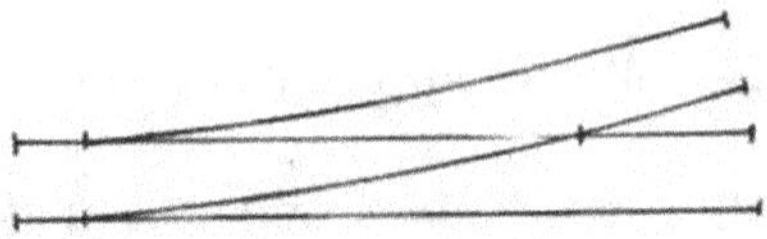

Branchement 2 voies
symétrique

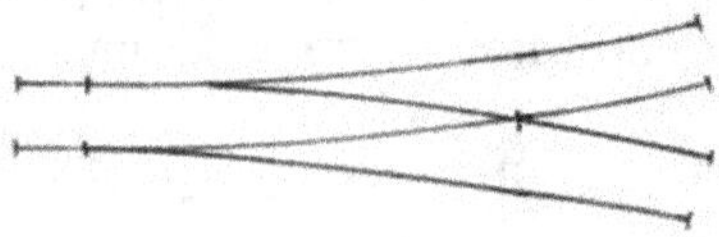

Branchement 3 voies
symétrique ou double

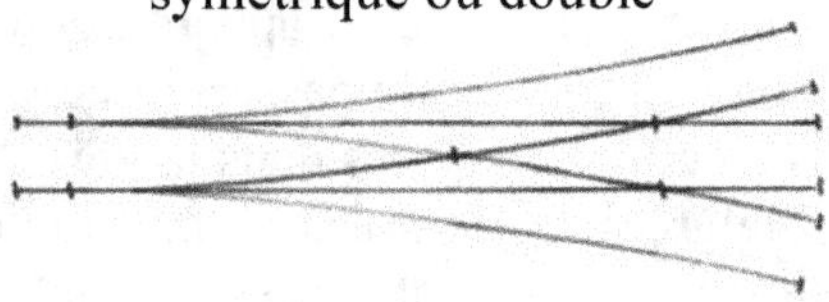

Fig. 10.1. Branchement

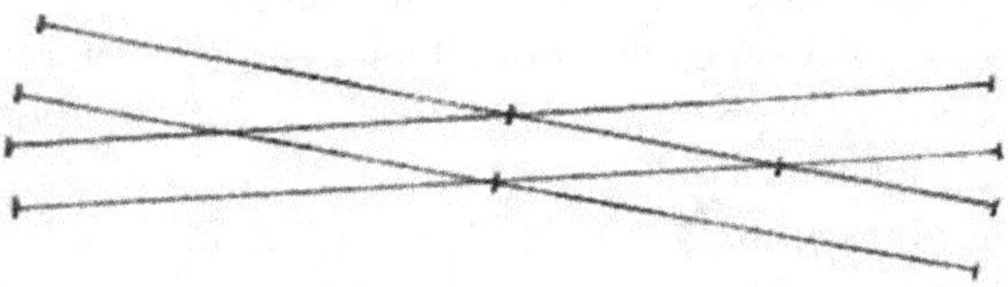

Fig. 10.2. Traversée oblique

Traversée jonction simple

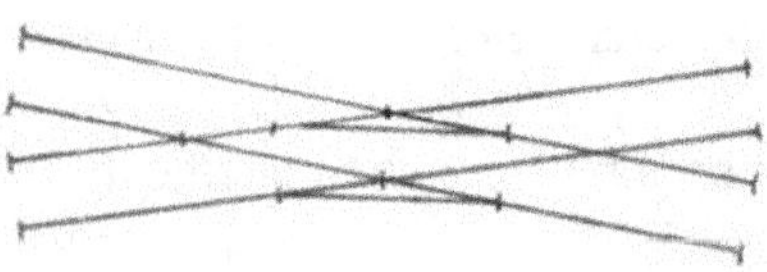

Traversée jonction double

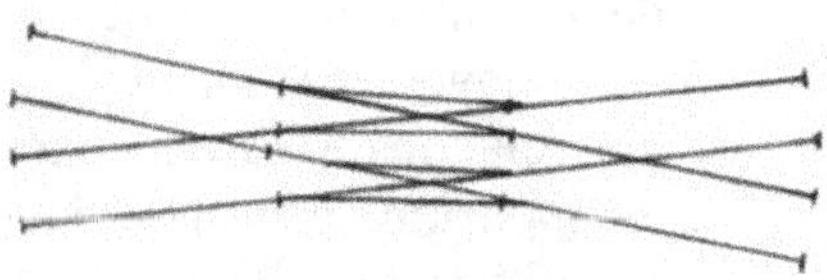

Fig. 10.3. Traversées jonctions

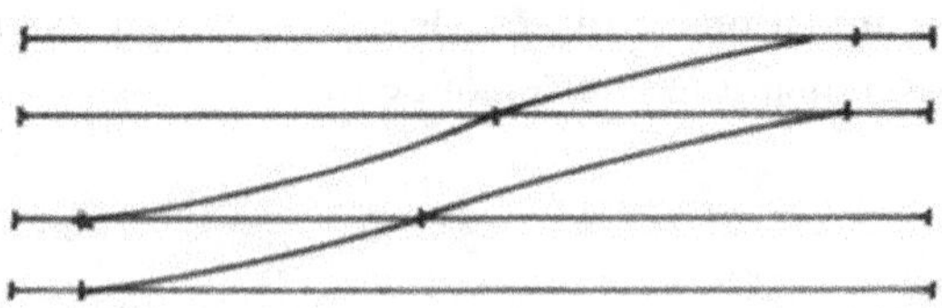

Fig. 10.4. Communication

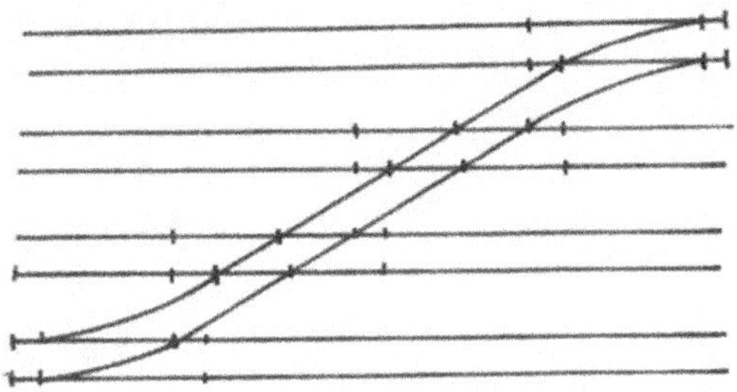

Fig. 10.5. Diagonale

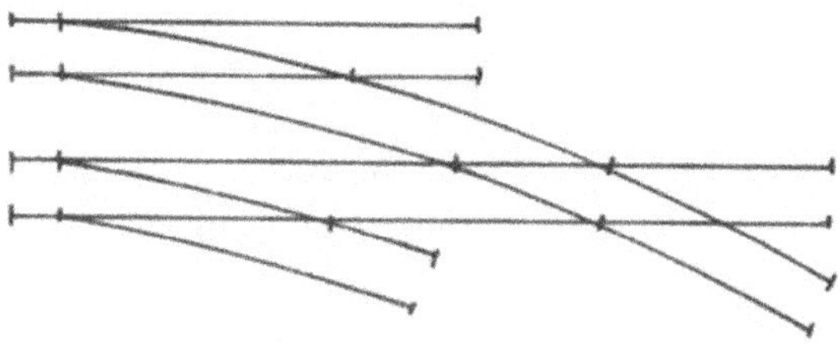

Fig. 10.6. Bifurcation

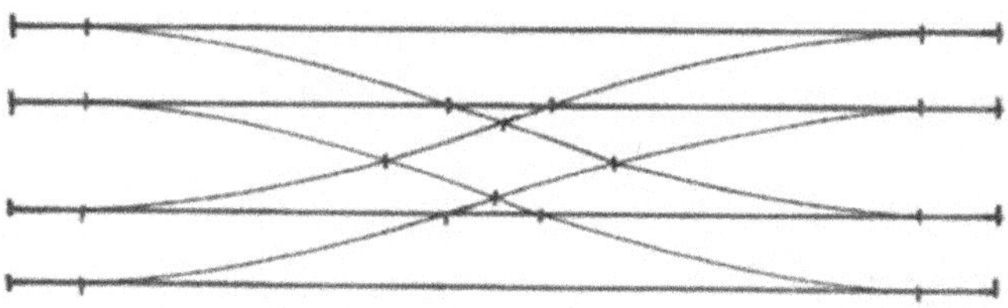

Fig. 10.7. Communication croisée

10.2. Constitution d'un branchement

10.2.1. Éléments principaux d'un branchement

Les parties principales d'un branchement sont les suivantes (Fig. 10.8) :

- l'aiguillage ;
- le croisement ;
- les voies intermédiaires.

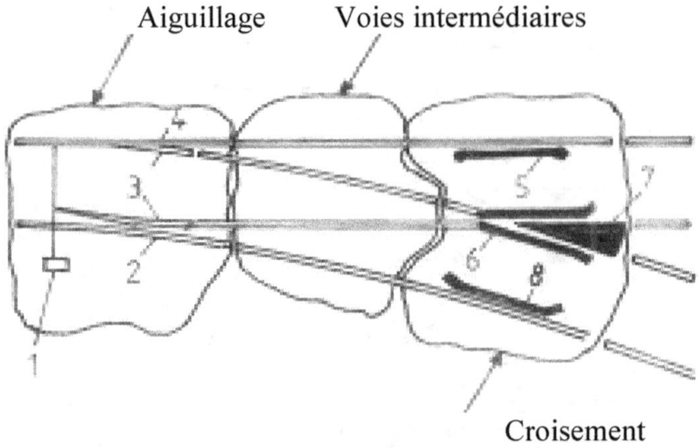

Fig. 10.8. Schéma d'un branchement

1. Mécanisme de manœuvre
2. et 4. Contre-aiguilles
3. Aiguille
5. et 8. Contre-rails
6. Patte de lièvre
7. Cœur de branchement

10.2.2. Aiguillage

10.2.2.1. Description

L'aiguillage (Photo13) est la partie de l'appareil qui permet le dédoublement des files de roulement. Ce dédoublement est obtenu à l'aide de pièces mobiles appelés *aiguilles* qui peuvent à volonté venir au contact avec les rails adjacents appelés *contre-aiguilles*, soit s'en écarter pour laisser le passage libre d'un boudin de roue [1].

Une lame d'aiguille doit être au collage lorsque l'autre est ouverte. Pour cela, on relie les deux lames entre elles à l'aide de tringles de façon qu'elles soient toujours déplacées solidairement.

Le côté par lequel on aborde l'aiguillage en venant du tronc commun s'appelle la « pointe », le côté opposé est le « talon ».

Photo 13 (Source : CFCO)

Les pièces de l'aiguillage sont dites « à droite » ou « à gauche » suivant l'observateur placé à la pointe de l'axe de la voie et regardant vers le talon.

Dans le branchement, l'une des branches dédoublées par le moyen de l'aiguillage est dite « branche directe » ou « voie directe », l'autre prend le nom de « branche déviée » ou « voie déviée ».

Le tracé de l'aiguillage est conditionné par la priorité donnée à la voie directe sur la voie déviée. La branche directe d'un branchement se trouvant généralement sur un itinéraire principal, aucune restriction de vitesse ne peut être admise [1].

L'aiguillage peut être à déviation ou symétrique. Dans le cas normal de déviation, il comporte une aiguille courbe avec un contre-aiguille droit, et une aiguille droite avec un contre-aiguille courbe.

Il convient de préciser que la *pointe mathématique* (P.M) d'une aiguille (Fig.10.9) est le point théorique d'intersection des files de rails qui convergent vers ce point, et que la *pointe réelle* (P.R) est l'extrémité matérielle de l'aiguille ou du croisement [1].

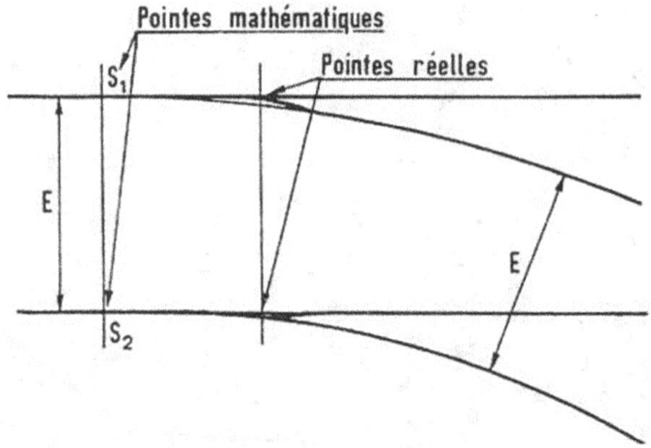

Fig. 10.9. Positions des pointes mathématique (PM) et réelle (PR) [1]

L'idéal serait de passer du tronc commun sur la voie déviée sans le moindre à-coup, mais la pointe d'aiguille devrait alors être considérablement amincie sur une grande longueur. Cet amincissement serait dangereux pour le risque de ruptures qu'il causerait. On est donc conduit à adopter entre les files de roulement un certain angle appelé « angle de déviation » (Fig. 10.10).

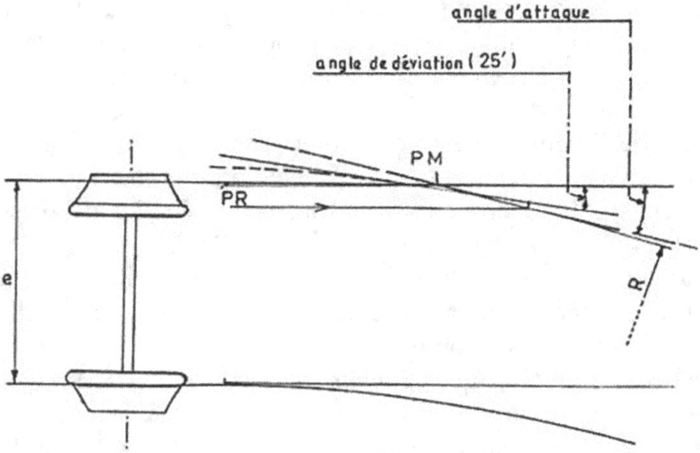

Fig. 10.10. Détermination des angles de déviation et d'attaque

Le sommet de cet angle est situé à la pointe mathématique de l'aiguille. Cet angle doit être faible de façon à réduire autant que possible la violence du rappel à l'abordage de la lame par les roues.

L'angle de déviation est mesuré entre la tangente à la courbe au point où cette courbe coupe le tracé du contre-aiguille et la ligne directrice de ce dernier (Fig. 10.10). Il ne faut pas confondre cet angle avec l'angle de déviation du branchement proprement dit qui est l'angle formé par la direction des voies en talon du branchement et qui s'exprime généralement par sa tangente.

Un autre angle important est « l'angle d'attaque » (Fig. 10.10) qui est mesuré entre la tangente à la courbe au point où la roue du véhicule rencontre l'aiguille et la ligne directrice du contre-aiguille. Il est à noter que la valeur de l'angle d'attaque varie suivant la position de l'essieu dans la voie ; l'angle d'attaque est au maximum quand l'essieu suit le bord du contre aiguille coudé ; de plus, il augmente avec la largeur de la voie. D'autre part, on constate que l'angle d'attaque est supérieur à l'angle de déviation et ceci d'autant plus que le rayon de la voie déviée est faible.

Il y'a donc intérêt, pour les appareils parcourus à grande vitesse, à choisir un angle de déviation faible et un rayon de courbure de la voie le plus grand possible, ceci en vue de réduire au minimum la valeur de l'angle d'attaque et par conséquent l'importance des chocs. Dans les appareils de voie des Chemins de fer français par exemple, l'angle de déviation est normalement de 25′ ou 1° [1].

10.2.2.2. Usinage des aiguilles et contre-aiguilles

Les aiguilles sont usinées par rabotage de rails de profil normal ou de profils spéciaux à âme renforcée (28 mm au lieu de 15 mm pour les appareils des Chemins de fer français en rails 50 kg et 60 kg). Les contre-aiguilles sont également soit en profil normal, soit en profil spécial à âme inclinée au 1/20 de façon que le champignon ait l'inclinaison convenable malgré la pose horizontale du patin qui facilite la conception des coussinets de translation latérale des lames d'aiguilles [1].

Le boudin de la roue qui suit le contre-aiguille ne doit toucher ni l'extrémité de l'aiguille ouverte ni le corps de l'aiguille dans sa partie médiane. Pour dégager largement la cote de libre passage, la course de manœuvre de l'aiguille pour la voie standard varie entre 115 et 140 mm [1] suivant les types d'aiguilles. Pour la voie métrique, cette course à l'attaque est de 105 mm pour les appareils 30 kg et 115 mm pour les appareils 36 kg et 50 kg [111]. Il faut en outre, ménager entre le talon de l'aiguille et le contre-aiguille une ornière de largeur au moins égale à 60 mm (pour voie standard) suivant le type pour permettre le passage du boudin sans frottement. La valeur de cette ornière est de 45 mm pour les appareils de 30 kg et 40 mm respectivement pour les appareils de 36 et 50 kg en voie métrique [111].

10.2.2.3. Types d'aiguilles

La lame d'aiguille doit pivoter autour de son «talon», ce que permettent deux procédés [1] :

- les aiguilles à lame articulée au talon ;
- les aiguilles à lame flexible.

Avec les aiguilles encastrées en talon, le déplacement de la pointe est obtenu en jouant sur la flexibilité de l'aiguille ; on évite ainsi, en outre, toute discontinuité dans la courbure de la voie au talon de l'aiguille. Ce sont des aiguilles courtes, réunies en talon aux contre-aiguilles par une entretoise-éclisse et un coussinet spécial permettant le mouvement de la lame autour de son talon.

Les aiguilles flexibles à talon encastré, ont une longueur comprise entre 9 et 36 m, suivant la vitesse pour laquelle l'appareil est étudié. Ces aiguilles sont les plus utilisées. Pour augmenter la flexibilité des aiguilles courtes on rabote le patin sur une certaine longueur au voisinage du talon (délardement). Au talon, les boulons d'éclissage sont serrés comme en voie courante et une entretoise spéciale en acier placée entre l'aiguille et le contre-aiguille, assure la cote d'ornière désirée et la liaison des deux pièces [1]. La solidité du talon encastré des aiguilles flexibles est un facteur de sécurité et exige moins de surveillance et d'entretien que celui des aiguilles articulées.

10.2.2.4. Coussinets de glissement

Les rails contre-aiguille ne peuvent être tirefonnés directement sur les traverses car l'aile intérieure de leur patin est rabotée pour permettre au champignon de l'aiguille de venir s'appliquer contre leur propre champignon dans la partie qui voisine la pointe. Ils doivent donc être supportés par des coussinets (Fig. 10.11a et 10.11b) [1], tirefonnés sur les traverses. Ces coussinets en acier ou fonte malléable se prolongent sous l'aiguille par une table horizontale parfaitement dressée pour faciliter le déplacement transversal de celle-ci. On les désigne sous le nom de « coussinets de glissement ».

En position de collage, la partie supérieure de l'aiguille s'appuie contre le contre-aiguille dans la zone des rabotages. Sur le reste de sa longueur, des butées, dont les dimensions sont réglées au montage, empêchent l'aiguille de se déformer lorsqu'elle est attaquée par le boudin des roues. Ces butées sont fixées sur l'âme du contre-aiguille par les boulons qui fixent celui-ci sur ses coussinets [1].

a)

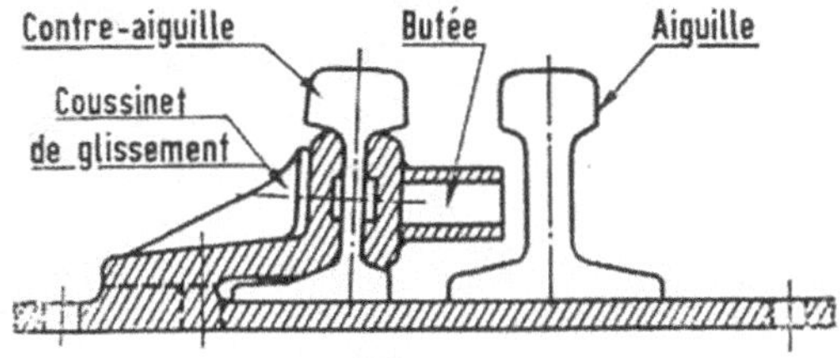

b)

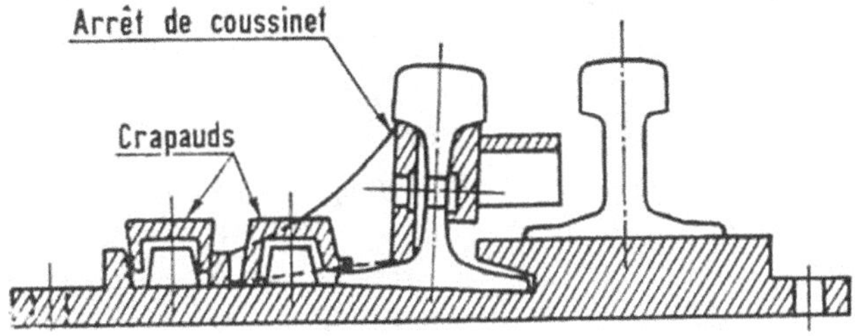

Fig. 10.11. Coussinets de glissement [1]

10.2.2.5. Manœuvre des aiguilles

Les deux aiguilles d'un aiguillage sont maintenues à l'écartement par des tringles d'écartement reliées à chaque aiguille par l'intermédiaire de pattes d'articulation [1].

La manœuvre des aiguilles est assurée par une tringle dite « tringle de manœuvre » attelée d'une part au levier ou dispositif de manœuvre et d'autre part à une tringle d'écartement spéciale dite « tringle d'écartement à oreille » située en pointe d'aiguille.

Les tringles sont généralement placées à un niveau inférieur à celui du dessus des traverses, ce qui les protège contre les pièces traînantes [1].

Les aiguilles peuvent être manœuvrés à pied d'œuvre ou à distance, soit à la main, soit par des moteurs électriques [5]. La photo 14 montre à titre d'exemple le dispositif de commande électrique des aiguilles utilisé sur le tronçon réaligné du Chemin de Fer Congo-Océan entre Bilinga et Dolisie [110].

Photo 14 (Source : ATC)

10.2.2.6. Verrouillage – contrôle

La sécurité des circulations exige que l'on sache avec certitude que l'itinéraire tracé puisse être utilisé sans risque.

On doit donc contrôler que l'aiguille appliquée est bien disposée. Le contrôle est visuel dans la manœuvre à pied d'œuvre. On utilise des contacts électriques dits contrôleurs pour les aiguilles à manœuvre à distance.

En outre, si l'on veut franchir en vitesse un aiguillage pris en pointe, sans craindre un mouvement intempestif de l'aiguillage sous les trépidations, il est préférable que l'aiguillage soit équipé d'un dispositif qui verrouille l'aiguille sur le contre-aiguille et qui lui permet d'agir directement sur l'aiguille et non sur la tringle d'écartement. Le verrou « carter-coussinet » utilisé par les Chemins de fer français donne cette assurance [1].

Il existe aussi des dispositifs de calage qui n'assurent que l'immobilisation de la lame appliquée et qui peuvent être suffisants pour des vitesses limitées [5].

10.2.3. Le croisement

10.2.3.1. Description

Le croisement est l'ensemble constitué par un cœur de croisement avec deux contre-rails reliés au cœur par des entretoises de liaison, et deux rails extérieurs (Fig. 10.12) [1].

Le cœur du croisement se compose d'une pointe de cœur et de deux pattes de lièvre.

La sécurité du guidage est assurée par le contre-rail opposé au droit de chacune des lacunes crées par les ornières de passage des boudins de roues sur l'une et l'autre direction (Fig. 10.13) [1]. Les limites résultent directement des cotes d'entretien de l'essieu.

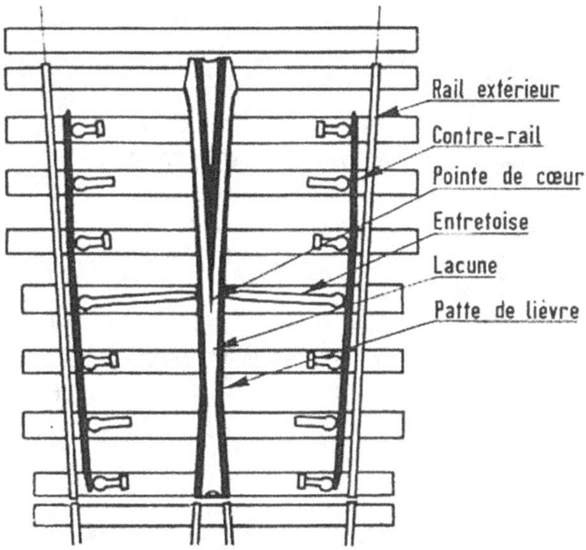

Fig. 10.12. Éléments principaux d'un croisement [1]

La « cote de libre passage » est la distance entre les flancs de guidage d'un contre-rail et de la patte de lièvre homologue [1]. Pour permettre le passage d'un essieu sans coincement sa valeur maximale doit être inférieure au minimum de la cote de calage ; elle est fixée à 1 356 mm pour la voie standard [1]. Pour la voie métrique, elle est fixée à 1 013 mm dans l'aiguillage et 985 mm dans la traversée [111].

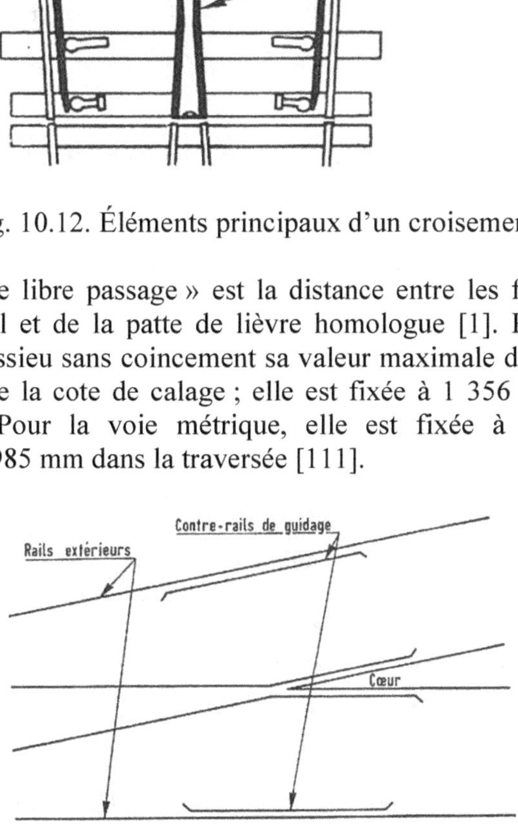

Fig. 10.13. Dispositions pour la sécurité de guidage dans un croisement [1]

On appelle « cote de protection de pointe », la cote de sauvegarde entre la pointe du cœur et le contre-rail. Elle s'obtient en ajoutant à la cote maximale de calage l'épaisseur du boudin à l'état neuf (33 mm), soit 1 363 mm + 33 = 1 396 mm pour la voie standard. Néanmoins elle est fixée à 1 393 mm [1] c'est-à-dire légèrement inférieure à 1 396 mm. Pour la voie métrique, la valeur minimale de cette cote est de 1 022 mm pour les appareils 30 et 36 kg sur plancher métallique et 1 027 mm pour les appareils 36 kg plancher bois, et 50 kg [111].

On appelle « pointe mathématique » d'un cœur de croisement le point d'intersection des bords de roulement appartenant aux deux voies. Entre ce point et le talon du cœur, le roulement s'effectue sur deux rails spéciaux, la *pointe* et la *contre-pointe* ; ces deux rails usinés et assemblés constituent un ensemble appelé *pointe de cœur* (voir Fig.10.12).

Pratiquement la pointe de cœur n'est pas prolongée jusqu'à l'intersection des bords de roulement, c'est-à-dire jusqu'à la pointe mathématique, car un semblable amincissement nuirait à la solidité. Elle est arrêtée en un endroit appelé « pointe réelle » (Fig. 10.14) où elle offre une section suffisante de 8 à 10 mm.

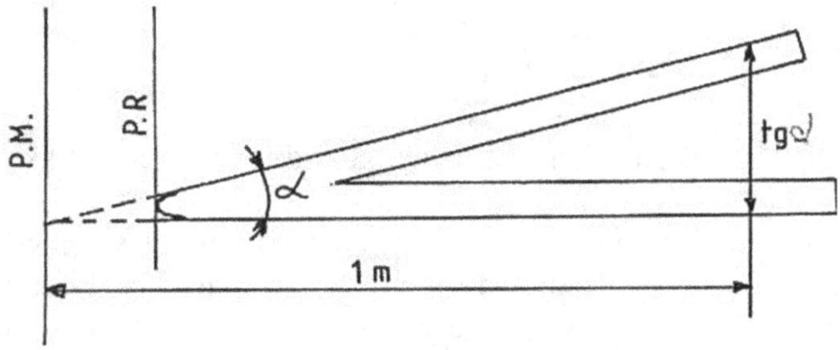

Fig. 10.14. Détermination de la tangente de l'angle de croisement

La pointe reçoit un rabotage supérieur destiné à préserver des chocs son extrémité en défilant la pointe réelle au-dessous du plan de roulement.

L'extrémité de la pointe est rabotée pour correspondre à l'angle de croisement et pour servir au roulement sur les deux voies.

L'angle de croisement sera d'autant plus petit que l'appareil devra être franchi en voie déviée à vitesse plus élevée.

Dans les gares, on utilise principalement les croisements[20] tgα = 0,11 et 0,13 [1].

La valeur de la tangente de l'angle peut se mesurer directement comme suit : à partir de la pointe mathématique on porte une longueur de 1 m sur un des deux côtés de la pointe de cœur sur une perpendiculaire au premier côté. Cette mesure exprimée en mètres donne la valeur de la tangente de l'angle de croisement (Fig. 10.14).

[20]En France on désigne les croisements par la tangente, sans indication de l'angle α [1], par exemple : croisement tg 0,13.

10.2.3.2. Les cœurs

La réalisation des cœurs de croisement fait appel aux techniques suivantes :

- les cœurs en rails assemblés ;
- les cœurs monoblocs ;
- les cœurs mixtes ;
- les cœurs à pointe mobile.

a) Cœurs en rails assemblés

Dans cette technique, les cœurs sont réalisés uniquement en rails assemblés (Photo 15).

Photo 15 (Source : CFCO)

Dans les cœurs de ce type l'ensemble pattes de lièvre et pointe est assemblé par boulons, des entretoises réservant les ornières [1].

Mais les charges lourdes et les vitesses plus élevées, qui amènent au franchissement des lacunes des chocs importants sur les pointes de cœurs, conduisent à des dégradations [1], ce qui pose des problèmes d'entretien.

b) Cœurs monoblocs

Les cœurs monoblocs (Photo 16) sont moulés en acier Hadfield à 12-14% de manganèse avec 1 à 1,4% de carbone qui présente une résistance au choc et à l'usure bien supérieure à celle de l'acier ordinaire [1].

Photo 16 (Source : CFCO)

La construction monobloc présente des avantages certains :

- au plan de l'entretien, par l'absence des boulons et une meilleure répartition des efforts sur l'ensemble des traverses ;
- au plan technologique, par la possibilité de réaliser des cœurs cintrés et des profilés de pattes de lièvre surélevés qui permettent de mieux porter la roue au franchissement de la lacune.

c) Cœurs mixtes

Les cœurs en rails assemblés sont fragiles et ceux en acier moulé au manganèse très chers. Des solutions intermédiaires ont été recherchées pour trouver des cœurs qui, sans avoir toutes les qualités des cœurs monoblocs, n'ont pas les défauts de ceux en rails assemblés.

Ce cœur appelé « cœur mixte » (Photo 17) est constitué par un élément central monobloc qui comprend la pointe de cœur proprement dite (pointe et contre-pointe) ainsi que les faces actives de pattes de lièvre.

Photo 17 (Source : CFCO)

Deux rails continus s'ajustent exactement au talon de la pointe de cœur pour constituer les deux files intérieures jusqu'au talon du croisement. Les pattes de lièvre sont délardées en face de l'élément central monobloc pour enclaver leur partie active déjà comprise dans cet élément. Tous ces éléments sont usinés et assemblés sans jeu à l'aide de boulons ajustés dans des trous alésés.

d) Cœurs à pointe mobile

Les cœurs à pointe mobile sont utilisés sur les lignes à grande vitesse et dans les appareils de voie à faible tangente. La pointe de cœur mobile permet de supprimer la lacune.

10.2.3.3. Le contre-rail

Dans le croisement, les roues de l'essieu sont guidées par un contre-rail (Fig.10.13) qui évite le mouchage de la pointe [1].

Il est constitué soit en rail ordinaire, soit en profilé spécial. Il est fixé indépendamment du rail à l'aide de supports (Fig.10.12).

10.2.4. Les voies intermédiaires

Les voies intermédiaires sont des parties de voie courante qui relient l'aiguillage au croisement (Fig. 10.8) ou aux traversées.

10.3. Implantation d'un appareil de voie

Les appareils de voie ne doivent pas être posés dans les raccords de déclivités. Il faut également éviter de les placer dans les zones de variation de dévers, la variation maximale admise étant de [40] :

- 0,5 mm/m dans les aiguillages et 5 m en avant ;
- 0,75 mm/m dans l'appareil (hors aiguillage) si $V \geq 60$ km/h ;
- 1,5 mm/m dans l'appareil (hors aiguillage) si $V < 60$ km/h.

La figure 10.15 montre à titre d'exemple le schéma d'un branchement simple pour voie métrique.

Pour implanter l'appareil, il suffit au projeteur de connaître la longueur de cet appareil et les axes des voies à l'entrée et à la sortie. L'angle des axes des voies à la sortie est égal à l'angle de croisement et leur distance au droit de la pointe mathématique est égale à la demi-somme des écartements de la voie directe et de la voie déviée. L'intersection de ces deux axes se fait en un point appelé « centre de l'appareil » qu'il faut bien se garder de confondre avec la pointe mathématique du croisement. La connaissance du centre de l'appareil permet de tracer les axes sans mesure d'angle [1].

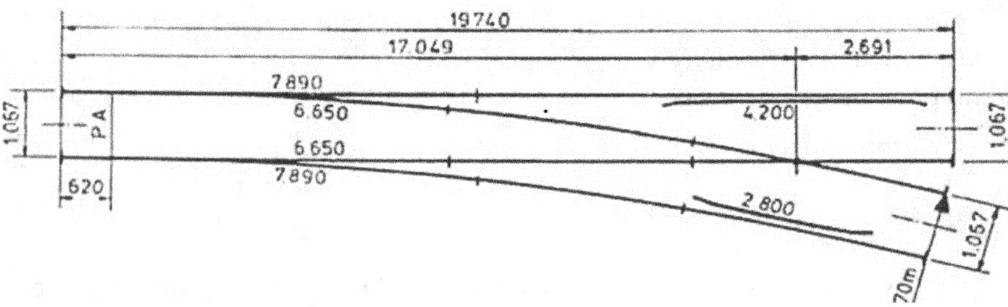

Fig. 10.15. Exemple de schéma d'un branchement simple pour la voie métrique

Pour les opérations topographiques sur le terrain, les appareils de voie sont représentés par la méthode des axes. Un branchement se trouve ainsi défini par quatre points (Fig.10.16) : les trois points milieux *ACD* des extrémités et le centre *D*.

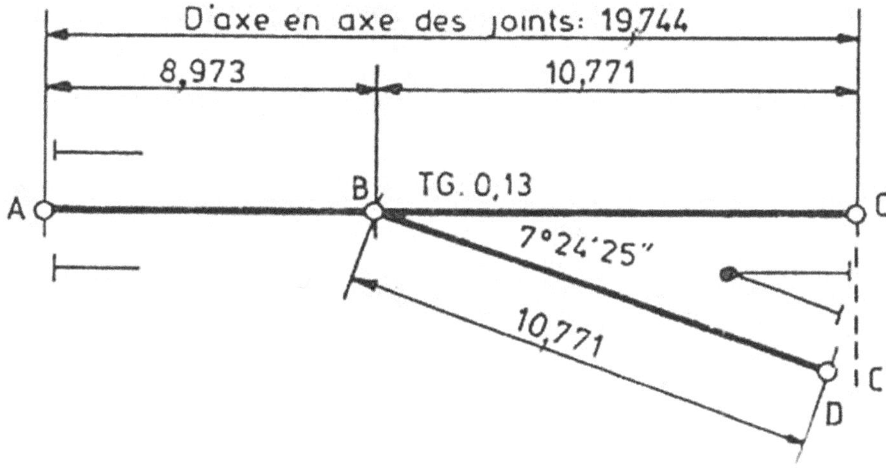

Fig. 10.16. Exemple de schéma d'implantation
d'un branchement simple

On implante un appareil de voie en piquetant son schéma tel qu'il est donné par les albums ou les dessins. Les schémas des branchements indiquent pour la branche directrice l'axe de la voie et pour la branche déviée la tangente à l'axe de la courbe.

Ainsi donc, pour implanter, à titre d'exemple, l'appareil pris isolement, dont le schéma est représenté à la figure 10.16, quatre piquets représentant les points A, B, C, D, suffisent. Pour placer le point D, chaîner CC' = BC tgα, puis sur BC' chaîner BD = BC.

Si on utilise un théodolite, le placer en B, ouvrir l'angle α et sur la direction BD donnée par l'instrument, chaîner BD. Vérifier à la chaîne la distance CD.

CHAPITRE XI
ASPECTS GÉNÉRAUX DE LA MAINTENANCE DE LA VOIE

« Poser une voie de qualité peut paraître chose relativement facile, l'entretenir avec persévérance pour maintenir sa qualité aux moindres frais pendant plusieurs décades est une performance dont seules les brigades de la voie à la technique éprouvée sont capables ».

P. GENTIL
Ancien Directeur général de la S.N.C.F

11.1. Généralités

11.1.1. Définition de la maintenance

Dans le domaine de la voie ferrée, la « maintenance » est l'ensemble des opérations assurant la conservation, éventuellement le rétablissement, des caractéristiques de tous ordres d'une voie ferrée [5].

La fonction essentielle du service de la voie est de permettre aux trains de rouler à la vitesse prévue dans des conditions de sécurité et de confort satisfaisantes.

La maintenance rationnelle de la voie constitue un facteur décisif de l'économie de l'ensemble du système ferroviaire. C'est ainsi que [99] :

- vis-à-vis de la sécurité, la maintenance doit être « préventive » ;
- vis-à-vis du confort, la maintenance doit être « corrective » ;
- vis-à-vis de l'économie, il s'agira [73] de rechercher un optimum résultant d'un compromis entre le désir d'atteindre une qualité aussi bonne que possible et le souci de contenir les dépenses dans les limites raisonnables.

Cette politique de maintenance doit d'abord conduire à n'exécuter que les travaux strictement indispensables. En effet, l'important (et le plus difficile) en matière de maintenance n'est pas de faire du travail, mais de savoir décider, à bon escient, de ce qui peut ne pas être fait [74].

11.1.2. Principales rubriques de la maintenance

La maintenance de la voie comprend trois rubriques principales [73] [74] :

- *l'entretien courant* (qui a généralement, un sens plus restrictif [5]), opération continue dont l'essentiel incombe aux équipes d'entretien de la voie ; les travaux faisant appel à certains outillages particuliers (bourreuses-dresseuses, régaleuses, etc.) étant confiés à des entreprises privées ou des équipes spécialisées ;
- *les opérations localisées*, qui englobent les travaux sortant du cadre des tâches normales d'entretien en raison de leur technique spécifique ou de leur importance, par exemple, les assainissements de plateforme, les confortations de remblais, le remplacement d'appareils de voie, etc.
- *les renouvellements* (opérations cycliques) caractérisés par le remplacement systématique des éléments de la voie lorsque l'usure ou le vieillissement est tel que l'entretien courant se révèle inefficace.

11.1.3. Maintenance manuelle – Maintenance mécanisée

La maintenance de la voie peut être :

- manuelle, c'est-à-dire exécutée avec de l'outillage à main ;
- mécanique, avec des engins lourds.

Les principales raisons de la mécanisation sont les suivantes [59] [76] :

- humanisation des conditions de travail (ergonomie) et utilisation des matériaux lourds ; la mécanisation, aussi bien la petite mécanisation que celle des engins lourds, a aidé énormément à la diminution des travaux lourds et pénibles ;
- réduction du risque d'accidents de travail et plus spécialement ceux dus à la manutention qui sont les plus nombreux ;
- rentabilité (diminution de prix de revient) ; le tableau 11.1 en donne une illustration [71].
- qualité du travail, confort de roulement ; les machines permettent d'exécuter les travaux de maintenance avec une qualité remarquable et une homogénéité qu'on ne pourrait atteindre manuellement, ce qui conduit incontestablement à plus de sécurité et de confort ;
- durabilité de la qualité ; les études ont montré qu'une voie traitée mécaniquement se dégrade moins vite qu'une voie entretenue manuellement ;
- rapidité d'exécution – diminution des entraves ; la mécanisation permet de diminuer considérablement les entraves que subit la Direction du transport notamment grâce à une plus grande rapidité d'exécution ;

- économie du personnel ; grâce à la mécanisation, le personnel de la maintenance peut être réduit considérablement, d'où une amélioration des coûts de la maintenance.

Tableau 11.1. Comparaison des prix de revient entre les procédés d'entretien mécanique et manuel de la voie [71] (Données de 1983)

Nature des opérations	Procédés	
	Mécanique	Manuel
Assainissements de la voie (Dégarnissage – Criblage)	4,234 dollars US/ml	5,348 dollars US/ml
Bourrage – Nivellement – Dressage	0,572 dollars US/ml	1,337 dollars US/ml
Régalage du ballast et reprofilage des banquettes	0,125 dollars US/ml	0,802 dollars US/ml

La finalité de la maintenance mécanique est d'obtenir des voies souples et homogènes pouvant supporter des poids à l'essieu plus lourds, des vitesses supérieures, une meilleure sécurité tout en diminuant les interventions manuelles fréquentes.

Les principaux inconvénients de la mécanisation sont les suivants ;

- coût élevé de l'opération ;
- problème de rentabilité de certains engins ;
- problèmes techniques dans les domaines de l'entretien des engins, de la réparation des engins et de l'acquisition des pièces de rechange.

11.2. Entretien de la voie

11.2.1. But et domaines de l'entretien courant

Le but de l'entretien courant de la superstructure est le maintien de la voie dans un état correspondant au service qu'elle doit rendre sous le double aspect : sécurité et confort [8].

L'entretien courant s'exerce, pour l'essentiel, dans deux domaines distincts [73] :

- celui de l'état du matériel et des assemblages ;
- celui de la qualité géométrique (nivellement – dressage des voies).

11.2.2. Principales opérations de l'entretien courant

L'entretien courant de la voie comprend essentiellement deux sortes d'opérations :

1. Des opérations cycliques

C'est le cas de l'entretien du matériel qui est basé sur une vérification cyclique. En effet, il n'existe aucun moyen d'enregistrement de l'état du matériel, hormis l'auscultation magnétique et ultrasonore qui décèlent les défauts internes de fatigue du rail [100].
Le vieillissement du matériel dépend :

- du trafic supporté,
- de l'âge, pour les traverses bois.

La périodicité est choisie en fonction du trafic, de l'armement et de l'âge de la voie, de telle sorte qu'entre deux vérifications successives, il ne puisse apparaître de dégradations irrémédiables [74].

2. Des opérations non cycliques

C'est le cas des opérations de nivellement–dressage qui sera traité au point 11.2.4.2.

11.2.3. Evolution de l'entretien courant de la voie

11.2.3.1. Du « point à temps » à la révision intégrale

À l'origine des chemins de fer, on pratiquait la méthode d'entretien dite « point à temps » [8] à caractère curatif. Ce type d'entretien coûtait cher en perte de production et en sécurité.
En effet, les interventions ne se faisaient qu'au dernier moment, après que les défauts aient atteint des valeurs assez importantes pour pouvoir être décelés lors des tournées des chefs de canton. L'équipe pouvait même se trouver dépassée ou bousculée par l'accumulation des désordres à corriger, notamment sous l'effet des conditions atmosphériques exceptionnelles, ce qui était souvent à l'origine d'incidents inévitables [70].
L'entretien curatif du « point à temps » fut abandonné au profit de l'entretien préventif systématique pratiqué sous forme de « révision intégrale » (RI), véritable visite de santé de la voie [70], et des travaux « hors révision intégrale » (HRI), qui avaient pour but le maintien de la sécurité, du confort et la conservation du matériel entre deux révisions intégrales.

La RI, qui est encore prévue dans les textes officiels de nombreux réseaux, consiste à reprendre systématiquement, chaque année, sur la quart ou le sixième du parcours, tous les éléments constitutifs de la voie, pour remettre à neuf tous ceux ne pouvant attendre la prochaine révision.

Avec cette pratique, la RI constitue le plus sûr moyen d'obtenir la garantie qu'aucune partie de voie n'a été perdue de vue. La conséquence est que du matériel est ainsi remplacé prématurément alors qu'on peut très bien le maintenir tant qu'il remplit encore son rôle.

11.2.3.2. De la révision intégrale à la révision cyclique du matériel

Avec l'amélioration des constituants de la voie [8] et le développement des engins d'enregistrement de la géométrie de la voie, la notion de RI commence à être abandonnée, il lui est substitué la notion de « révision cyclique du matériel » (RCM). Les opérations HRI ont donné la place aux vérifications et opérations cycliques hors révision cyclique du matériel (HRCM).

En dehors de RCM et HRCM, ne seront effectuées que les seules interventions justifiées par un souci de sécurité ou de sauvegarde, par exemple :

- réparations ou remplacements de rails avariés ;
- rechargements ou meulages ;
- remplacement d'éclisses ou boulons rompus ;
- serrage de boulons d'éclisses ; et exceptionnellement :
- tirage de fer ;
- consolidations d'attaches ;
- remplacements isolés de traverses.

11.2.4. Organisation de l'entretien des voies principales

11.2.4.1. Révision cyclique du matériel

La révision cyclique du matériel comprend une phase « vérifications » et une phase « interventions » [100].

La phase « vérifications » comprend :

- des « Vérifications Détaillées » (VD) : recherche de l'information sur l'état des matériels et de leurs assemblages afin de déterminer les interventions à retenir et programmer. Elles sont effectuées chaque année sur une partie du parcours soit par sondage, soit sur la totalité des matériels suivant les périodicités fixées pour chaque opération élémentaire ;

- des « Vérifications Sécurité – Conservation » (VSC) : examen périodique de certains éléments de la voie dont l'état est en relation directe avec la sécurité des circulations ou la conservation du matériel.

La phase « Interventions » ne s'effectue en général, que si les vérifications en montrent la nécessité. Chaque partie du parcours est traitée en RCM avec une périodicité variant entre 3 et 12 ans suivant l'importance des lignes ; la charge étant répartie également entre les années successives [8].

On procède à la remise en état de tout matériel qui ne peut attendre le prochain cycle, en particulier :

- consolidation des attaches ;
- remplacement des traverses non-consolidées ;
- démontage des éclisses pour examen visuel des abouts des rails ;
- serrage des attaches suivant les résultats des sondages.

11.2.4.2. Entretien de la géométrie de la voie (nivellement-dressage)

La correction des défauts géométriques de la voie ne doit intervenir qu'en fonction de l'état réel ou de leur caractère évolutif, et est effectué par « bourrage-dressage mécanique lourd ». Le nivellement-dressage n'a donc pas un caractère cyclique. En effet, le vieillissement de la qualité géométrique de la voie dépend non seulement du trafic, mais aussi de plusieurs autres facteurs parmi lesquels on peut citer [5].

- la qualité de la plateforme ;
- l'efficacité des écoulements d'eau ;
- le type d'armement et son âge ;
- la qualité initiale obtenue immédiatement après une opération de nivellement-dressage ;
- les conditions climatiques habituelles ;
- les conditions climatiques exceptionnelles.

C'est pourquoi les opérations de nivellement–dressage ne peuvent être programmées qu'à court terme [5] et ce, à l'aide d'enregistrement de l'état géométrique de la voie comme nous le verrons au point 11.5.2.1.

L'amélioration du nivellement (longitudinal et transversal), au cours de l'entretien, ne peut être apportée qu'en régularisant le profil en long des rails et en corrigeant leur position respective en profil transversal par relevage de la voie. Trois principales méthodes sont utilisées à cet effet [5]:

- bourrage manuel, à la batte[21] (opération pénible de faible rendement) ;
- bourrage mécanique par marteaux à percussion, réunis éventuellement par groupes sur un châssis, manœuvrés chacun par un ouvrier. Ce bourrage imite de très près l'opération manuelle ;
- bourrage mécanique par vibration et serrage, dans lequel des outils descendant dans le ballast le soumettent à des vibrations de fréquence élevée et font pénétrer par serrage, dans le moule, à la faveur de la fluidification momentanée due à la vibration, un maximum d'éléments supplémentaires.

En ce qui concerne le dressage, on cherche, au cours du travail correspondant, à mettre en place la voie de façon que son tracé coïncide, d'aussi près que le permet la précision de la méthode utilisée, avec un tracé idéal défini par la connaissance des points obligés d'une part, par celle, d'autre part, du graphique des flèches à obtenir lors du déplacement le long de la voie d'une corde de longueur constante [5].

Le dressage manuel fait appel [5] :

- à un dispositif permettant à la fois une mesure des déplacements nécessaires et un contrôle du travail : cordeau tendu le long de la file directrice ;

- à un ensemble d'outils de ripage : pinces à riper classiques, ou mieux, crics spéciaux dans lesquels un patin ripeur fait correspondre un déplacement transversal à faible levée de la voie.

Dans les machines modernes combinées, le dressage en un point donné, intervient immédiatement avant le bourrage, au moment où se fait la mise à hauteur de la voie.

11.2.4.3. Autres interventions

Ces interventions sont également justifiées par un souci de sécurité ou de conservation ; elles comprennent essentiellement [100]:

- des opérations déclenchées à la suite des divers enregistrements (des caractéristiques géométriques) ;
- des auscultations magnétiques et ultrasonores ;

[21]La « batte à bourrer » est une pioche dont l'une des extrémités forgée en feuille de laurrier sert au dégarnissage et au regarnissage et l'autre de forme rectangulaire sert à bourrer le ballast sous les traverses, à l'ameublir, voir à le casser [8].

- le remplacement exceptionnel des matériaux nécessité par des constatations faites au cours des différentes tournées. Dans ce cas, l'intervention doit suivre de très près la constatation ;
- les réparations ou remplacement de rails avariés ;
- des remises en état de la surface de roulement des rails aux abouts, en pleine barre ou au droit des soudures par rechargement ou meulage ;
- l'entretien des dispositifs d'écoulement des eaux, des ouvrages en terre ;
- le désherbage des voies ;
- le débroussaillement ;
- le nettoyage des abords des ouvrages d'art, etc.

11.2.5. Surveillance et contrôle de l'état de la voie

11.2.5.1. Surveillance

a) Les tournées

Les tournées de surveillance faites par les agents des équipes de la voie ont pour objet essentiel [74] :

- de vérifier la sécurité de la circulation des trains ;
- de contrôler le bon état de la voie (superstructure) ;
- de détecter toute anomalie dans l'état de l'infrastructure (ouvrages d'art, plateforme, écoulements d'eau) et des installations de toute nature (signalisation, caténaire…), ainsi que sur les chantiers de travaux situés dans les emprises ou à proximité immédiate.

Elles permettent en outre :

- de prendre, le cas échéant, certaines mesures concernant la circulation des trains ;
- de se renseigner sur l'état des installations ;
- de veiller à la conservation des installations et du domaine du chemin de fer en application des prescriptions relatives à la police et à la surveillance du chemin de fer.

b) Rôle des dirigeants

Il est indispensable que les dirigeants (chefs de district, chefs de section, chefs de division) effectuent des tournées. Ces tournées constituent un élément essentiel de connaissance précise des installations de toute nature et de l'évolution de leur état, connaissance nécessaire pour prévoir les interventions utiles et déterminer l'urgence [5].

Elles sont en outre indispensables pour contrôler la sécurité et l'organisation des chantiers ainsi que la qualité du travail.

Les tournées sont enfin à la base d'une bonne connaissance du personnel, du contrôle de la formation et plus généralement d'un exercice correct du commandement.

c) Organisation des tournées de surveillance

L'organisation des tournées de surveillance prévoit [74] :

- des tournées périodiques ;
- des tournées de chaleurs (en période de fortes chaleurs) ;
- des tournées spéciales en cas d'intempéries ;
- des tournées spéciales effectuées à la demande avec des objectifs précis, par exemple : recherche de la cause d'un choc anormal signalé par un agent de conduite, d'une pièce tombée d'un wagon ou d'animaux divaguant sur les voies, recensement d'avaries provoquées par un objet traînant, etc.;
- des visites de chantiers d'entretien.

Les tournées de chaleurs ont essentiellement pour objet de déceler l'apparition des déformations de voie.

Les tournées spéciales en cas d'intempéries ont un caractère accidentel. Elles sont déclenchées par l'apparition d'intempéries graves en application de consignes permanentes précises.

11.2.5.2. Contrôle de l'état de la voie

Les tournées de surveillance examinées ci-dessus sont utilement complétées par des mesures et enregistrements de l'état géométrique de la voie sous charge. Ces enregistrements permettent [99] [62] :

- de relever en tout temps l'état général de la voie permettant ainsi de découvrir les défauts de la voie importants et notamment ceux qui sont hors tolérances et qui mettent en danger la circulation des trains ;
- de contrôler la qualité des travaux exécutés avant l'enregistrement : travaux d'entretien, renouvellement, bourrage mécanique ;
- de contrôler l'évolution de la dégradation des caractéristiques géométriques de la voie ;

- de programmer les interventions sur la voie notamment en nivellement – dressage.

Ces mesures et enregistrements de la géométrie de la voie sont réalisés par différents véhicules comme nous le verrons au point 11.5.2.1.

Les principaux paramètres suivants sont généralement enregistrés :

- nivellement longitudinal, file droite ;
- nivellement longitudinal, file gauche ;
- gauche ;
- écartement ;
- dévers ;
- flèche file droite ;
- flèche file gauche.

Tous ces éléments apparaissent sur une bande enregistreuse à raison de 20 ou 100 cm par kilomètre selon les véhicules.

La figure 11.1 montre à titre d'exemple l'enregistrement obtenu à partir de la draisine PV 7 Matisa [66]. Les différents paramètres sont enregistrés aux échelles et bases suivantes :

- Gauche : échelle 1:1 sur base de 3 m ;
- Variations de l'écartement par rapport à l'écartement théorique de la voie : échelle 1:1 ;
- Flèche file gauche : échelle 1: 2 sous corde de 10 m ;
- Dévers : échelle 1: 2 ;
- Flèche file droite : échelle 1: 2 sous corde de 10 m ;
- Nivellement longitudinal, file gauche : échelle 1:1 sur base de 6,50 m ;
- Nivellement longitudinal, file droite : échelle 1:1 sur base de 6,50 m.

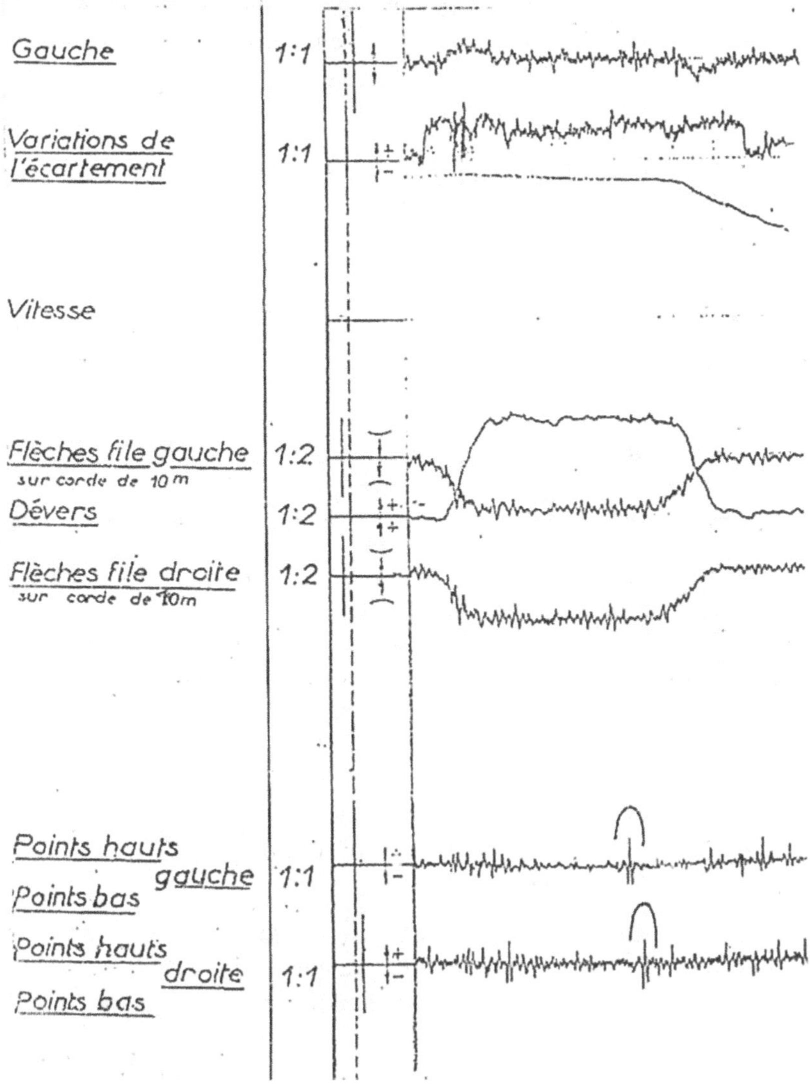

Fig. 11.1. Exemple d'enregistrement des paramètres géométriques de la voie [66]

11.2.5.3. Cotation de la qualité de la voie

Les enregistrements classiques que nous venons d'examiner constituent un outil de travail important pour les agents de la voie car ils permettent de localiser et d'identifier tous les défauts ; mais l'appréciation de leur nocivité relative se fait subjectivement en fonction de l'expérience acquise [99]. Ceci peut conduire à entreprendre des opérations d'entretien sur des sections de voie inutilement longues, où ces opérations peuvent s'avérer peu efficaces. Or, il importe d'adopter des critères rationnels d'évaluation de la voie afin de [99] :

- savoir sur quels tronçons de voie doivent porter les travaux d'entretien, et quels types de travaux sont à effectuer :
    - d'abord pour satisfaire aux conditions de sécurité et de confort des circulations ;
    - ensuite pour éviter une aggravation des défauts dont la correction deviendrait par la suite plus difficile et plus onéreuse ;

- juger de l'efficacité des travaux effectués ;
- apprécier le vieillissement irréversible de la géométrie ;
- programmer les interventions, notamment en nivellement – dressage.

L'installation d'analyseurs ordinateurs numériques à bord des véhicules d'enregistrement permet de recueillir les données de l'état géométrique des voies et d'en faire une analyse objective [102] [75], à partir d'une « cotation » en temps réel des divers paramètres caractéristiques (nivellement, dressage, gauche).

« Coter » une voie consiste à attacher à chaque tronçon de voie, à une date donnée, quelques nombres ou « cotes » (valeurs des paramètres de cotation) définissant l'état géométrique moyen de ce tronçon [103].

Les différents programmes d'analyse fournissent en temps réel pour chaque paramètre [61] :

- une classification des défauts en fonction de leur amplitude ;
- l'indication de l'amplitude des valeurs hors seuil de tolérance d'entretien ou de sécurité, avec la localisation de ces défauts ;
- une note de qualité permettant d'évaluer l'état géométrique de chaque tronçon analysé ;
- une note de qualité globale, à partir des résultats partiels obtenus avec les paramètres individuels.

L'ensemble de ces quatre opérations permet respectivement [61] :

- la prise de décisions d'intervention urgentes ;
- l'établissement sur des bases objectives de programmes d'intervention à moyen terme en fonction des vitesses de dégradation mesurées ;
- le contrôle systématique et objectif de la voie.

Certains réseaux africains au Sud du Sahara ont disposé de véhicules d'enregistrement équipés d'analyseurs. À titre d'exemple citons l'OCTRA au Gabon (autorail Matisa M4222 avec un analyseur AV523), SNCC en République Démocratique du Congo (autorail EM 80 Plasser avec analyseur CMA-R), RNCFC au Cameroun (autorail Matisa M462).

Le coefficient de qualité de la voie Q adopté dans ces réseaux oscille entre 0 et 100 ; l'appréciation d'ensemble accordée à la voie est identique à l'OCTRA [62] [60] et à la RNCFC [65] mais différente à la SNCC [63] comme le montre le tableau 11.1 Signalons qu'à l'OCTRA, le seuil d'intervention en nivellement par bourrage lourd est fixé à Q = 100 [62] [60].

La vitesse de dégradation du nivellement peut être entièrement variable (nature et vitesse du trafic, âge et armement, qualité de la plateforme et des sous-couches, etc.), de sorte qu'il est hautement souhaitable que les informations fournies par l'ordinateur de bord soient utilisées pour calculer cette vitesse de dégradation à l'aide des coefficients précédents enregistrés dans sa mémoire [102].

Tableau 11.1. Valeurs des coefficients de qualité de la voie [62] [65] [63]

OCTRA et RNCFC	SNCC
$Q < 30$ Voie excellente	$80 < Q < 100$ Voie excellente
$30 < Q < 40$ Voie bonne	$50 < Q < 80$ Très bonne voie
$40 < Q < 60$ Voie assez bonne	$30 < Q < 50$ Bonne voie
$60 < Q < 80$ Voie moyenne	$15 < Q < 30$ Voie moyenne
$80 < Q < 100$ Voie médiocre à surveiller	$0 < Q < 15$ Voie médiocre
$Q > 100$ Voie mauvaise à bourrer prochainement	

L'utilisation par un réseau d'un véhicule d'enregistrement des paramètres géométriques de la voie, équipé d'un ordinateur de bord travaillant en temps réel est donc l'un des éléments clés d'une maintenance efficace et économique [102].

11.2.6. Programmation assistée par ordinateur pour les travaux de bourrage mécanique

La programmation du travail assistée par ordinateur (PAO) est une technologie nouvelle permettant la commande de la bourreuse [75].

L'ensemble se compose essentiellement d'un ordinateur avec moniteur et clavier à touches.

La programmation du travail assistée par ordinateur a pour but [63] :

- la définition des zones de voie à bourrer en fonction du coefficient de qualité de la voie choisi par l'utilisateur ;
- le pilotage en travail du système de dressage pour les zones de voie à bourrer (D.A.O.) ;
- le pilotage en travail du système de nivellement de la bourreuse pour les zones de voie à bourrer (N.A.O.).

Cette programmation s'effectue à partir des flèches verticales et horizontales mesurées au milieu d'une couche de 20 m et mémorisées par le calculateur de bord au cours d'une passe préalable au travail de la machine, à la vitesse de 30 km/h.

La définition des zones à bourrer est réalisée par l'ordinateur de bord qui affiche sur l'écran les zones de voie dont le coefficient de qualité est supérieur à celui fixé par l'ordinateur.

Le coefficient de qualité est calculé à partir de flèches horizontales et verticales, mémorisées au cours de la passe préalable, suivant une méthode statistique.

Pour le dressage assisté par l'ordinateur (D.A.O.), l'ordinateur de bord effectue à partir des flèches horizontales mémorisées au cours de l'enregistrement préalable :

- le calcul des éléments de régularisation du tracé, à savoir les flèches horizontales nouvelles et les valeurs de ripage ;
- l'introduction, en cours de travail dans le système de dressage, des valeurs de ripage précédemment calculées.

Pour le nivellement assisté par ordinateur (N.A.O.), l'ordinateur de bord effectue à partir de flèches verticales mémorisées au cours de l'enregistrement préalable :

- le calcul des éléments de régularisation du profil, à savoir les valeurs de relevage ;
- l'introduction, en cours de travail dans le système de nivellement, des valeurs du relevage précédemment calculées.

11.2.7. Cas particulier de l'entretien des longs rails soudés

11.2.7.1. Classement des travaux sur les L.R.S

Les opérations d'entretien se classent en deux catégories suivant qu'elles affectent ou non la stabilité des L.R.S [51].

Sont de la 1ère catégorie, tous les travaux qui ne modifient pas la stabilité de la voie. Ces travaux sont autorisés toute l'année, sans limitation de vitesse quelle que soit la température du rail. Il s'agit des travaux suivants :

- vérification du serrage des attaches ;
- serrage des attaches ;
- contrôle de l'élasticité des attaches ;
- meulage et ébavurage des rails ;
- remise des antiCheminants ;
- rechargement des soudures et empreintes de patinage.

Sont de la 2ème catégorie, tous les travaux qui déconsolident l'assise et le buté de la voie.

Les travaux de 2ème catégorie peuvent être exécutés sans limitation de vitesse si les travaux effectifs[22] et la stabilisation correspondant à ces travaux sont compris à l'intérieur des plages de températures autorisées en fonction de la température de fixation[23] des L.R.S et du tracé, suivant l'opération à exécuter. Ces travaux sont les suivants :

- remplacement des traverses en recherche ;
- consolidation et remplacement des attaches sans levage de la voie ;
- épuration du ballast des cases ;
- nivellement et dressage.

11.2.7.2. Plage des températures pour la réalisation des travaux de 2ème catégorie

Afin de ne pas modifier sensiblement la distribution des contraintes et la stabilité de la voie, l'exécution des travaux de 2ème catégorie n'est admise que dans la plage des températures définie par rapport à la température de fixation T_f soit [79] :

$$T_f - a \text{ à } T_f + b \tag{11.1}$$

Il est donc important de connaître la température de fixation avec précision.

Les valeurs « a » et « b » sont variables, « a » étant normalement supérieur à « b ». Les valeurs de « a » et « b » peuvent dépendre du type d'opérations, des méthodes d'exécution, de la constitution de la voie (traverses en bois ou en béton, rayons de courbes) et des engins utilisés.

---

[22] Par travaux effectifs, il faut comprendre la période qui va de l'ouverture du chantier jusqu'au moment où la voie est rétablie dans son intégrité, tant en ce qui concerne le serrage des attaches que le profil de ballast. Par ailleurs, cette voie doit être cylindrée par au moins un mouvement lourd ou traitée au stabilisateur dynamique [74].

[23] Communément appelée « température neutre » et par extension « température de référence t_r » (par souci de simplification).

La température limite la plus basse à laquelle des opérations sont admises est T_f – 25 °C [40]. La température limite la plus haute ne doit en aucun cas dépasser la température de fixation de plus de 15 °C [79].

À titre d'exemple, les plages de températures adoptées pour l'exécution des travaux de 2ème catégorie aux Chemins de fer français sont les suivantes [51] [74] :

I. Alignement et courbe de rayon > 1 200 m

- Bourrage et dressage par bourreuse-dresseuse mécanique lourde : Exécution possible de tr – 25 °C à tr + 15 °C

- Tous autres travaux : Exécution possible de tr -25 °C à tr + 5 °C

II. Courbe de rayon < 1 200 m

- Bourrage et dressage par bourreuse-dresseuse mécanique lourde : Exécution possible de tr – 25 °C à tr + 10 °C

- Tous autres travaux : Exécution possible de tr – 25 °C à tr + 0 °C

Les plages de températures pour l'exécution des travaux de 2ème catégorie à l'Office national des transports (ONATRA) en République Démocratique du Congo sont les suivantes [46] :

I. Alignement et courbe de rayon ≥ 300 m

- Bourrage et dressage par bourreuse-dresseuse mécanique lourde : Exécution possible de (tr – 25 °C) à (tr + 15 °C)
- Tous autres travaux : Exécution possible de (tr – 25 °C) à (tr + 5 °C)

II. Courbe de rayon < 300 m

- Bourrage et dressage par bourreuse-dresseuse mécanique lourde : Exécution possible de (tr – 25 °C) à (tr + 10 °C)
- Tous autres travaux : Exécution possible de (tr – 25 °C) à (tr + 0 °C)

À la Régie de Chemin de Fer Abidjan-Niger (RAN) en Côte d'Ivoire, pour tous travaux de 2ème catégorie, l'exécution est possible de (tr – 30 °C) à (tr + 10 °C) [47], alors qu'à la RNCFC (Cameroun), cette exécution est possible de (tr – 20 °C) à (tr + 5 °C) [48].

Pendant l'exécution des travaux, les températures des rails doivent être surveillées; celles-ci peuvent être enregistrées par écrit.

Avant d'atteindre les températures limites admises, les opérations d'entretien doivent être complètement terminées, en particulier, la fixation correcte du rail sur la traverse, de même que le ballastage.

Si au cours des travaux effectifs, on constate une montée de température qui fait craindre un dépassement de la température fixée, les travaux doivent être immédiatement interrompus et un ralentissement est imposé jusqu'après passage sur le chantier d'au moins un train lourd si la température n'est pas redescendue auparavant en dessous de la température limite fixée [51]. À titre d'exemple, ce ralentissement est fixé à 40 km/h à l'Office National des Transports en République Démocratique du Congo [46].

11.2.7.3. Stabilisation de la voie

Au paragraphe 8.3 du chapitre VIII, nous avons indiqué qu'une voie récemment posée ou remaniée n'acquiert que progressivement sa stabilité définitive, et que tout travail nécessitant un levage ou un ripage, même peu important de la voie, entraîne une déconsolidation notable pendant un temps plus ou moins long.

Comme pour la voie standard, la stabilisation d'une voie en L.R.S à écartement métrique peut être considérée comme acquise lorsqu'elle satisfait à la double condition de délai et de tonnage supporté. À titre d'exemple, les tonnages et délais minimum requis pour la stabilisation à l'ONATRA, en République démocratique du Congo sont définis au tableau 11.2 [67] [22].

Tableau 11.2. Tonnages et délais minimum requis pour la stabilisation de la voie métrique à l'ONATRA en RDC [67] [22]

Nature des opérations ayant affecté la stabilité de la voie	Stabilisation		
	Tonnage minimal		Délai minimum
	Traverses béton	Autres supports	
I – Renouvellement de matériel ou ballast, travaux assimilables, modifications entraînant la déconsolidation de la voie			
1.1. Après mise à niveau de la voie par relevage	20 000 t	100 000 t	7 jours
1.2. Nivellement complémentaire par bourreuse – dresseuse mécanique lourde :			
1.2.1.Relevages entre points hauts ≤ 70 mm et ripages ≤ 20 mm................................	5 000 t	20 000 t	2 jours
1.2.2. Relevages et (ou) ripages supérieurs aux valeurs précédentes	20 000 t	100 000 t	7 jours
II- Opérations d'entretien de 2ème catégorie			
2.1. Nivellement par bourreuse – dresseuse mécanique			
2.1.1. Relevages entre points hauts ≤ 70 mm et ripages ≤ 20 mm...................................	5 000 t	20 000 t	2 jours
2.1.2. Relevage et (ou) ripages supérieurs aux valeurs précédentes...	20 000 t	100 000 t	7 jours
2.2. Nivellement avec bourreuses individuelles légères :			
2.2.1. Relevages entre points bons ≤ 15 mm et ripages ≤ 20 mm	5 000 t	20 000 t	2 jours
2.2.2. Relevages > 15 mm et ≤ 20 mm et (ou) ripages > 20 mm et ≤ 40 mm......	20 000 t	100 000 t	7 jours
2.3. Autres opérations de 2ème catégorie (fouilles, modification de travelage)	20 000 t	100 000 t	7 jours

11.2.7.4. Procédure de réalisation des travaux de 2ème catégorie

11.2.7.4.1. Remplacement de traverses en recherche

Les dispositions ci-après doivent être respectées lors de l'exécution de cette opération [51] :

- la voie ne doit jamais être levée de plus de 4 cm ;
- au cours d'une même passe, on ne doit pas remplacer plus d'une traverse sur 5 ou 2 sur 10 (traverse ripée de la moitié = traverse remplacée) ;

- 2 traverses consécutives peuvent être remplacées dans la même passe si le dégarnissage est limité à la case intermédiaire ;
- il est interdit de desserrer les attaches de plus de 2 traverses consécutives ;
- le regarnissage doit suivre immédiatement le passage du train écraseur ;
- si plusieurs passes sont nécessaires, la stabilisation doit être acquise entre l'exécution de chacune d'elles.

Dans le cas de remplacement de traverses à la machine à remplacer les traverses (M.R.T.), les dispositions ci-avant sont applicables. Pour éviter de lever la voie de plus de 4 cm, il est autorisé de déposer les attaches des traverses encadrant la traverse à remplacer dans la limite de 20% des traverses sur 20 m à condition :

- de travailler en période d'interdiction de circulation ;
- de se situer dans le fourchette de températures : tr à (tr – 15 °C).

11.2.7.4.2. Consolidation et remplacement des attaches sans levage de la voie

Les dispositions suivantes doivent être respectées [51] :

- ne pas desserrer plus de 2 traverses consécutives ;
- ne pas desserrer les attaches de plus de 20% des traverses sur une longueur élémentaire de rail de 20 m au maximum ;
- procéder éventuellement par passes successives séparées entre elles par le délai de stabilisation.

11.2.7.4.3. Épuration du ballast des cases

Cette épuration doit se réaliser de la manière suivante [51] :

a) Épuration limitée à des plages de faible longueur (20 m au maximum) espacées d'au moins 50 m

- pas de démoulage ;
- dégarnissage limité à 5 cm au-dessous du niveau inférieur des traverses ;
- ne pas dégarnir simultanément plus de 2 cases consécutives, ni plus de 20% des cases, rétablir très rapidement le profil réglementaire de ballast.

b) Épuration sur de grandes longueurs

Cette opération n'est à entreprendre que sous couvert d'une limitation de vitesse, par exemple 20 km/h, et ne pas laisser plus de 20 m sans ballast.

11.2.7.4.4. Nivellement et dressage

Au cours de cette opération, le relevage maximum sur points bons est limité à 20 mm pour le bourrage mécanique lourd, 15 mm pour le bourrage mécanique individuel et 10 mm pour le bourrage manuel [51].

Si l'on doit procéder à des relevages supérieurs à ceux indiqués ci-dessus, il faut opérer sous le couvert d'une limitation de vitesse, par exemple 30 km/h, maintenue jusqu'à écoulement du délai de stabilisation.

Le nivellement doit être suivi immédiatement du dressage dont l'amplitude des corrections ne doit pas dépasser 20 mm. Si la correction est supérieure à 20 mm, il faut l'exécuter avant de faire le nivellement et en plusieurs passes successives, séparées entre elles par le délai de stabilisation, ou opérer sous le couvert d'une limitation de vitesse, maintenue jusqu'à écoulement du délai de stabilisation. Les ripages supérieurs à 40 mm sont assimilés à des modifications de tracé [51].

11.2.7.5. Réparation des L.R.S suite à des incidents

11.2.7.5.1. Ruptures et défauts de rails

a) Principe de réparation de rupture de rail à plus de 200 m d'une extrémité de L.R.S

Après une réparation, un L.R.S rompu ou avarié doit retrouver les mêmes efforts pour une même température. Le principe de réparation consiste donc à « remettre en voie une quantité de métal identique à celle qui sera enlevée, sous les mêmes conditions de température » [51] [28].

Il faut pour cela s'assurer que le coupon à mettre en voie et le rail à déposer présentent le même état de contrainte ; ainsi :

- pour un L.R.S rompu, à la température du rail, le coupon et le L.R.S (sur une faible distance de part et d'autre de la lacune) sont au repos : pas de contrainte, d'où le métal d'apport est égal à la quantité de métal enlevé ;
- pour un L.R.S non rompu et non tronçonné, le L.R.S et le coupon à mettre en voie ne sont pas dans le même état de contrainte ; le L.R.S est au repos à la température de référence, le coupon est au repos à la température du rail « t ». Il ne faut donc pas tenir compte de la longueur L mesurée du coupon mais de la longueur qu'il aurait à la

température de référence « t_r ». Au métal d'apport il convient d'ajouter la quantité $\frac{L}{100}(t_r - t)$; avec L en mètres.

La valeur du métal enlevé est égale à la valeur des coupons enlevés, plus la valeur du métal disparu lors des coupes faites, soit à la scie (2 mm) soit à la tronçonneuse (5 mm).

La valeur du métal remis en voie doit être égale à la valeur du coupon nouveau plus la valeur du métal d'apport des soudures. Si l'on réserve une lacune de S mm pour l'exécution de la soudure, après refroidissement, l'apport de métal à prendre en compte est (S – 1) mm.

Après réparation, il restera à procéder à un équilibrage (homogénéisation) des contraintes sur une longueur de 50 m de part et d'autre de l'emplacement subissant la réparation. Cette réparation doit être réalisée à une température du rail égale ou inférieure à la température de fixation.

Lorsque la température du rail est inférieure à la température de fixation, il est nécessaire d'utiliser des tendeurs hydrauliques de rail pour exécuter les soudures définitives.

b) Mode opératoire de réparation définitive d'une rupture nécessitant le remplacement d'un élément de rail [51].

- tracer sur le rail en voie (Fig.11.2), 2 traits fins A et B en face de chaque extrémité du rail approvisionné sur les têtes de traverses, au moyen d'une équerre ;
- desserrer les attaches sur la longueur AB et mesurer l'ouverture de la lacune « e » en mm, ensuite ;
- à partir de B, en dehors de AB, tracer avec précision un trait fin C tel que : BC = e + 2(S – 1), où S(mm) est l'ouverture à ménager pour chacune des 2 soudures ;
- couper le rail en A et C en laissant les traits repères A et C juste visibles sur la partie restant sur la voie ;
- détirefonner la longueur à substituer et retirer les deux coupons ;
- mettre en place le coupon approvisionné et souder une de ses extrémités en A par exemple, en réservant la lacune S (mm) pour la soudure ;
- effectuer ensuite la seconde soudure en réduisant après refroidissement de la 1ère soudure, la lacune à S(mm) ; la réduction de la lacune peut être obtenue par traction à l'aide d'un tendeur hydraulique ou à température ambiante ;
- dès que possible et lorsque le rail a repris la température ambiante, effectuer une homogénéisation des contraintes sur la longueur substituée et 50 m de part et d'autre.

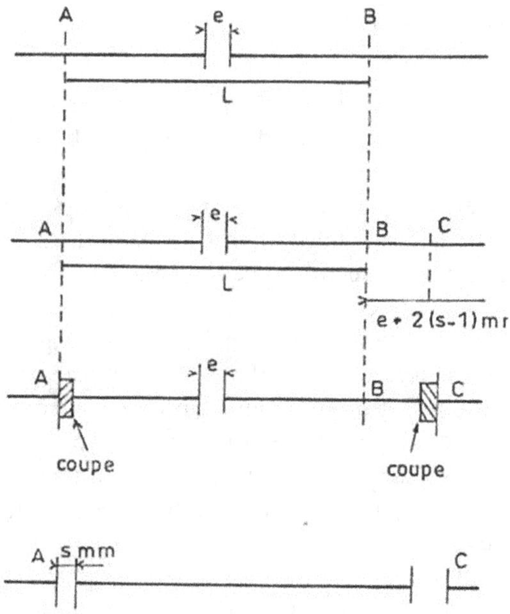

Fig. 11.2. Schéma de réparation définitive d'une rupture de rail [51]

c) Remplacement de rail défectueux

Le mode opératoire est analogue à celui décrit dans le cas d'une rupture, mais ici, la valeur de BC est (en mm) :

$$BC = 2\,(S - 1) + \frac{L}{100}\,(t_r - t) \qquad (11.2.)$$

où : L : longueur du rail en m
S : lacune de la soudure en mm
t_r : température de référence
t : température du rail

d) Réparations définitives à moins de 200 m d'une extrémité de L.R.S

Les méthodes sont les mêmes que celles décrites précédemment en ce qui concerne notamment la détermination de la longueur de coupon de rail à substituer [51].

Quant à l'homogénéisation des contraintes, les dispositions sont les suivantes :

- si la soudure la plus proche de l'extrémité du L.R.S est située à moins de 30 m de celle-ci, aucune libération n'est effectuée ;
- si la soudure la plus proche de l'extrémité du L.R.S est située entre 30 et 100 m de celle-ci, on effectue une libération partielle en partant d'un point situé à 200 m de l'extrémité du L.R.S ;
- si la soudure la plus proche de l'extrémité du L.R.S est située à plus de 100 m de celle-ci, le desserrage des attaches effectué pour homogénéiser les contraintes doit être arrêté à 100 m de l'extrémité du L.R.S.

11.2.7.5.2. Déformation de voie

On désigne déformation ou déjettement de voie un déplacement du châssis de voie par rapport à sa position initiale dans le plan horizontal [79].

La déformation de voie peut se produire lorsque les résistances transversales et la rigidité du châssis de voie, soumises aux efforts de compression, sont insuffisantes pour éviter un flambage de voie. Cette question a été traitée au point 9.2.3 du chapitre IX.

Avant de procéder à la réparation d'une déformation de voie, il y'a lieu de relever toutes les informations concernant la cause de cet incident.

Le rétablissement de la voie suite à une déformation [51] [96] s'effectue de la manière suivante :

a) Des travaux de 2ème catégorie avaient été exécutés récemment (délai de stabilisation correspondant à 3 fois la stabilisation)

1er cas : La déformation est ≤ 2 cm (mesurée à l'aide d'un cordeau de 15 m de longueur (la longueur critique de la déformation) :

- autoriser le passage des trains, par exemple à 10 km/h ;
- attendre que la température du rail soit redescendue au-dessous de la température de référence ; remettre la voie en place, la niveler au moyen de bourreuses individuelles légères et la dresser ;
- dans le cas où la déformation se situe à plus de 150 m de l'extrémité du L.R.S, effectuer une homogénéisation des contraintes en desserrant les attaches sur 50 m de part et d'autre de la déformation ;
- dans le cas où la déformation se situe à moins de 150 m de l'extrémité du L.R.S, desserrer puis resserrer les attaches sur la longueur de la déformation seulement et vérifier le serrage des attaches sur au moins 50 m de part et d'autre ;
- ballaster abondamment la zone de déformation ;
- reprendre la vitesse normale en surveillant la tenue de la voie pendant la durée du délai de stabilisation.

2ème cas : La déformation est > 2 cm :

- si possible, circulation à faible vitesse (passage au pas), sinon, arrêt ;
- couper les rails au centre de la déformation, enlever l'excédent de longueur ;
- remettre la voie en place et éclisser provisoirement ;
- desserrer, puis resserrer les attaches sur toute la longueur de la déformation ;
- niveler, dresser et ballaster abondamment la zone de déformation ;
- relever le taux de limitation de vitesse à 40 km/h ;
- surveiller la tenue de la voie ;
- remplacer les rails faussés sur toute la longueur de la déformation ;
- niveler, dresser ;
- rétablir la vitesse normale après le délai de stabilisation ;
- effectuer le plus tôt possible une libération partielle des contraintes.

b) Aucun travail de 2ème catégorie n'avait été fait récemment

- probabilité de rails faussés qui sont à remplacer sur toute la longueur de la déformation ;
- puis opérer comme au 2ème cas.

11.2.8. Programmation de l'entretien de la voie : Calendrier–Programme

11.2.8.1. Nécessité de la programmation des travaux

La nature des tâches des brigades de la voie et leur importance peuvent subir des variations notables d'un exercice à l'autre. Par ailleurs, leur exécution doit souvent répondre à des impératifs de calendrier pour tenir compte de sujétions techniques ou de programmes de travaux dépassant le cadre local.

Pour permettre d'adapter les effectifs aux besoins réels et de coordonner les diverses tâches, il paraît donc indispensable d'établir un programme annuel de l'ensemble des travaux qui sont à la charge des brigades. Ce programme est appelé « Calendrier-Programme », établi par un chef de district ayant la responsabilité de plusieurs brigades [74] .

11.2.8.2. Fonction du calendrier – programme

L'établissement du Calendrier – Programme précède d'une étude sur place du travail à exécuter. Il fixe pour chaque nature de travail, le nombre d'heures de main-d'œuvre à prévoir et résume sous forme graphique, la programmation prévue du chantier d'entretien.

C'est aussi un instrument de contrôle de gestion car au fur et à mesure de l'exécution, les temps effectifs passés pour chaque nature d'opération y sont reportés et la marche réelle des chantiers est schématisée [8].

C'est en outre un véritable tableau de bord de l'utilisation de la main-d'œuvre disponible en prévision et en exécution, permettant de corriger les écarts entre prévisions et exécutions au fur et à mesure de leur apparition [8].

11.2.8.3. Programmation annuelle

L'établissement en cours d'année A-1 du Calendrier - Programme pour l'année A, a pour objet de permettre [74] :

- la présentation d'un programme d'entretien des voies et des appareils comprenant :
    - les travaux cycliques arrivant à échéance l'année A ;
    - les travaux non cycliques dont l'exécution paraît devoir être nécessaire ;
- l'estimation des temps à prévoir pour l'exécution de ces divers travaux d'entretien ;
- la détermination des temps à réserver pour les travaux autres que ceux concernant l'entretien de la voie et des appareils ;
- l'évaluation des besoins totaux en main-d'œuvre ;
- la comparaison entre ces besoins et les effectifs dont on pense pouvoir disposer ;
- la préparation du programme annuel du district en tenant compte des renforts ou des détachements de main-d'œuvre probables en rectifiant, le cas échéant les prévisions de travaux ;
- la mise au point du calendrier prévisible des travaux, compte tenu :
    - de l'échéance limite imposée pour certaines opérations (toilette des installations de sécurité par exemple) ;
    - des périodes d'interdiction des travaux affectant la stabilité de la voie ;
    - des programmes de travaux importants (grandes opérations périodiques, travaux sur opérations localisées ou au compte d'investissement) ;
    - des dates prévues pour la livraison des traverses, la mise à disposition des engins mécaniques, les opérations de bourrage–dressage et les mouvements de personnel envisagés.

11.2.8.4. Programmation hebdomadaire

Le Calendrier-Programme fournit une vue d'ensemble de la tâche incombant aux équipes de la voie, mais celle-ci doit être complétée par une organisation plus précise et plus détaillée.

L'organisation à court terme du travail des brigades est concrétisée par le programme hebdomadaire. Ce programme hebdomadaire, établi par le chef de district, permet de faire au chef de brigade (chef de canton) :

- la liste des tâches de la semaine suivante ;
- la composition des équipes élémentaires.

11.2.8.5. Le contrôle de gestion

L'examen du Calendrier- Programme en cours d'année permet de suivre le déroulement des travaux et de constater les écarts tant au point de vue du respect des programmes qu'en ce qui concerne les effectifs à disposition.

Le Calendrier- Programme est la base de l'organisation du travail et de la gestion du personnel des brigades. C'est un document de travail précis et complet. Il est donc indispensable qu'il soit établi avec le plus grand soin et que sa tenue au cours de l'année soit suivie régulièrement avec le maximum d'attention et d'intérêt.

11.2.8.6. Rôle des cadres dans la programmation

Le respect de la programmation nécessite de la part de l'encadrement après que le programme et donc le Calendrier - Programme ait été vérifié et accepté, de mettre en œuvre les moyens nécessaires à sa réalisation, qu'il s'agisse :

- des matières et matériaux nécessaires ;
- des engins mécaniques indispensables ;
- du personnel prévu pour l'exécution des tâches.

Le Calendrier - Programme doit être examiné au cours de leur tournée par les chefs de section, les chefs de division pour connaître les conditions de gestion du personnel et les difficultés rencontrées.

Chaque cadre doit s'efforcer de remédier aux anomalies constatées :

- soit en provoquant des mouvements de personnel nécessaires et des livraisons des matériaux ;
- soit en agissant sur le volume des travaux (modification des programmes éventuellement).

11.3. Aspects généraux du renouvellement de voie

11.3.1. Nécessité d'un renouvellement de voie

Les renouvellements de voie interviennent [77] :

- lorsque l'entretien courant ne peut plus remplir convenablement son rôle, compte tenu du vieillissement ou de l'obsolescence des éléments constitutifs ;
- ou en vue de répondre à l'augmentation des performances, charges, tonnages et vitesse, demandés par l'exploitation (renouvellement de modernisation).

Selon la partie de voie à renouveler, on distingue :

- les renouvellements de ballast (RB) ;
- les renouvellements de rails seuls (RR) ;
- les renouvellements complets de voie et de ballast (RVB).

Le choix du type de renouvellement à envisager pour une partie de voie donnée dépend de l'état de cette voie :

- RB : si le ballast est pollué mais les châssis de la voie en bon état ;
- RR : si les rails sont usés ou déformés aux abouts, ou chanfreinés, ou avec des défauts de fatigue nombreux ; ou lorsqu'on veut substituer des longs rails soudés à des barres normales, alors que les autres éléments constitutifs sont dans un état convenable ;
- RVB : si tous les éléments constitutifs sont très usés. Toutefois, dans ce dernier cas, le taux d'évolution du nivellement intervient comme indicateur très important pour définir les améliorations à apporter aux sous-couches et épaisseurs de ballast [99].

11.3.2. Différentes opérations élémentaires du renouvellement de voie

Le renouvellement simultané de la voie et du ballast consiste à substituer à la vieille voie, une voie neuve, de conception plus récente et à reconstituer un ballast sain, d'épaisseur compatible avec la nature du trafic et la qualité de la plate-forme [77].

Le renouvellement simultané de la voie et du ballast comprend une série d'opérations élémentaires [77] :

- le dégarnissage, le criblage et l'évacuation de produits de dégarnissage, par bandes transporteuses sur wagons destinés à la décharge ou jet direct au remblai ;
- la substitution de la voie nouvelle à la voie ancienne ;
- le ballastage et le relevage de la voie ;
- le nivellement et le dressage ;
- les autres opérations notamment, le soudage par aluminothermie des rails livrés par les ateliers en longueur montée, la libération des contraintes pouvant exister dans les longs rails soudés, le nouveau nivellement-dressage (dit complémentaire) et réglage des banquettes de ballast au profil prescrit, et la finition (nettoyage des accotements - pistes).

La substitution de voie peut être réalisée de deux façons différentes [74] :

- substitution de panneaux montés en site propre, ce qui nécessite, soit la substitution des rails après dépose et leur remplacement par des longs rails soudés, soit le soudage en voie des longueurs élémentaires ;
- substitution du plancher après dépose des traverses soit par longueurs (par portiques) soit à l'unité (par train), ce qui nécessite dans les deux cas, le déchargement préalable du rail neuf sur la voie ancienne, puis le rechargement des rails déposés, soit par panneaux avec les traverses (Photo 18, Congo Brazzaville), soit à l'aide de rames spécialisées au rechargement.

Photo 18 (Source : ATC)

Le ballastage est réalisé à l'aide de trémies à déchargement manuel (trappes ou leviers) soit pneumatique. Le nivellement est exécuté à l'aide de bourreuses auto-niveleuses dresseuses.

11.3.3. Etudes préliminaires – Organisation du chantier

Le renouvellement de la voie nécessite au préalable l'exécution de travaux préparatoires nécessaires pour déterminer la géométrie future de la voie à renouveler. Ces principaux travaux préparatoires sont les suivants [74] :

- étude du tracé ;
- relevés puis confection des profils en long et en travers ;
- relevé de l'armement ancien, définition de l'armement futur ;
- définition des profondeurs de dégarnissage et des hauteurs de relevage ;
- travaux particuliers concernant les passages à niveau, les gares, etc.

D'autre part, un chantier de renouvellement important doit être programmé au moins un an à l'avance par la Direction de l'Équipement et en accord avec la Direction du Transport [59].

Une fois le chantier programmé, l'organisation à mettre en place est la suivante :

- établissement des demandes de matériaux ;
- définition des modalités d'exécution en accord avec la Direction du Transport :
- mise en place de l'encadrement du chantier ;
- suivi du déroulement au jour le jour ;
- contrôle de la qualité obtenu ;
- règlement des travaux.

L'organisation dépend :

- du matériel mis à disposition ;
- de la période à laquelle il se déroule ;
- des particularités locales (pleine voie – gares) ;
- des contraintes de la Direction du Transport qui modifie son plan de transport en fonction de l'impératif de la réalisation des travaux dans un délai prévu à l'avance et qui doit être respecté.

Tous ces points sont débattus au cours de réunions auxquelles assistent les représentants de l'entreprise et des services de l'Équipement et du Transport.

L'encadrement est constitué au niveau du chantier par :

- un cadre dirigeant de l'Équipement ;
- un réalisateur (chef de section ou de district) ;
- une organisation type brigades par chantiers élémentaires assurant la surveillance technique et la sécurité du personnel et des circulations.

Le contrôle est assuré à tous les stades de la réalisation :

- contrôle du dégarnissage (profondeurs – pentes – récupération de ballast) ;
- contrôle de la substitution (travelage, pose des rails, pose des attaches (couples de serrage) ;
- contrôle du nivellement par bourrage mécanique.

Les réceptions sont faites à l'issue des travaux après un délai d'un mois correspondant au délai de garantie.

11.4. Maintenance des ouvrages en terre et des couches d'assise de la voie

11.4.1. Généralités

Les travaux de maintenance des ouvrages en terre et des couches d'assise comprennent notamment [24] [5] :

- pour ce qui concerne les ouvrages en terre proprement dits :
    - l'entretien des dispositifs de drainage, de collecte et de protection ;
    - les opérations localisées nécessaires pour compléter le drainage, contrôler l'érosion et l'altération et assurer le cas échéant la confortation des zones critiques.

- pour ce qui concerne les couches d'assise comme nous le verrons au point 11.4.3 :

    - les grandes opérations de renouvellement (notamment renouvellement de la couche de ballast) ;
    - les opérations d'entretien du nivellement ;
    - les opérations localisées d'assainissement ou d'étanchéité (drainage et collecte des eaux, ainsi que, s'il y a lieu, substitution des couches d'assise).

11.4.2. Surveillance visuelle des ouvrages en terre

Une grande attention doit être apportée à la surveillance visuelle de la plateforme, des talus et des dispositifs qui les protègent en vue de déceler, dès leur apparition, les désordres qui peuvent se manifester [125].

Des mesures rapides et peu onéreuses prises en temps voulu permettent souvent d'arrêter des mouvements qui pourraient devenir plus importants et d'éviter ainsi des accidents graves ou des réparations onéreuses.

L'eau, quelle que soit son origine, est le principal agent des dommages causés à l'infrastructure du chemin de fer (érosion, submersion, coulées, détrempage des sols, etc.).

La surveillance doit donc être particulièrement active pendant les périodes de pluviosité intense ou humide prolongée.

Les petits ouvrages, établis sous les voies pour l'écoulement des eaux d'un côté à l'autre de la plateforme, doivent être examinés pour vérifier qu'ils sont en bon état et que leur débouché, comme celui des fossés, est largement dégagé.

En ce qui concerne particulièrement la plateforme, il est important de chercher à déterminer les parties argileuses de cette dernière qui sont à l'origine de la mauvaise tenue de la voie. Les remontées de glaise à travers le ballast, particulièrement aux joints, doivent être repérées [125].

Les talus des remblais et tranchées, principalement dans les parties de lignes en terrain argileux, humides ou peu stables, doivent être périodiquement explorés pour y rechercher les indices des mouvements qui pourraient s'y produire. Les débroussaillages nécessaires pour faciliter cet examen doivent être régulièrement pratiqués sans toutefois perdre de vue qu'un dépouillement excessif peut faciliter des glissements superficiels des terres ; les débroussaillages chimiques étant bien évidemment à proscrire [125].

Les talus de tranchée doivent être examinés en vue de prévenir tous éboulements ou chutes de pierres sur la voie.

Si le pied des remblais est habituellement ou périodiquement baigné par les eaux, on s'assure qu'il ne s'y produit pas d'affouillement et que les enrochements, gabions, ou tout autre dispositif de protection sont en bon état [125].

11.4.3. Maintenance des couches d'assise de la voie

11.4.3.1. Influence de la qualité de la plateforme sur l'évolution de la tenue du nivellement

Au point 2.2.1 (chapitre II), nous avons indiqué que l'intensité des sollicitations répétées exercées sur la plateforme doit être compatible avec la capacité de portance de cette dernière.

Lorsque la qualité de la fondation de la voie est insuffisante, la fréquence des interventions permettant d'assurer le niveau de qualité géométrique requis est plus élevée que dans la situation normale par suite [69] :

- de l'altération de la plateforme qui se manifeste par :
    - la déformation progressive à cause de l'insuffisance de la portance ;
    - l'apparition des remontées boueuses en provenance de la plateforme, d'où l'évacuation transversale des eaux zénithales n'est plus assurée et le phénomène va en s'amplifiant.

- du vieillissement plus intensif de la superstructure : l'attrition du ballast est plus rapide en présence d'eau ; l'amortissement procuré par la couche de ballast est plus faible et les sollicitations dynamiques sont plus élevées.

11.4.3.2. Méthodologie des études de maintenance des couches d'assise de la voie

Des études détaillées ont été réalisées sur cette question [115] [69]. C'est ainsi que pour les lignes importantes à renouvellement systématique [24], les Chemins de fer français ont pu établir une loi empirique reliant le nombre d'interventions annuelles en nivellement sur un tronçon de voie donné (ou le nombre d'heures de bourrage) à l'âge de la voie et à un coefficient « k » lié à la tenue de la plateforme [129] :

$$I = C\,[a + bk\,(2^{N/5} - 1)] \qquad (11.3)$$

où

- I : nombre d'interventions ou le nombre d'heures passées annuellement au bourrage ;
- N : l'âge de la voie en années (nombre d'années depuis le RVB) ;
- C est égal à 1 sur voies à fort trafic et 0,75 dans les autres cas ;
- a et b : respectivement égaux à 0,41 et 0,08 en nombre d'interventions et 125 et 25 en nombre d'heures ;
- k : coefficient d'entretien d'assise ; c'est un indicateur très sensible de la qualité de la fondation.

Connaissant I à partir des calendriers - programmes successifs, la formule (11.3) permet de calculer la valeur de k pour un tronçon de voie déterminé.

En cas de renouvellement, il convient de viser des valeurs de k comprises entre 0,3 et 0,7 [129].

11.4.3.3. Techniques classiques de maintenance des couches d'assise

Ces techniques sont en usage aux Chemins de fer français sur les lignes importantes à renouvellement systématique [24].

D'une façon générale, la connaissance du coefficient d'entretien k est primordiale pour conduire rationnellement les études et les travaux de maintenance des couches d'assise. Les dispositions à prendre peuvent être les suivantes [69] [24] :

a) Couches d'assise correctement dimensionnées : $k < 1$

L'entretien courant doit pouvoir se faire par bourrage mécanisé tout au long d'un cycle avec surveillance des dispositifs de drainage.

Le renouvellement doit être étudié en tenant compte des dispositions suivantes :

- éviter de dégarnir à une profondeur supérieure à l'épaisseur de ballast existante ;
- penter correctement le fond de dégarnissage ;
- prévoir une couche de ballast sain d'épaisseur suffisante pour permettre le bourrage tout au long d'un cycle et renforcer l'assise en fonction de l'armement et du trafic futurs, de façon à obtenir si possible k voisin de 1/3.

b) Couches d'assise légèrement sous-dimensionnées : $1 < k < 2,5$

L'entretien courant doit être conduit, dans la mesure du possible, de façon à effectuer, avec apport préalable de ballast, des relevages successifs par bourrage mécanisé, en vue de ramener k à une valeur voisine de 1 pour permettre de prolonger l'entretien par bourrage tout au long d'un cycle de vie de la voie et éviter une dégradation irréversible du matériau de la sous-couche.

Par ailleurs, il convient de prendre les mesures appropriées lorsque apparaissent des remontées boueuses.

Le renouvellement doit être étudié en adoptant les mêmes dispositions prévues lorsque k est inférieur à 1, en s'attachant toutefois plus particulièrement à vérifier la bonne qualité des sous-couches dans les domaines de la propreté et du comportement hydraulique. De plus, le renforcement de la structure pour obtenir k = 1/3 est souhaitable.

c) Couches d'assise sous-dimensionnées et présomption de mauvaise qualité de la sous-couche et du mauvais fonctionnement hydraulique : $2,5 < k < 5$.

L'entretien courant doit être conduit de façon à améliorer sans cesse cette situation qui, si elle se prolongeait, compromettrait de façon irrémédiable la qualité de la sous-couche. Si la qualité du matériau de la sous-couche est acceptable (à vérifier par quelques sondages), il peut suffire d'améliorer le drainage dans les zones de remontées boueuses et d'effectuer, à la faveur des bourrages, des relevages par apport de ballast, de façon à améliorer progressivement la valeur de k. Si la qualité du matériau de sous-couche est trop médiocre, il faut envisager un assainissement.

Le renouvellement doit encore ici être étudié avec les dispositions propres à obtenir un coefficient d'entretien d'assise inférieur à 1 ou, si cela risque de s'avérer impossible, être précédé d'un assainissement.

d) Couches d'assise sous-dimensionnées, mauvaise qualité ou inexistence de la sous-couche, mauvais fonctionnement hydraulique : $k > 5$.

Dès que sur une évolution de plusieurs années et malgré les tentatives d'amélioration, une telle valeur de k se confirme, il y a lieu d'envisager un assainissement.

La figure 11.3 montre l'influence d'une modification d'épaisseur des couches d'assise sur le coefficient d'entretien d'assise [24] [69] [129].

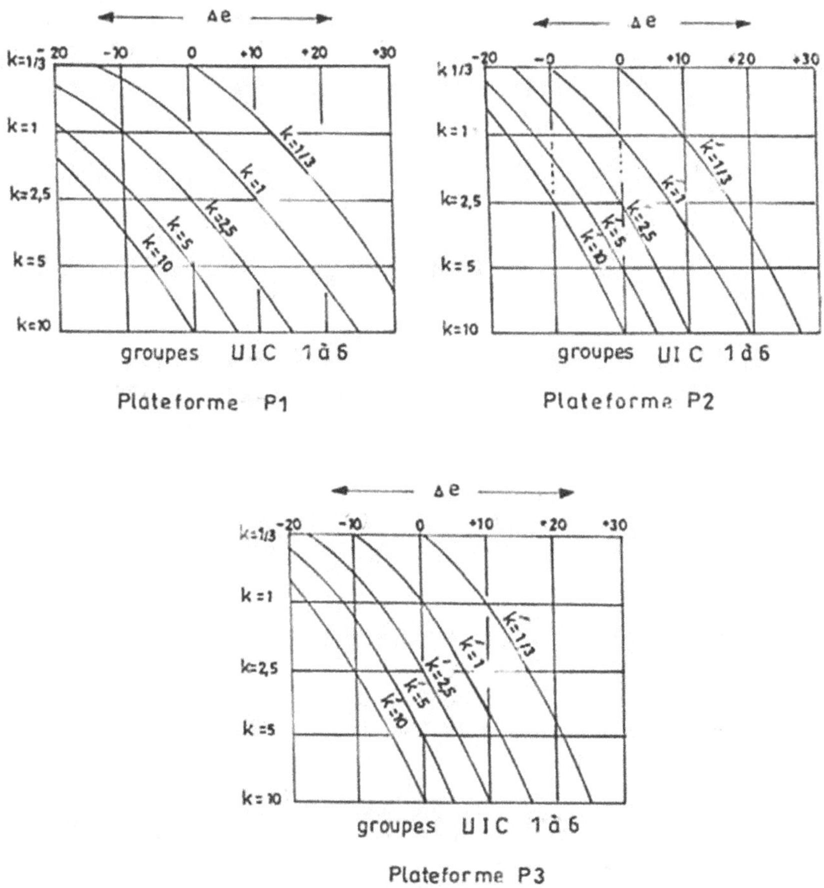

k- coefficient d'entretien d'assise actuel; k'- coefficient d'entretien d'assise futur; k = 1/3 - nivellement très bon; k = 1, nivellement bon; k = 2,5 - nivellement médiocre; k = 5 - nivellement mauvais; k = 10 - nivellement très mauvais; Δe - modification d'épaisseur des couches d'assise en cm.

Fig. 11.3. Influence d'une modification d'épaisseur des couches d'assise sur le coefficient d'entretien d'assise [24] [129] [69]

11.5. Mécanisation de la maintenance de la voie

11.5.1. Domaines d'application de la mécanisation

La mécanisation est l'un des plus efficaces facteurs d'économie dans le domaine de la maintenance.

Le terme de mécanisation ne suppose pas nécessairement la présence d'un moteur, mais simplement celle d'un dispositif quelconque qui, se substituant à une action humaine directe, fournit un travail équivalent [101].

On peut considérer quatre grandes familles d'application [59] :

- la mécanisation de l'information sur l'état réel de la voie : elle concerne les méthodes de saisie des caractéristiques géométriques de la voie et l'exploitation de cette information, de détection des défauts du rail (internes et de surface) ;

- la mécanisation légère : elle concerne l'exécution des petits travaux traditionnellement à la charge des équipes, ainsi que la protection de ces mêmes travaux ;

- la mécanisation lourde qui concerne l'exécution :

  • des travaux d'amélioration de la géométrie de la voie (nivellement–dressage) ;
  • des travaux d'amélioration de la table de roulement des rails (meulage) ;
  • des travaux touchant à l'infrastructure et aux abords de la voie (désherbage, débroussaillage, curage des fossés) ;
  • des manutentions de pièces lourdes (rails, traverses, pièces d'appareils de voie) ;

- la mécanisation lourde en atelier comprenant plusieurs domaines bien spécifiques :

  • la régénération des rails aux fins de réutilisation ultérieure ;
  • les chaînes de soudage pour la confection des barres élémentaires de L.R.S ;
  • la régénération des traverses métalliques ;
  • le tri mécanisé du menu matériel de voie ;
  • le frettage préventif des traverses bois en atelier ;
  • la régénération des tirefonds ;
  • l'entaillage et le perçage des traverses ;
  • l'imprégnation des traverses.

11.5.2. Outillage et engins de mécanisation

11.5.2.1. La mécanisation de l'information

1. Caractéristiques géométriques

On utilise deux types de matériel [59] :

a) Les véhicules d'enregistrement

Ils permettent l'enregistrement en charge et en vitesse toutes les caractéristiques géométriques de la voie, tant dans le plan horizontal que le plan vertical.

Le graphique classique dont l'exemple est montré à la figure 11.1, donne de la voie une image un peu déformée mais néanmoins identifiable sur le terrain.

Les véhicules utilisés peuvent se classer en quatre catégories suivant les vitesses de travail à savoir [102] :

- draisines V 40 km/h (PV6-PV7 Matisa, EM20-EM30 Plasser & Theurer) ;
- draisines V 60 km/h (PV8 Matisa, EM 50 Plasser) ;
- autorails V 120 km/h (M462 Matisa, EM 120, EM80 Plasser) ;
- voitures V 160 km/h (A 461 Matisa, EM160/200 Plasser).

b) Les accélérographes

Il s'agit des accélérographes bidirectionnels, placés à bord de trains d'essai en vue de relèvements de vitesse ou de trains commerciaux pour apprécier la qualité d'entretien de la voie et le comportement du matériel.

Ces engins permettent l'enregistrement continu des accélérations transversales et verticales. Ils sont peu encombrants (environ 14 Kg).

2. Auscultation des rails

Le contrôle des rails et des soudures en voie est nécessaire pour la recherche et la localisation des défauts de fatigue internes pouvant entraîner, à court terme, une rupture sous charges roulantes, en vue d'une prévention de tels incidents. Cette opération est absolument indispensable sur les lignes à fort tonnage minier afin d'éviter les ruptures aux conséquences importantes.

Le matériel utilisé peut être le suivant :

- équipement installé à bord d'une draisine ou d'une remorque (20 km/h) ;
- appareil bi-files monté sur un chariot poussé à la main ;
- petit appareil portatif à visualisation simple pour le contrôle des points singuliers et la confirmation de la localisation exacte des défauts ;
- grande voiture.

3. État de la surface des rails

La détection et l'enregistrement de l'état de la surface de roulement du rail, notamment de l'usure ondulatoire, sont maintenant assurés par une draisine spécialisée. À partir de palpeurs mécaniques, les défauts sont transmis par voie accélérométrique ; les informations sont filtrées et intégrées à l'aide d'un appareillage électronique [59].

Les enregistrements obtenus donnent la valeur caractéristique de l'amplitude et de la longueur d'onde des défauts pour chaque file de rail.

Ces enregistrements permettent de déceler avec précision les zones de voie à traiter par meulage, opération souvent complémentaire de celle de nivellement, et qui est souvent nécessaire sur les voies parcourues par des trafics miniers lourds, qui semblent favoriser l'apparition de tels phénomènes (pour lequel d'autres causes mal identifiées interviennent), lesquels accélèrent la détérioration du nivellement [59].

11.5.2.2. La mécanisation légère

Elle regroupe essentiellement les engins mécanisés d'entretien de la voie, utilisables par les équipes locales d'entretien. Ces machines, dont le poids varie de 50 à 200 kg, sont assez facilement déraillables par l'intervention de deux à quatre agents. On peut les diviser en 3 grands groupes suivants [59] :

a) Le matériel mécanique utilisé pour l'entretien du support (traverses bois, béton ou métallique)

Ce matériel représente le parc et la gamme les plus importants des engins à disposition des équipes. Ce matériel est essentiellement le suivant :

- tirefonneuses ;
- perceuses ;
- délardeuses d'épaulement ;
- réentailleuses ;
- chevilleuses ;

- machines à remplacer les traverses (MRT) qui sont des machines automotrices déraillables, équipées de vérins permettant de lever la voie et d'un bras à commande hydraulique, destiné à extraire les vieilles traverses et à insérer les nouvelles sous la voie.

b) Les engins mécaniques utilisés pour l'entretien des rails

Ces engins forment également un parc important constitué comme suit [59] :

- scies et perceuses à rails, qui ont l'avantage de permettre une exécution rapide avec une grande précision et une qualité assurée ;.
- ébavureuses ;
- décalamineuses à brosses ;
- différents types de meuleuses, permettant soit de reprofiler les champignons de rails après soudure ou rechargement, soit d'éliminer les défauts de surface dus au patinage ou même de l'usure ondulatoire ;
- tendeurs hydrauliques de rails utilisés pour allonger les rails et amener les contraintes internes à un niveau équivalent à celui créé par une température fictive.

c) Engins mécanisés pour le bourrage de la voie : il s'agit notamment des bourreuses légères individuelles.

11.5.2.3. La mécanisation lourde en voie

Elle concerne principalement les domaines suivants [59] :

a) Correction de la géométrie de la voie

Les différentes générations de machines réalisent le relevage de la voie suivant une correction automatique du nivellement et le bourrage sous traverses par compression et vibration du ballast ;

b) Opérations complémentaires des rectifications de la géométrie de la voie.

Sont également en service et en accompagnement des chantiers de bourrage :

- des régaleuses indépendantes munies ou non de trémies qui assurent le regarnissage, le reprofilage des banquettes et le balayage de la voie ;

- des compacteuses ou dameuses de cases et de banquettes pour assurer plus rapidement une stabilisation de la voie et accroître la résistance latérale de la voie ;
- des stabilisateurs destinés à assurer une stabilisation artificielle de la voie immédiatement dernière un bourrage comportant des relevages importants.

c) Travaux de rectification de la table de roulement

La mécanisation lourde complémentaire des opérations de correction de la géométrie consiste en l'utilisation d'engins spécialisés pour la rectification des rails en voie, en vue d'éliminer leurs défauts de surface ou usures qui se développent avec le trafic et notamment l'usure ondulatoire, phénomène qu'entraîne des dégradations du nivellement et des fatigues du matériel roulant. Il s'agit [59] :

- soit de trains meuleurs à meules rotatives, qu'assurent, par l'action conjuguée de ces meules, le reprofilage des rails, à la vitesse de 5 km/h environ, suivant un certain nombre de passes, fonction de l'importance des usures et de la nature du rail ;
- soit des engins autonomes moins lourds, qui travaillent à 1,5 km/h environ et rectifiant une moins grande épaisseur.

d) Travaux de pose de voie et de soudure

Les travaux de pose de voie peuvent être exécutés avec :

- des portiques légers permettant la manutention des rails ;
- des portiques lourds assurant la manutention complète des longueurs montées, et circulant sur des chemins de roulement auxiliaires encadrant la voie à renouveler ;
- des « wagons poutres » dans lesquels les éléments déposés ou posés passent en longueur montée ;
- avec un système « à train de substitution » qui consiste en une chaîne de manutention continue de traverses posées ou déposées une à une au moyen d'une poutre de manutention circulant sur la plateforme par l'intermédiaire de chenilles [8].

Les travaux de soudure des rails en voie par étincelage sont réalisés avec des engins spécialisés, équipées d'une tête de soudure électrique comme montré sur les photos 3 (chapitre III) et 18 (du présent chapitre)

e) Travaux touchant à l'infrastructure et aux abords de la voie

La mécanisation lourde a également été développée pour l'exécution de certains travaux connexes. Des engins rail-route équipés de tête débroussailleuses sont bien adaptés pour le débroussaillage mécanique notamment dans les zones où la végétation est envahissante. Ces mêmes engins peuvent être équipés notamment pour les travaux de fouilles, de dégarnissage, de curage de fossés, de reconstitution des fossés en terre, de manutention, etc.

Pour des voies sujettes à l'ensablement, il existe des désensableuses sur rails qui peuvent rejeter le sable à l'extérieur de la voie, dégageant au moins les rails et le profil bas.

11.5.2.4. La mécanisation lourde en atelier

Elle comprend plusieurs domaines bien spécifiques, parmi lesquels [74] :

- les ateliers de soudage pour la confection de barres élémentaires de L.R.S ;
- la régénération des traverses métalliques ;
- l'entaillage et le perçage des traverses bois ;
- l'imprégnation des traverses bois.

11.5.3. Conditions de réussite de la mécanisation de la maintenance de la voie

Les raisons de la mécanisation ont été examinées au point 11.1.3. Pour que la mécanisation de la maintenance soit efficace, il faut un certain nombre de conditions parmi lesquelles [59] :

a) Formation du personnel

L'utilisation d'engins mécaniques nécessite impérativement une bonne formation des utilisateurs et un contrôle de la mise en œuvre. De plus, il est bon que les agents formés soient affectés pour une longue durée aux fonctions correspondantes, pour ne pas perdre le bénéfice des dépenses de formation. Les chefs de canton et chefs de district doivent être formés au contrôle de l'utilisation des engins sur la voie pour obtenir les qualités et quantités exigées [64].

b) Bonne organisation de la maintenance des engins

L'utilisation d'engins mécaniques exige une bonne organisation de leur entretien, d'où la nécessité de la formation des agents du réseau à la maintenance de ces engins. Il est souhaitable que cette action de formation soit réalisée par le constructeur qui ne devrait pas se limiter à la fourniture pure et simple d'une machine. De plus, un stock minimal de pièces de rechange devrait être livré avec la machine [59].

c) Service après-vente correct

L'acquisition d'engins mécaniques nécessite un service après-vente et une assistance technique rapide et efficace par les constructeurs en cas de difficultés avec les machines.

d) Stabilité dans le choix des types de machines

Compte tenu de l'importance du parc de machines de nature diverses, et des approvisionnements en pièces détachées et organes pour échanges standard que son entretien nécessite, une certaine stabilité dans le choix des types de machines est souhaitable [59].

e) Quantité importante de kilomètres à traiter

L'utilisation optimale d'engins mécanisés sous-entend un minimum de rendement, donc d'heures de travail par an.

f) Nécessité de connaître les coûts unitaires des travaux réalisés

Les éléments essentiels entrant dans le calcul du prix de revient sont, à part les dépenses propres de la machine (main-d'œuvre et consommation) [76] :

- les dépenses d'entretien annuelles ;
- les dépenses de révision (mains d'œuvre et matières) ;
- l'amortissement financier de la machine ;
- le nombre de kilomètres de voie traitée.

g) Planification des travaux

Elle nécessite une bonne connaissance de l'état général du réseau et une politique de programme d'entretien, évitant à tout prix de tomber dans le piège de l'intervention au « coup par coup » qui conduit à un gaspillage de moyens matériels et humains.

h) Une bonne organisation des chantiers

Pour assurer un fonctionnement correct des chantiers, il faut une bonne organisation du point de vue logistique et des approvisionnements. Le manque de ballast empêche l'utilisation normale programmée des bourreuses-niveleuses-dresseuses et des régaleuses en entretien [59].

11.6. Conditions et facteurs de réussite d'une politique de maintenance

11.6.1. Généralités

Toute politique de maintenance doit partir de la conception d'une recherche de réduction des coûts de maintenance. Les principaux moyens pour atteindre une telle politique peuvent être les suivantes [74] [65] :

- améliorer la conception de la voie ;
- développer la mécanisation ;
- programmer l'entretien ;
- organiser rationnellement les chantiers d'entretien de la voie ;
- formaliser de l'entretien ;
- disposer des moyens et ressources ;
- contrôler l'entretien ;
- assurer l'acheminement du personnel sur les chantiers ;
- assurer la formation du personnel à tous les niveaux.

a) Améliorer la conception de la voie :

C'est de l'évolution vers une voie plus endurante que repose la part prépondérante dans les économies prévisibles de maintenance [74].

b) Développer la mécanisation

Celle-ci comporte plusieurs aspects comme nous l'avons déjà indiqué, notamment, l'amélioration des rendements, des coûts et de la qualité du travail, ainsi que l'amélioration du travail des équipes d'entretien, de leur pénibilité et par conséquent même l'amélioration, aussi de la qualité de leurs performances.

c) Programmer l'entretien

Il s'agit de faire du Calendrier-Programme, un instrument dynamique d'élaboration des programmes, de détermination des moyens pour leur exécution et surtout de contrôle de leur réalisation dans le cadre d'une gestion continue [65].

Le Calendrier-Programme doit être un outil pratique permettant la gestion et le suivi des éléments importants de la voie des districts. Il doit constituer un véritable « tableau de bord » des districts.

À cet effet, l'accent doit être mis sur une recherche d'information fiable et une exploitation judicieuse des différents enregistrements de la voie afin de parvenir à une meilleure programmation des travaux et à une gestion prévisionnelle de la maintenance de la voie beaucoup plus rationnelle [65].

d) Organisation rationnelle des chantiers d'entretien de la voie

Le but recherché est d'augmenter la productivité et de réduire les coûts de production par une grande maîtrise de l'exécution des travaux courants d'entretien.

Des schémas d'organisation des principales opérations d'entretien de la voie doivent être élaborés et diffusés aux agents chargés de l'encadrement des brigades. Ces schémas doivent comprendre, pour chaque opération, le mode opératoire, les phases successives d'exécution, ainsi que les prescriptions techniques et de sécurité à respecter [65].

L'accent devra être mis sur une meilleure coordination des phases permettant d'éviter des déplacements inutiles de personnel et d'outillage, générateurs de baisse de productivité.

e) Formaliser l'entretien

Il s'agit d'élaborer une documentation adaptée aux nouvelles conditions d'exploitation et de maintenance (notices techniques, notices d'entretien, calendrier - programmes, plans annuels de travail, fiches d'entretien ...) [65].

f) Disposer des moyens et ressources

Une maintenance suivie impose de pourvoir disposer des moyens mis en œuvre dans le cadre d'une programmation [74].

Parmi les moyens et ressources qui dictent toute la politique de maintenance, il faut citer [104] :

- les ressources humaines et financières disponibles et la politique d'allocation de ces ressources ;
- les moyens mécaniques, les véhicules et équipements spécialisés pour la préparation et l'exécution des travaux.

Des machines de chantier, des équipements et wagons spécialisés contribuent notablement d'accroître la productivité, l'efficacité des travaux de voie [104].

L'accroissement du niveau de qualité des installations et l'augmentation de la productivité du personnel sont subordonnées au maintien en bon état de l'outillage : engins mécaniques, outillages individuels et collectifs. D'où la nécessité d'améliorer l'organisation et la qualité de la maintenance des engins mécaniques de façon à maintenir durablement en circulation le plus grand nombre d'engins possibles [65].

g) Contrôle de l'entretien

Les principes d'organisation de l'entretien impliquent une structure de contrôle de la qualité de la maintenance et du choix des méthodes. Il s'exerce essentiellement aux niveaux de la brigade (contrôle de qualité exécutée par le chef de brigade) et de l'Établissement.

À l'occasion des tournées et des visites des chantiers, les chefs d'établissements et les chefs de districts, doivent s'assurer sur le terrain de la qualité de l'entretien et chercher à obtenir une gestion économique des moyens à disposition. Ils doivent contrôler également et compléter s'il en est besoin la formation des agents.

Au niveau des régions, les dirigeants « Voie » doivent s'assurer, au cours de leurs tournées, que les directives et les méthodes de maintenance sont bien connues et appliquées. Ils doivent expliquer les modifications aux règles techniques et les nouvelles méthodes et les font appliquer.

Ils doivent examiner régulièrement les calendriers-programmes, les enregistrements de la géométrie de la voie et les autres documents tenus et exploités par le chef de district, et qui permettent d'apprécier l'efficacité et le coût de l'entretien ainsi que l'évolution de la qualité des voies.

Au niveau du Réseau, les dirigeants et les inspecteurs doivent effectuer, notamment, à l'occasion de leurs tournées, le contrôle de la qualité et de l'efficacité de l'entretien des voies, ainsi que celui des calendriers-programmes et de leur concordance avec les objectifs.

Les moyens mis en œuvre pour maitriser l'évolution du ratio « heures improductives » qui atteignent 15% des heures totales des calendriers-programmes doivent être examinées à l'occasion de ces tournées.

h) Assurer l'acheminement du personnel sur les chantiers

Les interventions d'entretien doivent être rendues possibles grâce à une accessibilité accrue au lieu de travail [74]. D'où la nécessité de doter chaque établissement de moyens autonomes pour le transport du personnel et en particulier, une draisine de chantier par unité de production qu'est le district [65].

i) Formation du personnel

La formation constitue un élément essentiel de la politique de maintenance. Elle devra être ressentie comme une nécessité vitale pour l'ensemble de la hiérarchie et ouverte à tous.

11.6.2. Participation du secteur privé dans la maintenance de la voie

Les travaux ci-dessous qui sont d'une certaine importance [5] sortent normalement du cadre courant de la tâche des brigades de la voie, en raison de leur nature et de leur volume, et sont confiés à des entreprises privées. Ce sont :

- le renouvellement de voie et d'appareils de voie ;
- les opérations localisées (de voie, d'ouvrage d'art, de signalisation, de bâtiments, de passages à niveau, etc.) ;
- les travaux au compte d'investissement ou pour tiers ;

La participation des brigades se limite alors généralement aux fonctions ci-après :

- aide pour les études préparatoires ;
- sécurité du personnel des chantiers, des trains de travaux et des draisines ;
- surveillance technique des travaux.

Cette question a fait l'objet du 6ème symposium de l'Union africaine des chemins de fer (UAC) tenu en 1992 [70] ; l'objectif étant l'optimisation du rendement de la maintenance de la voie.

Plusieurs stratégies pourraient être adoptées à savoir [70] :

- travaux effectués totalement par l'entreprise privée avec ses machines ;
- travaux effectués totalement par l'entreprise privée avec les hommes appartenant à l'entreprise privée et les engins appartenant à l'entreprise des chemins de fer (qui les loue à l'entreprise privée) ;
- travaux effectués par l'entreprise privée avec les engins appartenant à l'entreprise privée, les hommes provenant du chemin de fer sauf le personnel d'encadrement ;
- travaux remis totalement à l'entreprise privée.

Le souci primordial du recours au secteur privé dans la maintenance de la voie est la quête permanente de l'excellence, grâce à l'amélioration continue du rapport qualité prix [65].

CHAPITRE XII
PRINCIPAUX ÉLÉMENTS D'ÉTUDE DE TRACÉ D'UNE INFRASTRUCTURE FERROVIAIRE

12.1. Généralités

L'étude du tracé d'une infrastructure ferroviaire, qu'il s'agisse d'une ligne nouvelle ou d'une modification importante de tracé, comprend trois parties [8] :

- les études préliminaires ;
- les études d'avant projet ;
- l'étude du tracé au 1/1 000.

Elle nécessite par ailleurs des études technico-économiques qui concernent les prévisions de recettes d'une part et celles des dépenses d'investissements et d'exploitation d'autre part. Ces études permettent de fixer les éléments ci-après [6] [8] :

- les principales conditions de l'exploitation future (importance du trafic voyageurs et marchandises, voie unique ou double voie, vitesse limite, tonnages des trains, etc.) ;
- le système de traction choisi (diésel ou électrique, et dans ce cas, le choix du type de courant) ;
- la puissance des locomotives ;
- les systèmes de signalisation et de télécommunication choisis ;
- la constitution de la voie (types de rail et de traverse, voie éclissée ou longs rails soudés, épaisseur et spécifications techniques du ballast, etc.) ;
- les normes générales concernant les ouvrages d'art ;
- les conditions imposées pour la voie et les ouvrages d'art (vitesse limite et dérogations éventuelles, charge par essieu, rampe maximale, rayons de courbes limites admissibles, rayons verticaux de raccordement de profil en long) ;
- l'entraxe des voies en pleine voie et dans les gares ;
- la longueur et la pente des voies de garages ;
- le matériel roulant (charge maximale, gabarit du matériel) ;
- les installations d'entretien, etc.

12.2. Les études préliminaires

Les études préliminaires accompagnent l'étude économique de faisabilité. Le choix du tracé appartient aux autorités qui auront à décider du principe de l'opération.

Les études préliminaires portent sur les différentes variantes de tracé possibles et sur le coût de construction de chaque variante qui est en outre complétée par une étude économique. À ce stade, le travail s'effectue sur la base des cartes existantes au 1/50 000 et si possible au 1/25 000 [6] [8]. Par ailleurs, les renseignements géologiques sont recueillis à partir des cartes géologiques.

Ces études préliminaires comprennent les éléments suivants [6] [8] :

- un plan à l'échelle des cartes disponibles sur lequel sont reportées les variantes de tracé proposées;
- un profil en long du terrain naturel et du projet faisant ressortir les viaducs et les tunnels et donnant déjà une approche du profil en long de la ligne ;
- une première étude géologique ;
- une étude de terrassements limitée au calcul des volumes de déblais et remblais, avec une estimation forfaitaire des transports ;
- un inventaire des ouvrages importants.

Ces éléments, ainsi que ceux mentionnés au point 12.1 permettent d'effectuer une estimation de chaque variante comprenant une somme à valoir de 25% environ.

Des procédés informatiques sont utilisés à ce stade, notamment pour l'établissement du profil en long, les calculs des cubatures des terrassements.

L'intérêt de ces études réside dans la comparaison des variantes (2 ÷4) permettant un choix économique de la variante la plus intéressante selon les méthodes d'évaluation des projets ferroviaires.

Après décision des autorités chargés d'approuver le projet, une bande d'environ 1 km de large sera déterminée, à l'intérieur de laquelle se situera le tracé d'axe définitif. Le déroulement des opérations est décrit ci-dessous.

12.3. Les études d'avant-projet

12.3.1. Opérations sur le terrain

12.3.1.1 La topographie

Il s'agira de procéder au levé du plan au 1/5 000 dans une bande de 500 m située de part et d'autre de l'axe étudié au 1/25 000. Pour cela, il faut d'abord constituer un canevas de base rattaché à un système de coordonnées rectangulaires. À cet effet on implante au sol un système de bornes tous les 1 000 m environ qui sera rattaché au système géodésique existant [6] [8].

On procède ensuite à un levé photogrammétrique. Au cours du vol, il est utile de prendre également des photos fausse-couleur en infrarouge nécessaires aux études des géologues.

La restitution au 1/5 000 est complétée au sol par des levés particuliers notamment dans les zones boisées et aux traversées de rivières.

12.3.1.2. La géologie

Une bonne analyse géologique est un élément fondamental de la qualité d'un projet, du succès des travaux et de la tenue ultérieure de la plateforme. Il faut donc procéder à un inventaire complet des problèmes géologiques que l'on risque de rencontrer dans la bande du projet afin que le tracé évite les difficultés de cette nature dans toute la mesure du possible [6].

Aussi, le géologue, dans la bande de 1 km de largeur totale, procède d'abord à une investigation générale pour conseiller dans le choix du tracé. Après une première ébauche de ce tracé et du profil en long, le géologue complète son étude notamment dans les zones d'ouvrage d'art et de grands terrassements. Si les conditions rencontrées sont particulièrement mauvaises, il faut reprendre le profil en long et éventuellement le tracé.

À ce stade des études, les procédés employés sont les suivants [6] [8] :

- la géologie classique, c'est-à-dire l'examen des cartes et de bibliographie, la photo-interprétation par procédé fausse-couleur, la visite du site géologique. Cela se traduit par l'établissement d'une carte géologique ;
- les méthodes géophysiques, notamment les méthodes électriques, sismiques, gravimétriques et la diagraphie. Ces méthodes servent à l'établissement du profil du terrain suivant l'axe du tracé, et surtout à la détermination des différentes couches de terrain au sens du terrassement, c'est-à-dire meubles, défonçables ou exploitables à l'explosif.

Pour étalonner les résultats de ces dernières méthodes, il est nécessaire de procéder à des sondages, notamment dans le zone des ouvrages d'art ou de grands terrassements. À ce stade de l'étude, on procède de préférence à des sondages à la tarière qui sont beaucoup moins onéreux que les sondages carottés que l'on utilisera lorsque le tracé sera calé. Les mesures des caractéristiques géotechniques des échantillons prélevés serviront ultérieurement à l'étude plus fine du projet au 1/1 000 [6] [8]

L'ensemble de ces investigations permet l'établissement d'un profil en long géologique.

12.3.1.3. L'hydrologie

La création d'une ligne nouvelle perturbe l'écoulement hydraulique. Il faut assurer la continuité des débits des cours d'eau en veillant au bon dimensionnement des ouvrages de traversée.

Il est indispensable de prévoir un bon drainage pour assurer la protection de la plateforme. Au stade d'avant-projet, seul le dimensionnement des grands ouvrages hydrauliques joue un rôle important dans le choix du tracé.

Il faut d'abord recueillir les données hydrologiques existantes afin d'apprécier l'importance des pluies décennales et centennales qui servent de base aux calculs corrects des installations.

Ces calculs doivent être complétés par des visites sur le terrain où l'hydrologue repère la forme des lits mineurs et majeurs des rivières, le régime de ces rivières ainsi que la cote des plus hautes eaux. Cette cote est fondamentale car le profil en long de la ligne doit toujours se situer au moins à 1 m plus haut [6] [8].

La forme des rivières doit être examinée et le projet doit être calé pour éviter certaines difficultés : vallées à méandres et rivières torrentielles et agressives qu'il faut éviter, rivières charriant des débits solides ou divagantes, etc.

Ce travail d'ensemble a autant d'importance que celui du géologue.

12.3.1.4. Les contraintes

Il faut recenser toutes les contraintes susceptibles de remettre en cause ultérieurement le tracé. Il s'agit essentiellement de contraintes géographiques et administratives telles que la présence de sites classés, de sites archéologiques, de zones de servitudes, des plans d'urbanismes, des câbles, des canalisations, des mines, etc. [6] [8].

Chaque ouvrage nécessitera une étude spécifique de déviation au stade du projet. Le recensement de toutes ces contraintes doit figurer sur un plan d'ensemble.

12.3.2. Calage du tracé

Le choix du tracé optimisé résulte de la synthèse de l'ensemble des renseignements recueillis en topographie, en géologie, en hydrologie et lors du recensement des contraintes.

L'avant-projet au 1/5 000 comporte [6] [8] :

- un tracé de la ligne défini par l'axe, les bords de la plateforme et les limites de terrassements ;
- un profil en long du terrain naturel et du projet ;

- un profil en long géotechnique ;
- une étude de terrassements avec un premier mouvement des terres ;
- l'inventaire des rétablissements de voie de communication et des ouvrages d'art avec leurs caractéristiques d'ensemble ;
- une estimation avec une somme à valoir de 20%.

Des procédés informatiques sont utilisés à ce stade pour l'établissement du profil en long, les cubatures des terrassements et le report du projet sur le plan. Ces procédés ont l'avantage de faire gagner du temps et de permettre la recherche de variantes dans la bande de1 km de large [8].

12.4. Étude du tracé au 1/1 000

12.4.1. Importance de l'étude

C'est dans une bande de 100 m de part et d'autre de l'axe, étudié au 1/5 000 que l'on procèdera aux levés au 1/1 000. Cette phase d'étude très précise permet les acquisitions de terrains et la préparation des dossiers d'appels d'offres. Elle nécessite une étude précise basée sur le recueil de données complémentaires à celles déjà rassemblées lors de l'étude d'avant-projet au 1/5 000.

Les opérations de recueil de données déjà effectuées lors de l'avant-projet sont complétées par des éléments topographiques, géotechniques et hydrologiques plus précis [6] [8].

12.4.2. Opérations sur le terrain

12.4.2.1. La topographie

Le réseau de bornes est densifié par un réseau complémentaire tous les 200 m, ce qui permet l'implantation de tous les ouvrages sans avoir à opérer de grands cheminements. Les bornes sont placées en dehors de la zone des travaux afin d'être conservées pendant toute leur durée [6] [8].

Le levé au 1/1 000 est effectué soit par photogrammétrie, soit par levé terrestre dans les zones boisées.

12.4.2.2. La géotechnique

Les éléments géologiques recueillis lors de l'étude d'avant-projet doivent être complétés par des éléments géotechniques précis permettant des calculs de mécanique des sols. Les prélèvements d'échantillons effectués pendant les campagnes de sondages de l'avant-projet sont complétés par des campagnes spécifiques de sondages carottés dans les zones d'ouvrages d'art et de grands terrassements [6] [8].

À ce stade de l'étude, l'on désire connaître les caractéristiques fondamentales des terrains meubles ; aussi, les essais d'identification suivants sont effectués [6] [8] : granulométrie, sédimentométrie, limites d'Atterberg, équivalent de sable, teneur en eau naturelle.

Ces données permettront de ranger les terrains suivant un classement des sols et compte tenu du régime hydraulique, de déterminer la classe de la plateforme nécessaire au dimensionnement de la structure d'assise.

Il sera également possible de classer les sols en vue de leur réemploi. Le classement des terrains permet d'établir une table de correspondance indispensable au mouvement des terres. Cette table détermine les sols réutilisables en tout temps, ceux qui sont à mettre en dépôt définitif et enfin ceux pouvant être employés suivant certaines conditions précisées dans le projet (voir tableau 2.3, chapitre II).

En dehors des essais d'identification, on procède à des essais de compression simple, cisaillement, compression triaxiale, essais oedométriques, qui permettent de calculer la stabilité des ouvrages en terre et notamment les tassements des terrains sous les remblais, ainsi que les pentes à donner aux talus de déblais et de remblais.

Enfin on procède à de essais in situ ci-après en vue de déterminer la portance des ouvrages d'art [6] [8] : essais au pénétromètre, essais au pressiomètre, essai standard de pénétration, essais au scissomètre.

12.4.2.3. L'hydrologie

À ce stade de l'étude, l'hydrologie doit préciser le débouché de chaque rétablissement hydraulique pour permettre le calage définitif du profil en long. Le projet terminé, l'hydrologue prépare un dossier hydraulique. Ce dossier contient les calculs des débits de chaque rivière et donne le dimensionnement de chaque traversée hydraulique ainsi que les réaménagements nécessaires au bon écoulement des eaux [6] [8].

Pour mener à bien cette étude, il est nécessaire d'effectuer des visites systématiques de terrains afin de repérer les plus hautes eaux, déterminer les coefficients de perméabilité et de pente et d'étudier en toute connaissance de cause les réaménagements hydrauliques.

Pour les calculs de dimensionnement, on distingue trois catégories de bassins versants [6] [8] :

- le bassin versant constitué par l'ensemble plateforme – talus, dont le débit intéresse essentiellement le réseau d'assainissement longitudinal ;
- le bassin versant de superficie inférieure à10km^2, qui intéresse à la fois l'assainissement longitudinal et l'assainissement transversal;•

le bassin versant de superficie supérieure à 10 km^2 qui intéresse essentiellement l'assainissement transversal.

Pour chaque catégorie de bassin, des formules et abaques de caractère empirique ont été mis au point.

Après calcul du débit, il faut déterminer l'ouvrage d'art le mieux adapté (buse, dalot, etc.) et concevoir les aménagements permettant un bon écoulement hydraulique. On doit, en particulier, par calcul, déterminer le régime des eaux en temps normal et en crue, la vitesse d'écoulement, le remous, etc. [6] [8].

12.4.3. Calage du profil en long et recherche de matériaux

Le calage du profil en long est lié à l'optimisation du mouvement des terres, compte-tenu des différentes contraintes telles que les voiries routières, la cote des plus hautes eaux, la rampe maximale, etc.

La géologie et la géotechnique ont apporté les renseignements nécessaires à la connaissance précise de chaque déblai et de chaque remblai, c'est-à-dire [6] [8] :

- la nature des sols (meuble, défonçable ou exploitable à l'explosif ;
- la pente des talus des remblais et déblais ;
- la qualité des sols sous les remblais (sols compressibles par exemple) ;
- le niveau des nappes phréatiques ;
- les tableaux de correspondance qui précisent les conditions de réutilisation des sols rencontrés ;
- les statistiques météorologiques caractérisant la probabilité de mauvais temps dans la zone considérée ;
- l'inventaire des lieux d'emprunts et de dépôts possibles dans le voisinage.

C'est à partir de ces éléments qu'il faut déterminer un profil projet tel que le coût global des terrassements soit minimal. Ce coût global comprend les frais d'extraction, de transport, de mise en œuvre des remblais, de dépôts d'emprunts, etc. Généralement, on utilise des prix de série basés sur la moyenne pondérée de prix pratiqués sur des chantiers semblables [6] [8].

Cette phase fondamentale aboutit à l'établissement du profil en long projet et du mouvement de terre.

Ces documents, rendus contractuels au moment de la signature du marché, constituent la véritable charte de conduite des travaux de terrassement.

Parallèlement, on recherche les sites permettant l'ouverture des carrières de ballast et de matériaux de sous-couches. Les sites doivent être situés le plus près possible de la future voie ferrée [6] [8].

12.4.4. Les rétablissements routiers et les ouvrages d'art

Des dossiers de projet des rétablissements routiers doivent être élaborés. Ces dossiers comprennent :

- un plan de situation ;
- un plan au 1/ 1000 ;
- un profil en long ;
- des profils en travers caractéristiques ;
- un calcul d'axe ;
- les schémas sommaires de l'ouvrage d'art.

Par ailleurs, on définit les caractéristiques générales des ouvrages d'art. Une campagne de sondages et un levé du plan au 1/200 sont réalisés pour la mise au point du dossier relatif aux ouvrages d'art.

12.4.5. Le dossier d'études

Tous les éléments sont alors réunis pour terminer le projet qui comprend les pièces suivantes [6] [8] ;

- plan au 1/1 000 équipé des rétablissements routiers et hydrauliques ;
- profil en long général au 1/1 000 en longueur et 1/200 en hauteur ;
- cahier d'assainissements ;
- dossiers de rétablissements routiers ;
- dossiers de rétablissements hydrauliques ;
- dossier géotechnique comprenant : plan des sondages, profil en long géotechnique ;
- fiches terrassements par déblai et remblai ;
- profils en travers ;
- dossiers des ouvrages d'art ;
- avant-métrés ;
- estimation avec somme à valoir de 10% ;
- notice explicative.

ANNEXE I : VALEURS DE μ ET η EN FONCTION DE kx [18] [26]

kx	μ	η	kx	μ	η
0,50	0,2415	0,8231	0,96	−0,0941	0,5333
0,51	0,2309	0,8172	0,97	−0,0984	0,5270
0,52	0,2205	0,8113	0,98	−0,1027	0,5207
0,53	0,2103	0,8054	0,99	−0,1069	0,5145
0,54	0,2002	0,7994	1,00	−0,1108	0,5083
0,55	0,1903	0,7984	1,01	−0,1147	0,5021
0,56	0,1805	0,7874	1,02	−0,1185	0,4960
0,57	0,1709	0,7813	1,03	−0,1223	0,4899
0,58	0,1615	0,7752	1,04	−0,1259	0,4839
0,59	0,1522	0,7690	1,05	−0,1294	0,4778
0,60	0,1431	0,7628	1,06	−0,1328	0,4716
0,61	0,1341	0,7566	1,07	−0,1362	0,4656
0,62	0,1253	0,7504	1,08	−0,1394	0,4596
0,63	0,1166	0,7441	1,09	−0,1426	0,4536
0,64	0,1080	0,7378	1,10	−0,1457	0,4476
0,65	0,0997	0,7315	1,11	−0,1488	0,4416
0,66	0,0914	0,7252	1,12	−0,1516	0,4356
0,67	0,0833	0,7189	1,13	−0,1543	0,4298
0,68	0,0754	0,7125	1,14	−0,1570	0,4240
0,69	0,0676	0,7061	1,15	−0,1597	0,4183
0,70	0,0599	0,6997	1,16	−0,1622	0,4126
0,71	0,0524	0,6933	1,17	−0,1647	0,4069
0,72	0,0450	0,6869	1,18	−0,1671	0,4012
0,73	0,0377	0,6805	1,19	−0,1694	0,3955
0,74	0,0306	0,6740	1,20	−0,1716	0,3899
0,75	0,0236	0,6676	1,21	−0,1737	0,3842
0,76	0,0168	0,6612	1,22	−0,1758	0,3786
0,77	0,0101	0,6547	1,23	−0,1778	0,3731
0,78	0,0035	0,6483	1,24	−0,1797	0,3677
0,79	−0,0029	0,6118	1,25	−0,1815	0,3623
0,80	−0,0093	0,6354	1,26	−0,1833	0,3569
0,81	−0,0155	0,6289	1,27	−0,1849	0,3515
0,82	−0,0216	0,6225	1,28	−0,1865	0,3462
0,83	−0,0275	0,6161	1,29	−0,1881	0,3408
0,84	−0,0333	0,6096	1,30	−0,1897	0,3355
0,85	−0,0390	0,6032	1,31	−0,1911	0,3303
0,86	−0,0446	0,5968	1,32	−0,1925	0,3251
0,87	−0,0501	0,5904	1,33	−0,1938	0,3199
0,88	−0,0554	0,5840	1,34	−0,1950	0,3148
0,89	−0,0606	0,5776	1,35	−0,1962	0,3098
0,90	−0,0657	0,5712	1,36	−0,1973	0,3047
0,91	−0,0708	0,5648	1,37	−0,1983	0,2997
0,92	−0,0757	0,5584	1,38	−0,1998	0,2948
0,93	−0,0805	0,5521	1,39	−0,2003	0,2898
0,94	−0,0851	0,5459	1,40	−0,2011	0,2849
0,95	−0,0896	0,5396	1,41	−0,2019	0,2801

kx	μ	η	kx	μ	η
1,42	−0,2027	0,2753	1,89	−0,1968	0,0960
1,43	−0,2033	0,2705	1,90	−0,1899	0,0932
1,44	−0,2039	0,2658	1,91	−0,1889	0,0904
1,45	−0,2045	0,2611	1,92	−0,1879	0,0876
1,46	−0,2051	0,2565	1,93	−0,1869	0,0849
1,47	−0,2056	0,2519	1,94	−0,1859	0,0822
1,48	−0,2060	0,2474	1,95	−0,1849	0,0795
1,49	−0,2064	0,2429	1,96	−0,1838	0,0769
1,50	−0,2068	0,2384	1,97	−0,1827	0,0743
1,51	−0,2071	0,2339	1,98	−0,1816	0,0717
1,52	−0,2073	0,2295	1,99	−0,1804	0,0692
1,53	−0,2075	0,2252	2,00	−0,1794	0,0667
1,54	−0,2077	0,2209	2,01	−0,1782	0,0643
1,55	−0,2078	0,2166	2,02	−0,1771	0,0619
1,56	−0,2079	0,2133	2,03	−0,1759	0,0595
1,57	−0,2079	0,2082	2,04	−0,1748	0,0571
1,58	−0,2079	0,2079	2,05	−0,1737	0,0549
1,59	−0,2078	0,2000	2,06	−0,1725	0,0526
1,60	−0,2077	0,1959	2,07	−0,1712	0,0501
1,61	−0,2075	0,1919	2,08	−0,1700	0,0482
1,62	−0,2073	0,1879	2,09	−0,1688	0,0460
1,63	−0,2071	0,1840	2,10	−0,1675	0,0439
1,64	−0,2069	0,1801	2,11	−0,1663	0,0417
1,65	−0,2067	0,1763	2,12	−0,1650	0,0397
1,66	−0,2064	0,1725	2,13	−0,1637	0,0377
1,67	−0,2060	0,1686	2,14	−0,1625	0,0357
1,68	−0,2056	0,1648	2,15	−0,1613	0,0337
1,69	−0,2051	0,1612	2,16	−0,1600	0,0317
1,70	−0,2047	0,1576	2,17	−0,1587	0,0288
1,71	−0,2042	0,1540	2,18	−0,1574	0,0280
1,72	−0,2037	0,1505	2,19	−0,1560	0,0262
1,73	−0,2032	0,1470	2,20	−0,1548	0,0244
1,74	−0,2026	0,1435	2,21	−0,1534	0,0226
1,75	−0,2020	0,1400	2,22	−1,1522	0,0208
1,76	−0,2013	0,1365	2,23	−0,1509	0,0191
1,77	−0,2006	0,1332	2,24	−0,1496	0,0174
1,78	−0,2000	0,1299	2,25	−0,1482	0,0157
1,79	−0,1993	0,1266	2,26	−0,1469	0,0141
1,80	−0,1985	0,1234	2,27	−0,1455	0,0125
1,81	−0,1978	0,1202	2,28	−0,1442	0,0110
1,82	−0,1970	0,1170	2,29	−0,1429	0,0095
1,83	−0,1962	0,1138	2,30	−0,1416	0,0080
1,84	−0,1953	0,1108	2,31	−0,1403	0,0065
1,85	−0,1945	0,1078	2,32	−0,1389	0,0050
1,86	−0,1936	0,1048	2,33	−0,1376	0,0036
1,87	−0,1927	0,1018	2,34	−0,1362	0,0022
1,88	−0,1917	0,0989	2,35	−0,1349	0,0008

kx	μ	η	kx	μ	η
0,75π	−0,1340	0	2,82	−0,0754	−0,0377
2,36	−0,1336	−0,0005	2,83	−0,0742	−0,0381
2,37	−0,1323	−0,0018	2,84	−0,0731	−0,0385
2,38	−0,1309	−0,0031	2,85	−0,0721	−0,0388
2,39	−0,1296	−0,0044	2,86	−0,0710	−0,0391
2,40	−0,1282	−0,0056	2,87	−0,0699	−0,0394
2,41	−0,1268	−0,0068	2,88	−0,0687	−0,0397
2,42	−0,1255	−0,0080	2,89	−0,0676	−0,0400
2,43	−0,1241	−0,0092	2,90	−0,0666	−0,0403
2,44	−0,1228	−0,0103	2,91	−0,0656	−0,0406
2,45	−0,1215	−0,0114	2,92	−0,0645	−0,0409
2,46	−0,1202	−0,0125	2,93	−0,0634	−0,0411
2,47	−0,1189	−0,0135	2,94	−0,0624	−0,0413
2,48	−0,1175	−0,0146	2,95	−0,0614	−0,0415
2,49	−0,1161	−0,0156	2,96	−0,0603	−0,0417
2,50	−0,1149	−0,0166	2,97	−0,0593	−0,0419
2,51	−0,1136	−0,0176	2,98	−0,0583	−0,0420
2,52	−0,1123	−0,0185	2,99	−0,0573	−0,0421
2,53	−0,1109	−0,0195	3,00	−0,0563	−0,0423
2,54	−0,1096	−0,0204	3,01	−0,0553	−0,0423
2,55	−0,1083	−0,0213	3,02	−0,0543	−0,0424
2,56	−0,1071	−0,0221	3,03	−0,0534	−0,0425
2,57	−0,1058	−0,0228	3,04	−0,0524	−0,0426
2,58	−0,1045	−0,0237	3,05	−0,0515	−0,0427
2,59	−0,1033	−0,0246	3,06	−0,0505	−0,0428
2,60	−0,1019	−0,0254	3,07	−0,0496	−0,0429
2,61	−0,1007	−0,0261	3,08	−0,0487	−0,0430
2,62	−0,0994	−0,0269	3,09	−0,0478	−0,0431
2,63	−0,0982	−0,0276	3,10	−0,0469	−0,0431
2,64	−0,0969	−0,0283	3,11	−0,0460	−0,0431
2,65	−0,0956	−0,0289	3,12	−0,0451	−0,0432
2,66	−0,0944	−0,0296	3,13	−0,0442	−0,0432
2,67	−0,0932	−0,0302	3,14	−0,0433	−0,0434
2,68	−0,0920	−0,0308	π	−0,0432	−0,0432
2,69	−0,0908	−0,0314	3,15	−0,0424	−0,0432
2,70	−0,0895	−0,0320	3,16	−0,0416	−0,0432
2,71	−0,0883	−0,0326	3,17	−0,0407	−0,0430
2,72	−0,0871	−0,0331	3,18	−0,0399	−0,0431
2,73	−0,0859	−0,0337	3,19	−0,0391	−0,0431
2,74	−0,0847	−0,0342	3,20	−0,0383	−0,0431
2,75	−0,0835	−0,0347	3,21	−0,0375	−0,0430
2,76	−0,0823	−0,0352	3,22	−0,0367	−0,0430
2,77	−0,0811	−0,0356	3,23	−0,0359	−0,0429
2,78	−0,0799	−0,0361	3,24	−0,0351	−0,0428
2,79	−0,0787	−0,0365	3,25	−0,0343	−0,0427
2,80	−0,0777	−0,0369	3,26	−0,0336	−0,0426
2,81	−0,0765	−0,0373	3,27	−0,0328	−0,0425

kx	μ	η	kx	μ	η
3,28	−0,0321	−0,0424	3,74	−0,0063	−0,0320
3,29	−0,0313	−0,0423	3,75	−0,0059	−0,0327
3,30	−0,0306	−0,0429	3,76	−0,0055	−0,0324
3,31	−0,0299	−0,0421	3,77	−0,0051	−0,0322
3,32	−0,0292	−0,0420	3,78	−0,0048	−0,0319
3,33	−0,0285	−0,0419	3,79	−0,0044	−0,0316
3,34	−0,0278	−0,0418	3,80	−0,0040	−0,0314
3,35	−0,0271	−0,0417	3,81	−0,0036	−0,0311
3,36	−0,0264	−0,0415	3,82	−0,0033	−0,0308
3,37	−0,0257	−0,0413	3,83	−0,0030	−0,0305
3,38	−0,0251	−0,0411	3,84	−0,0027	−0,0303
3,39	−0,0244	−0,0409	8,85	−0,0023	−0,0300
3,40	−0,0237	−0,0408	3,86	−0,0020	−0,0297
3,41	−0,0233	−0,0406	3,87	−0,0017	−0,0294
3,42	−0,0225	−0,0401	3,88	−0,0014	−0,0292
3,43	−0,0218	−0,0403	3,89	−0,0011	−0,0289
3,44	−0,0212	−0,0401	3,90	−0,0008	−0,0286
3,45	−0,0206	−0,0399	3,91	−0,0005	−0,0283
3,46	−0,0200	−0,0397	3,92	−0,0002	−0,0280
3,47	−0,0194	−0,0395	3,25π	0	−0,0279
3,48	−0,0189	−0,0392	3,93	0,0001	−0,0278
3,49	−0,0183	−0,0390	3,94	0,0003	−0,0275
3,50	−0,0177	−0,0389	3,95	0,0005	−0,0272
3,51	−0,0171	−0,0386	3,96	0,0008	−0,0269
3,52	−0,0165	−0,0384	3,97	0,0011	−0,0267
3,53	−0,0160	−0,0382	3,98	0,0014	−0,0264
3,54	−0,0155	−0,0380	3,99	0,0017	−0,0262
3,55	−0,0149	−0,0378	4,00	0,0019	−0,0258
3,56	−0,0144	−0,0376	4,10	0,0040	−0,0231
3,57	−0,0139	−0,0373	4,20	0,0057	−0,0204
3,58	−0,0134	−0,0371	4,30	0,0070	−0,0179
3,59	−0,0129	−0,0368	4,40	0,0079	−0,0155
3,60	−0,0124	−0,0366	4,50	0,0085	−0,0132
3,61	−0,0119	−0,0363	4,60	0,0089	−0,0111
3,62	−0,0114	−0,0361	4,70	0,0090	−0,0092
3,63	−0,0109	−0,0359	1,5π	0,0090	−0,0090
3,64	−0,0105	−0,0356	4,80	0,0089	−0,0075
3,65	−0,0101	−0,0354	4,90	0,0087	−0,0059
3,66	−0,0096	−0,0351	5,00	0,0084	−0,0046
3,67	−0,0092	−0,0348	5,1	0,0080	−0,0038
3,68	−0,0088	−0,0346	5,2	0,0075	−0,0023
3,69	−0,0083	−0,0343	5,3	0,0069	−0,0014
3,70	−0,0079	−0,0341	5,4	0,0064	−0,0006
3,71	−0,0075	−0,0338	1,75π	0,0058	−0,0000
3,72	−0,0071	−0,0336	5,5	0,0058	−0,0000
3,73	−0,0067	−0,0333			

ANNEXE II : REGLAGE DES CONTRAINTES PAR UTILISATION DES TENDEURS HYDRAULIQUES [52] [118]

1. Généralités

Le tendeur hydraulique permet d'obtenir, par traction du rail après sa mise en contrainte nulle à la température t_o, un état de contrainte déterminé correspondant à la température de libération recherchée (par exemple 45°C pour certains réseaux africains au sud du Sahara), sous réserve :

- d'opérer à une température inférieure à la température recherchée ;
- de disposer de part et d'autre de la longueur à libérer d'un ancrage suffisant du L.R.S. Cet ancrage est réalisé par une longueur minimale du châssis de voie stabilisée appelée par la suite Zone d'ancrage "Z".

2. Particularités concernant la libération des L.R.S par tendeur hydraulique

2.1. Emplacement des tendeurs hydrauliques

Afin de limiter la part d'erreurs dues aux frottements, la longueur maximale de rail (en voie courante) à mettre en traction ne doit pas être supérieure à 600 m. Les tendeurs hydrauliques sont placés au milieu de la longueur à libérer. Il est donc possible de libérer jusqu'à 1 200 m en une seule opération.

2.2. Longueur des zones d'ancrage

Si la température de libération recherchée (température de fixation) est 45°C, la longueur "Z" de la zone d'ancrage est au minimum, en mètres, de :

$3{,}5(45 - t_0)$ pour rail UIC 60 (60 kg/m)
$3(45 - t_0)$ pour rail U 50 (50 kg/m)
$2{,}8(45 - t_0)$ pour rail U 33 (46 kg/m)
$2{,}2(45 - t_0)$ pour rail S 40 (36 kg/m)

où t_0 est la température du rail au moment de la libération.

Il est nécessaire de s'assurer du serrage correct des attaches dans la longueur "Z" et dans de L.R.S avec attaches rigides d'avoir réalisé au préalable dans cette zone l'équipement prescrit en anticheminants.

Pour toutes les opérations de libération n'intéressant pas les extrémités du L.R.S, la zone d'ancrage est normalement assurée par les parties du L.R.S encadrant la zone à libérer.

2.3. Création de la lacune

Après mise en contrainte nulle de la longueur L à libérer, une lacune d'ouverture "a" (en mm) est à créer à l'emplacement de la coupe. Le tracé sur le rail de la lacune à créer doit être effectué dès la lecture de la température "t_0".

L'ouverture "a" (en mm) de la lacune à créer lors d'une libération de voie courante est égale à :

$$a = \overbrace{0{,}0105 \times L \times (45 - t_0)}^{(1)} + (s - 1) + b$$

où :

(1) correspond à l'allongement nécessaire pour obtenir une température de libération de 45 °C ;

L : longueur en mètres à libérer ;
t_0 : température en degrés C de mise à contrainte nulle de la longueur L au moment du tracé de la lacune ;
a : ouverture en mm à réserver pour la soudure et indiquée par le fournisseur des charges ;
s : intercalaire soudure en mm ;
b : total du déplacement théorique en mm des extrémités des zones d'ancrage aux repères 0 et 0' sous l'effet de la traction exercée par le tendeur hydraulique.

Le terme "b" est calculé à l'aide de l'expression suivante [118] :

$$b = \frac{K \cdot 10^3 (2E\alpha S - Kr)\Delta t^2}{ES}$$

où :

Δt : $(45 - t_0)$ si la température de libération recherchée est 45°C ;
K : 3 pour le rail U 36 ou U 50 (50 kg/m), 2,8 pour le rail U 33 (46 kg/m) et 2,2 pour le rail S 40 (36 kg/m) ;

r : résistance longitudinale de la voie par file de rail ; r = 400 kg/m/file pour la voie standard et 300 kg/m/file pour la voie métrique (voir paragraphe 8.2 du chapitre VIII.) ;

E : module d'élasticité de l'acier à rail égal à 21 000 kg/mm^2 ;

α : coefficient de dilatation linéaire de l'acier à rail, pris égal à 10,5 $\cdot 10^{-6}$ [1] ;

S : section d'un rail en mm^2.

À titre d'exemple, pour la voie métrique en prenant r = 300 kg/m/file de rail, nous aurons :

- pour le rail U 36 (50 kg/m) :

$$b = \frac{3\cdot 10^3 \left(2\cdot 21\,000\cdot 10{,}5\cdot 10^{-6}\cdot 6\,450 - 3\cdot 300\right)(45 - t_0)^2}{21\,000\cdot 6\,450} = 0{,}0430(45 - t_0)^2$$

- pour le rail U 33 (46 kg/m) :

$$b = \frac{2{,}8\cdot 10^3 \left(2\cdot 21\,000\cdot 10{,}5\cdot 10^{-6}\cdot 5\,930 - 2{,}8\cdot 300\right)(45 - t_0)^2}{21\,000\cdot 5930} = 0{,}0399(45 - t_0)^2$$

- pour le rail S 40 (36 kg/m) :

$$b = \frac{2{,}2\cdot 10^3 \left(2\cdot 21\,000\cdot 10{,}5\cdot 10^{-6}\cdot 4\,655 - 2{,}2\cdot 300\right)(45 - t_0)^2}{21\,000\cdot 4\,655} = 0{,}0313(45 - t_0)^2$$

La quantité 0,0105 x L x $(45 - t_0)^2$ est donnée par le tableau I. La valeur de "b" est donnée en fonction du type de rail par le tableau II.

Tableau I : Valeurs du terme 0.0105xLx (45-t_0) en mm

Longueur à libérer	Température du rail t_0 (°C)																				
	20	21	22	23	24	25	26	27	28	29	30	31	32	33	34	35	36	37	38	39	40
5	1	1	1	1	1	1	1	1	1	1	1	1	1	1	1	1	0	0	0	0	0
10	3	3	2	2	2	2	2	2	2	2	2	1	1	1	1	1	1	1	1	1	1
15	4	4	4	3	3	3	3	3	3	3	2	2	2	2	2	2	1	1	1	1	1
20	5	5	5	5	4	4	4	4	4	3	3	3	3	3	2	2	2	2	1	1	1
25	7	6	6	6	6	5	5	5	4	4	4	4	3	3	3	3	2	2	2	2	1
30	8	8	7	7	7	6	6	6	5	5	5	4	4	4	3	3	3	3	2	2	2
35	9	9	8	8	8	7	7	7	6	6	6	5	5	4	4	4	3	3	3	2	2
40	11	10	10	9	9	8	8	8	7	7	6	6	5	5	5	4	4	3	3	3	2
45	12	11	11	10	10	9	9	9	8	8	7	7	6	6	5	5	4	4	3	3	2
50	13	13	12	12	11	11	10	9	9	8	8	7	7	6	6	5	5	4	4	3	3
100	26	25	24	23	22	21	20	19	18	17	16	15	14	13	12	11	9	8	7	6	5
200	53	50	48	46	44	42	40	38	36	34	32	29	27	25	23	21	19	17	15	13	11
300	70	76	72	69	66	63	60	57	54	50	47	44	41	36	33	32	22	23	22	16	16
400	105	101	97	92	88	84	80	76	71	67	63	59	55	90	46	42	36	34	29	25	21
500	131	126	121	116	110	105	100	85	89	84	79	74	68	63	56	53	47	42	37	32	26
600	156	151	145	138	132	126	120	113	107	101	95	88	82	76	69	63	57	50	46	38	32
650	171	164	157	150	143	136	130	123	116	109	102	96	89	82	72	68	61	55	48	41	34

Tableau II : Valeurs du terme "b" de la lacune (en mm)

Type de rail	Température du rail t_0 (°C)																				
	20	21	22	23	24	25	26	27	28	29	30	31	32	33	34	35	36	37	38	39	40
U36 (50 Kg/m)	27	25	23	21	19	17	15	14	12	11	10	8	7	6	5	4	3	3	2	1	1
U33 (46 Kg/m)	25	23	21	19	17	16	14	13	11	10	9	8	7	6	5	4	3	2	2	1	1
S40 (36 Kg/m)	20	18	16	15	14	12	11	10	9	8	7	6	5	4	4	3	2	2	1	1	1

2.4. Déroulement des opérations

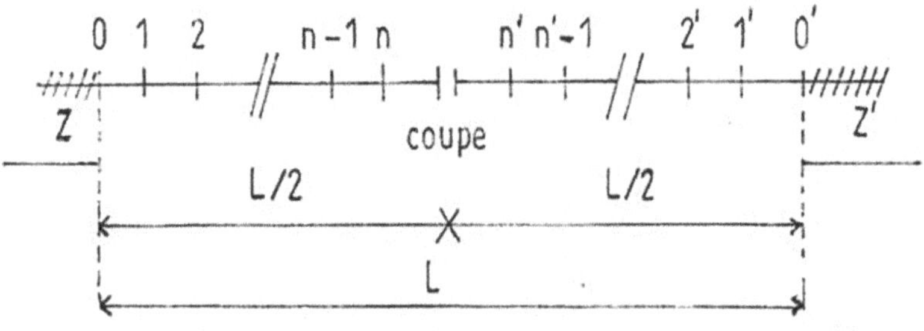

a) Avant l'interdiction de circulation prévue pour la libération

- préparer la mise à contrainte nulle ;
- préparer la mise en voie des tendeurs hydrauliques à l'emplacement prévu pour la coupe ;
- s'assurer de l'efficacité du serrage sur la longueur d'ancrage prévisible.

b) Sous couvert de l'interdiction de circulation

- réaliser les zones d'ancrage Z et Z' ;
- mettre à contrainte nulle la longueur L ;
- mettre en place s'il y a lieu les butées de libération, et vérifier qu'aucun bourrelet de soudure ou anticheminant ne gênera l'allongement du rail sous l'effet de la traction ;
- tracer la lacune ;
- créer la lacune à la valeur "a" ;
- mettre en tension les rails à l'aide des tendeurs hydrauliques, et simultanément, faire vibrer sur toute sa longueur la partie de L.R.S à libérer jusqu'à obtenir une lacune de valeur (s + 5) mm ;
- si après un délai de 1 minute après arrêt de la mise en tension, la lacune s(mm) n'est pas obtenue, exercer une traction complémentaire modérée jusqu'à avoir la valeur "s" ;
- relever les déplacements constatés aux différents repères et vérifier si ceux-ci sont situés dans les limites mini/maxi définies sur la fiche de libération ;
- effectuer la soudure et simultanément, déposer les rouleaux et effectuer le resserrage des attaches en partant des points 0 et 0' et en se dirigeant vers la soudure ;
- relâcher l'effort des tendeurs hydrauliques lorsque la température externe du champignon dans l'axe de la soudure est redescendue en

dessous de 350°C, et sous réserve d'avoir refixé une longueur au moins égale à "z" de part et d'autre de la soudure ;
- remettre en place les installations (fixées au rail) éventuellement déposées.

2.5. Rédaction de la fiche de libération

La fiche de libération (voir modèle ci-joint) doit être rédigée au cours des travaux de libération.

La détermination de la " température de référence" s'effectue en calculant au préalable la température de libération de chaque file de rail par la formule suivante :

$$tl = t_0 + \frac{a_r - (s_r - 1) - (Do + Do')}{0{,}0105 \text{ x } L}$$

où

t_0 : température en degrés C de mise en contrainte nulle au moment du tracé de la lacune et de la prise des repères ;
a_r : lacune réellement créée (mesurée) en mm ;
s_r : intercalaire soudure réalisé en mm ;
Do et Do' : déplacements mesurés en mm aux repères 0 et 0' après traction.

La température de référence à prendre en compte pour le tronçon de L.R.S considéré, est la plus basse des températures de libération de chacune des 2 files de rail.

Si la température de référence est supérieure à 45°C en raison d'un déplacement mesuré aux repères 0 et 0' inférieur au terme "b" du calcul de la lacune, prendre 45°C comme température de référence.

2.6. Incidents

Si la lacune obtenue, après traction, est inférieure à la lacune admise pour réaliser la soudure, deux cas peuvent se présenter :

1er cas : Les tendeurs hydrauliques utilisés permettent un relâchement contrôlé de l'effort de traction. Dans ce cas, il faut diminuer l'effort de traction jusqu'à obtenir la valeur s(mm) puis effectuer la soudure.

2ème cas : Les tendeurs hydrauliques utilisés ne permettent pas un relâchement contrôlé de l'effort de traction. Dans ce cas :

- tirefonner les attaches de chaque côté de la lacune sur une longueur supérieure ou égale à la longueur de la zone d'ancrage "Z" ;
- relâcher la traction du tendeur hydraulique ;
- ramener la lacune à la valeur s(mm) à l'aide du tendeur hydraulique ;
- exécuter la soudure ;
- terminer par une homogénéisation sur 50 m de part et d'autre de la soudure après refroidissement de celle-ci.

Si l'allongement réel, mesuré entre repères consécutifs, est en dehors des allongements théoriques limites déterminés sur la fiche de libération, trois cas peuvent se présenter.

1er cas : L'anomalie est ponctuelle et les allongements mesurés en et en aval sont compris entre les allongements théoriques limites. Dans ce cas, avant de déposer les rouleaux, frapper la barre à l'aide des frappeurs mécaniques ou des masses en caoutchouc sur la zone en défaut et les 2 zones de 50 m encadrantes.

2ème cas : Les allongements mesurés aux premiers repères coté zones d'ancrage sont inférieurs à l'allongement théorique minimal, les allongements mesurés aux derniers repères coté tendeurs hydrauliques étant supérieurs à l'allongement théorique maximal. Cette anomalie provient de frottements importants existant sur la longueur mise sur rouleaux (mauvaise mise en vibration, attaches restées de la barre, partie en courbe de faible rayon. La cause de ces frottements est à rechercher et à éliminer ; après quoi, la libération est à recommencer avec une nouvelle mise à contrainte nulle.

3ème cas : Les allongements obtenus aux derniers repères sont très différents d'un côté et de l'autre de la lacune de telle sorte que Δl moyen pour une ½ longueur de libération est en dehors des allongements théoriques limites.

$$\Delta l \text{ moyen } = \frac{\text{déplacement mesuré (en mm) au dernier repère}}{\text{nombre d'intervalles de 50 m}}$$

Cela signifie que les frottements étaient plus importants d'un côté de la lacune que de l'autre (mise en vibration différente, tracé de la voie différent ...).

La cause de ces frottements est à rechercher et à éliminer ; après quoi, la libération est à recommencer avec une nouvelle mise à contrainte nulle ; au besoin scinder la zone à libérer en plusieurs tronçons afin d'équilibrer le tracé de la voie de part et d'autre de la coupe.

2.7. Libération successives des tronçons L1, L2....

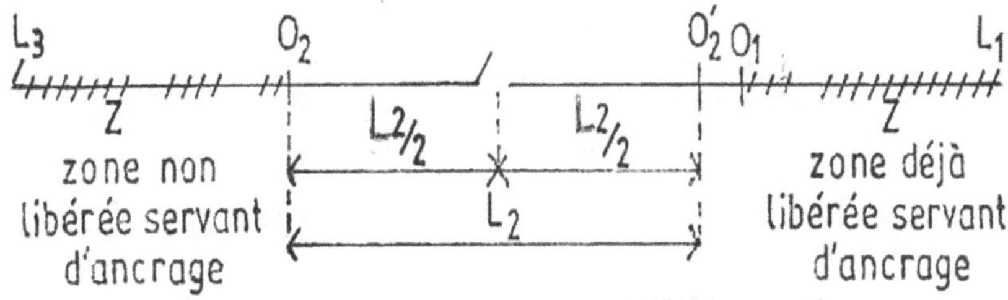

Les travaux pour la libération de L2 se déroulent de la manière suivante :

a) Avant l'interdiction des circulations prévue pour la libération, préparer le processus de libération.

b) Sous couvert de l'interdiction de circulation
- mettre la longueur L2 à contrainte nulle ;
- relever la température t_0 ;
- matérialiser la position du rail par rapport aux repères fixes, le repère $0'_2$ est matérialisé sur la traverse voisine de 0_1 (coté coupe) ;

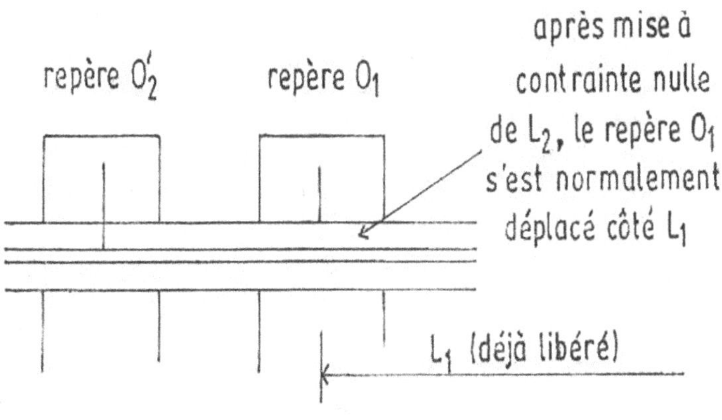

- tracer la lacune de valeur :

$$a = \overbrace{0{,}0105 \times L \times (45 - t_0)}^{(1)} + (s - 1) + b$$

(1) : donné par le tableau I.
s : intercalaire soudure
b : donné par le tableau II.

- poursuivre comme indiqué au point 2.4.b) ;
- sur la traverse portant le repère 0_2 (coté tronçon L3) les attaches ne sont pas resserrées et un nouveau repère sur le rail est matérialisé en coïncidence avec le repère fixe.

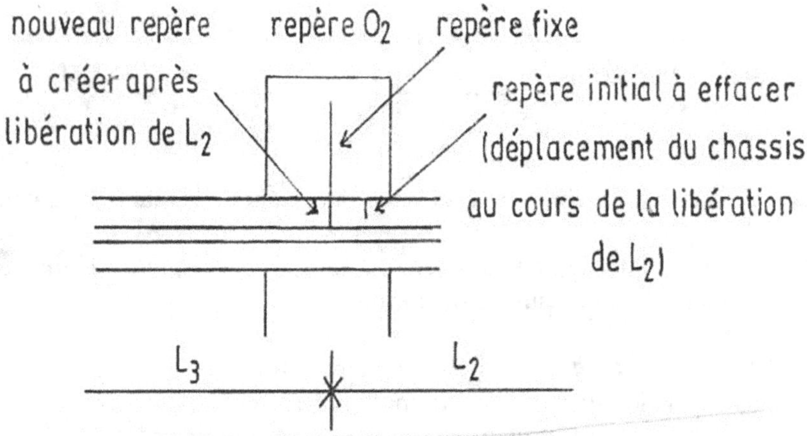

c) Après travaux de libération

- Si le repère sur le rail 0_1 n'est pas revenu en coïncidence avec le repère fixe (tolérance ± 1 mm), effectuer une homogénéisation des contraintes sur 50 m de part et d'autre de la limite L1/L2 ;
- S'assurer qu'aucun désordre ou anomalie ne subsiste sur l'étendue du chantier ;
- Compléter la fiche de libération, mettre à jour le carnet de vie du L.R.S ;
- Opérer de même proche en proche pour les tronçons suivants.

FICHE
DE LIBERATION DE VOIE COURANTE
A L'AIDE DES TENDEURS HYDRAULIQUES

Suite à : ....

Région de ......
Section de ......
District de ......

LIGNE DE....................
VOIE n°...entre les PK ...et les PK.......
Libération exécutée le ....

1. Caractéristiques du tronçon à libérer

Profil du rail : .... ; Type de traverse ..... ; Type des attaches........ ;
Valeur du rayon minimum de courbe sur la longueur de libération : R = ...m

2. Schéma du L.R.S à libérer.

3

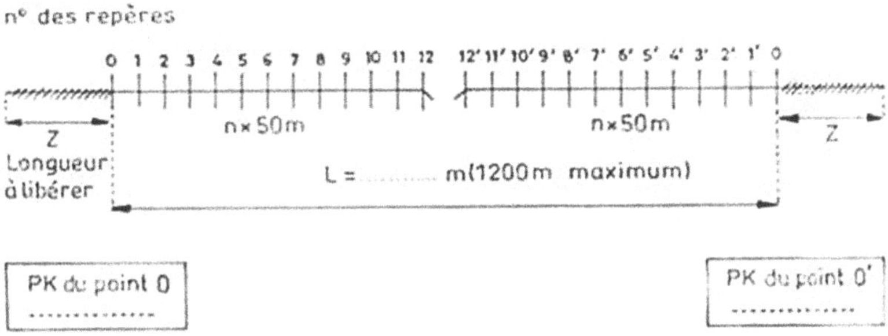

4. Température du rail aussitôt après la mise à contrainte nulle :

t_o = ...°C

5. Longueur de la zone d'ancrage :

Z = ...m

6. Lacune "a" à créer :

avec a = 0,0105 x L(45 – to) + (s – 1) + b

Terme 0,0105 x Lx(45 – to) = ... mm (donné par le tableau I.)

b = ... mm (donné par le tableau II.)

ouverture à réserver pour la soudure s = ... mm (donné par le fournisseur)

a = ...mm

7. Allongements théoriques
- partiel par 50 m pour une température de 45°C :

• Δl = 0,52 x (45°C - t) = ...mm

- limites : • max Δl = 0,52 x (50°C - t) = ...mm
• mini Δl = 0,52 x (40°C - t) = ...mm

INTERVALLE : 40°C - 50°C
(Exemple)

8. Allongements réellement mesurés.

	FILE DE GAUCHE		FILE DE DROITE		Observations
	Déplacements mesurés D	Allongements entre repères consécutifs	Déplacements mesurés D	Allongements entre repères consécutifs	
0					
1					
2					
3					
4					
5					
6					
7					
8					
9					
10					
11					
12					
12'					
11'					
10'					
9'					
8'					
7'					
6'					
5'					
4'					
3'					
2'					
1'					
0'					

9 Calcul de la température de référence.

9.1

	FILE DROITE	FILE GAUCHE
Ouverture de la lacune réellement créée	a_r = ...mm	a_r = ...mm
Intercalaire soudure réalisée	s_r = ...mm	s_r = ...mm
Déplacement au répère 0	D0 = ...mm	D0 = ...mm
Déplacement au répère 0'	D0' = ...mm	D0' = ...mm

9.2.Calcul des températures de libération t1 pour chaque file de rail.

File DROITE : $tl = t_0 + \frac{a_r-(s_r-1)-(D0+D0')}{0{,}0105 \times L}$ = ...°C

File GAUCHE : $tl = t_0 + \frac{a_r-(s_r-1)-(D0+D0')}{0{,}0105 \times L}$ = ...°C

9.3.Température de référence tr.

tr = ...°C

La température de référence à prendre en compte pour le tronçon de L.R.S considéré est la plus basse des températures de libération tl de chacune des 2 files de rail.

Si la tr ainsi déterminée est supérieure à 45°C en raison d'un déplacement mesuré aux repères 0 et 0' inférieur au terme "b" du calcul de la lacune, prendre 45°C comme tr.

10. Dans le cas d'une libération par tronçons successifs, le repère sur le rail, après libération, est- il revenu en coïncidence à ± 1 mm avec le repère fixe situé à l'extrémité du tronçon précédemment libéré ?

OUI ☐ NON ☐

SI NON, HOMOGENEISATION sur 50 m de part et d'autre de ce repère

DU PK ......AU PK ... exécutée le .... à t° = ...°C

11. S'agit-il d'une libération par tronçons successifs d'un L.R.S comportant plusieurs profils de rails ?

OUI ☐ NON ☐

Si OUI, HOMOGENEISATION sur 50 m coté plus gros profil de rail

DU PK ......AU PK ......exécutée le ....à t° =....... °C

12. Anomalies constatées en cours de travaux.

Etabli par l'agent responsable de la libération le ...... NOM VISA Grade	Vérifiée et annexée au carnet de vie du L.R.S Par le Chef de District, le ...... NOM VISA

BIBLIOGRAPHIE

[1] Alias Jean, *La Voie ferrée, : Techniques de construction et d'entretien*, Eyrolles, Paris, 1977, 472 p.

[2] Ouzdine M.M., Efimenko Yo. I., Kovalev V.I., Loginov C.I., Chaoulsky B.F., *Obchiï kourse jéleznih dorog (Cours Général des chemins de fer)*, 5ème Édition, Saint-Petersbourg, Centre d'information « Vibor », 2002, 368 p.

[3] Frichmann M. A., *Kak rabotaète pout pod poesdami (Comment se comporte la voie sous les trains*), 3ème Édition, Moscou, « Transport », 1975,176 p.

[4] Profillidis Vassilios A., *Railway Engineering*, Second Edition, Ashgate, 2000 (Grèce), 291 p.

[5] Alias Jean, *La Voie Ferrée. Conférence au Séminaire de formation continue organisé par l'Agence Transcongolaise des Communications et l'École nationale des ponts et chaussées (Paris), sous le Haut Patronage de l'Union africaine des chemins de Fer*, 4 – 8 novembre 1980, Pointe-Noire (République Populaire du Congo), 79 p.

[6] Alias Jean, *Études, Tracés et Réalisations de Lignes Nouvelles, Conférence au Séminaire de formation continue organisé par l'Agence Transcongolaise des Communications et l'École Nationale des Ponts et Chaussées (Paris),sous le Haut Patronage de l'Union africaine des chemins de fer*, 4 –8 novembre 1980, Pointe-Noire (République Populaire du Congo), 87 p.

[7] Alias Jean, « *Sans Bonnes Voies, pas de Chemin de Fer Sûr* », Le Rail et le Monde, N°17, Paris, 1982.

[8] Alias Jean, *La Voie Ferrée, Techniques de Construction et d'Entretien* (2e Édition), Paris, Eyrolles, 1984, 514 p.

[9] Alias Jean, *Le Rail*, Paris, Eyrolles, 1987, 677 p.

[10] Esveld Coenraad, *Modern Railway Track*, MRT–Production, 1989 (Hollande), 447 p.

[11] Gorinov A. V., *Iziskania i proektirovanie jéleznih dorog (Études et projets de tracé des chemins de fer)*, Tome 1 (6ème Édition), Moscou, « Transport »,1969, 366 p.

[12] Biélih V.I., *Osnovi iziskanii̇ i proektirovania jélesnih dorog (Les bases des études et projets de tracé des chemins de fer)*, Moscou, « Marchrout », 2003, 41 p.

[13] Albrekht V.G., Bromberg E.M., Zviérèv N.B., Choulga V.Ya., Tsirkov N.S., *Biestikovoï Pout* (*La voie ferrée sans joints*), Moscou, « Transport », 1982, 206 p.

[14] De Fongalland Bernard, *Sous-développement et voie ferrée métrique*, Revue Tiers-Monde, Tome 18, n° 71, juillet-septembre 1977, p 579 - 582.

[15] Chahouniants G.M., *Jéleznodorojniï pout (La Voie Ferrée)*, Moscou, « Transport », 1969, 519 p.

[16] Chahouniants G.M., *Rachoti i proektirovanie jéleznodorojnogo pouti (Calcul et étude de projet de voie ferrée)*, Moscou, « Transport », 1972, 328 p.

[17] Yakovléva T.G., *Jéleznodorojnii pout (La Voie Ferrée)*, Moscou, « Transport », 1999, 405 p.

[18] Vinogradov V.V., Nikonov A.M., *Rachoti i proektirovanie jéleznodorojnogo pouti (Calcul et étude de projet de voie ferrée)*, Moscou, « Marchrout », 2003, 486 p.

[19] Chilov P.I., *Cours de Géodésie*, Moscou, « École Supérieure »,1972, 486 p.

[20] Zoba Bernard, *Notions de Tracé de Voie et Calcul de Cubatures des Terrassements*, École supérieure africaine des cadres de chemin de fer (ESACC), Perfectionnement technique "voie et génie civil", Brazzaville, 08 mai – 30 juin 1995, 37 p.

[21] Zoba Bernard, *Cours de Topographie*, École supérieure africaine des cadres de chemin de fer, Cycle de professionnalisation, Spécialité "voie et génie civil", Brazzaville, février 1996, 110 p.

[22] Zoba Bernard, *Séminaire - Atelier sur la maintenance de la voie*, organisé par l'École supérieure africaine des cadres de chemin de fer (ESACC), Document didactique, Cotonou (Benin), 03 – 13 juillet 1995, 154 p.

[23] Zoba Bernard, *Cours de Géotechnique*, École supérieure africaine des cadres de chemin de fer, Cycle de professionnalisation, Spécialité "voie et génie civil", Brazzaville, Octobre 1995, 181 p.

[24] Code UIC 719 R, *Ouvrages en terre et couches d'assise ferroviaires*, 1ère Édition, 1 – 1– 1982.

[25] Alias Jean., Montier Philip, *Les plateformes ferroviaires en Afrique*, Revue Générale des Chemins de Fer, Supplément au N° 7/8, Juillet-Août 1988, p 29 – 33

[26] Bassilov V.V., Tchernichiev M.A., *Spravotchick Inginiera Poutiétsa* (Guide de l'Ingénieur de la Voie), Tome I, « Transport », Moscou, 1972, 768 p.

[27] Zoba Bernard, *Les Longs Rails Soudés : Techniques de pose, d'entretien et de réparation*, École supérieure africaine des cadres de chemin de fer (ESACC), Cycle de professionnalisation, Spécialité "voie et génie civil", Brazzaville, octobre 1995, 108 p.

[28] SNCF, Notice Générale EF0 A2 N°4, *Recueil de prescriptions générales concernant les agents de la voie (PGAV 2), Chapitte 3 : Entretien des voies principales équipées de L.R.S – Remplacer les rails.*

[29] Zoba Bernard, *Étude sur l'emploi des Longs Rails Soudés (L.R.S.) au Ghana*, École supérieure africaine des cadres de chemin de fer (ESACC), Section Ingénierie, Brazzaville, 26 juillet 1992, 22 p.

[30] Commission de l'Union Africaine, *Note conceptuelle relative à la Conférence professionnelle sur l'interconnexion, l'interopérabilité et la complémentarité des systèmes ferroviaires africains*, Addis Abeba, Octobre 2007.

[31] Rapport de la Conférence professionnelle sur l'interconnexion, l'interopérabilité et la complémentarité des systèmes ferroviaires africains, organisée par la Commission de l'Union Africaine, Johannesburg, 20 – 21 Novembre 2007.

[32] López Pita A., Ubalde Claver L., *Performances and limitations of Metre Gauge Railway (Politechnical University of Catalonia)*, Exposé à la Conférence professionnelle sur l'interconnexion, l'interopérabilité et la complémentarité des systèmes ferroviaires africains, organisée par la Commission de l'Union Africaine, Johannesburg, 20 – 21 Novembre 2007.

[33] Miyauchi Toru, *Development of Gauge Change Train in Japan (UIC and Japan Railways Group)*. Exposé à la Conférence professionnelle sur l'interconnexion, l'interopérabilité et la complémentarité des systèmes ferroviaires africains, organisée par la Commission de l'Union Africaine, Johannesburg, 20 – 21 Novembre 2007.

[34] Tanzania Railways Corporation, *Civil Engineering Manual*, 1999.

[35] Zoba Bernard, *O Soprotivléniah pouti péréméchéniam v ousloviah jéleznih dorog Narodnoï Respoubliki Kongo (À propos de la résistance de la voie aux déplacements, dans les conditions des chemins de fer de la République Populaire du Congo)*, Annales de l'Institut des Ingénieurs de Transport Ferroviaire de Moscou (MIIT), N° 698, 1982, p 55 – 59.

[36] Union Internationale des Chemins de Fer (UIC), *Catalogue des défauts de rails*, Édition du 1er janvier 1979.

[37] Zoba Bernard, *Islédovanie ouslovii préménienia bestikovogo pouti na jéleznih dorogah Narodnoï Respoubliki Kongo (Étude des conditions d'emploi de la voie ferrée sans joints sur les chemins de fer de la République Populaire du Congo)*, Thèse de Doctorat, Institut des Ingénieurs de Transport Ferroviaire de Moscou (MIIT), Juin 1983, 235 p.

[38] Josse Paul, *Conditions de pose de voie ferrée sans joint sur le réseau Dakar-Niger*, Revue Générale des Chemins de Fer, n° 10, Paris, 1959, p 581 - 589.

[39] Cassé M., *L'influence de divers systèmes d'attaches rail-traverse sur la rigidité transversale du châssis de voie*, Revue générale des chemins de fer, n° 9, Paris, 1958, p 440 – 452.

[40] SNCF-Direction de l'Equipement, *Voies étroites : Particularités de pose et d'entretien*, Document Projet, Mars 1985, 17 p.

[41] Brabant Michel, *Topométrie opérationnelle*, Technique & Vulgarisation. Paris, 1980, 377 p.

[42] Numato M., *Résistance au flambement des longs rails soudés*, Bulletin de l'Association Internationale du Congrès des Chemins de Fer, Septembre 1960, p 729 – 746.

[43] Zoba Bernard., *Stabilité des longs rails soudés en voie métrique*, Rail International, Juin 1989, p 37 – 43.

[44] Zoba Bernard, *La problématique du développement des transports ferroviaires en Afrique*, Rail International, Janvier 2002, p 7 – 22.

[45] Zoba Bernard, *Notions de calcul statique et dynamique de la voie*, École supérieure africaine des cadres de chemin de fer, Cycle de professionnalisation, Spécialité "voie et génie civil", Brazzaville, Février 1996, 30 p.

[46] SNCZ/RO VT, *Notice Technique EF 2 D 1 N°4 : Longs Rails Soudés– Entretien, Travaux pouvant entraîner une déconsolidation ; Incidents – Réparations*, Kinshasa, le 15/07/88.

[47] Régie de Chemin de Fer Abidjan Niger (RAN), *La voie - Les longs rails soudés (L.R.S.), Étude théorique simplifiée, Conditions de pose, Surveillance et entretien.* Formation Professionnelle, Voie et Bâtiments, 613 015.

[48] Régie Nationale des Chemins de Fer du Cameroun (RNCFC), *Les longs rails soudés (L.R.S.)*, Notice Technique, V.B.T 225 1, Date d'application : 15 septembre 1981.

[49] Zoba Bernard, *Étude du comportement des différents schémas de jonction « Longs rails soudés – Appareils de voie » sous l'effet de variation de température*, Agence Transcongolaise des Communications, Service du Réalignement du CFCO, Pointe-Noire, Mai 1987, 43 p.

[50] Prud'Homme A., Janin G., *La stabilité des voies en longs rails soudés*, Revue Générale des Chemins de Fer, Paris, février – mars 1969.

[51] SNCF–Équipement, *Pose, Surveillance et Entretien des Longs Rails Soudés*, Notice Générale EF 2C 33 n°1, du 1er août 1983.

[52] SNCF–Équipement, *Libération des L.R.S*, Notice Générale EF 2C 33 n°1, Annexe 2, Date d'application : 1er juin 1992.

[53] Perchine S.P., *Métodi rachota oustoïtchivosti bestikovogo pouti (Méthodes de calcul de stabilité de la voie ferrée sans joints)*, Annales de l'Institut des Ingénieurs de Transport Ferroviaire de Moscou (MIIT), N° 147, 1962, p 28 – 97.

[54] Perchine S.P., *Températournie vozdiéstvia na relssovi pout i ih vliyanie na ego oustroïstvo i ouslovia éksplouatatsia (Effets thermiques sur la voie ferrée et leur influence sur sa constitution et les conditions de son*

exploitation), Annales de l'Institut des Ingénieurs de Transport Ferroviaire de Moscou (MIIT), N° 318, « Transport », 1969, p 3 – 135.

[55] Zoba Bernard, *Comment choisir le type de rail à employer ?* Revue L'Echo del'ESACC, N° 9, École supérieure africaine des cadres de chemin de fer, Brazzaville, Juin 1994, p 7 – 12.

[56] Zoba Bernard., *Le coefficient de dévers : qu'est-ce-que c'est et comment le détermine t'-on ?* Revue L'Écho de l'ESACC, N° 8, École supérieure africaine des cadres de chemin de fer, Brazzaville, Janvier 1994, p 29 – 34.

[57] Montagné Serge, *Les paramètres de tracé en voie métrique*, Revue Générale des Chemins de Fer, Supplément au N° 7/8, Paris, 1988, p 7 – 12.

[58] Chenuc Claude, *Vitesse et sécurité sur la ligne à voie métrique*, Revue Générale des Chemins de Fer, Supplément au N° 7/8, Paris, 1988, p 13 – 17.

[59] Rochet Pierre-Louis, *Les moyens d'entretien de la voie adaptés aux réseaux africains*, Revue Générale des Chemins de Fer, Supplément au N° 7/8, Paris, Juillet-Août 1988, p 39 – 50.

[60] Chevrery Michel, *Les mesures de la géométrie de la voie : une expérience africaine*, Revue Générale des Chemins de Fer, N° 5, 1991, p 25 – 28.

[61] Analyseur de l'état géométrique de la voie Type Matisa AV-524 : Description Technique.

[62] Afie Évoung J.H., *Mesures et enregistrements des caractéristiques géométriques de la voie*, Exposé OCTRA présenté au Séminaire Voie, Cotonou, 20 - 23 septembre 1988.

[63] EM 80 –SNCZ, Analyseur électrique CMA-R, Programme Analyse ADA III, Framafer.

[64] Symposium de l'Union Africaine des Chemins de Fer, Abidjan, 7 – 12 Août 1978, Rail International, N° 10, p 787 – 795.

[65] Régie Nationale des Chemins de Fer du Cameroun (RNCFC), *Plan d'action de la maintenance des installations fixes*, Tomes I et II, SOFRERAIL, novembre 1991.

[66] Agence Transcongolaise des Communications (ATC–CFCO), *Enregistrement des caractéristiques géométriques de la voie : Draisines de*

contrôle Matisa M PV7 et M PV6, Exploitation des enregistrements, Notice technique VB 36 a n°1.

[67] SNCZ/RO. VT, *Règles d'emploi et de pose des L.R.S.* Notice Technique ZF 2A3 N°1 du 18 juin 1986, Kinshasa.

[68] Code UIC 714 R, *Classification des voies des lignes au point de vue de la maintenance de la voie*, 2ème Édition, 1-1-72.

[69] Sauvage Roland., Huart Fernand Henry, *Maintenance des couches d'assise des voies ferrées*, Informations Techniques, Direction de l'Équipement de la SNCF, N° 20, Décembre 1980, p 15 – 33.

[70] Union Africaine des Chemins de Fer, *6ème Symposium, Rapport de la Commission Voie,* Brazzaville, 11 – 13 novembre 1992.

[71] Union Africaine des Chemins de Fer, *Documents du Séminaire SNCT/UAC sur l'entretien de la voie*, Tunis, 25-28 mai 1983.

[72] Kerkapoly Endre, Lengyel Laszlo., *Essais récents dans le domaine de la modernisation de la voie*, Rail International, N°1, janvier 1985, p 89 – 98.

[73] Huart Fernand Henry, *La voie ferrée et son entretien mécanisé*, Revue générale des chemins de fer, Paris, Octobre 1983, p 655 – 660.

[74] Huart Fernand Henry, *Politique de maintenance de la voie*, Agence Transcongolaise des Communications – CFCO, Mai 1984.

[75] Wenty Rainer, *Ensemble de machines pour l'entretien économique de la voie et des caténaires*, Rail International, Juin/Juillet 1991, p 184 – 193.

[76] Goossens H., *Raisons fondamentales qui conduisent à une mécanisation poussée à la SNCB*, Rail International, Juin/Juillet 1991, p 123 – 136.

[77] Alias Jean, « *Les renouvellements de la voie à la SNCF* », Rail International, novembre 1983.

[78] Miyaj T., Ilda H., Hosokawa T., Hamaeaki S., «*Lateral Ballast Resistance of Operating Line* », Quartely Reports, Vol. 24, N°4, 1983.

[79] Code UIC 720 R, *Pose et entretien de la voie en longs rails soudés*, 1ère Édition, 1-1-1986.

[80] Joly Roland, « *160 KM/H sur la voie métrique de la Régie Abidjan-Niger (RAN). Compte rendu détaillé des Essais* », La vie du Rail Outre – Mer, N°272, Avril – Septembre 1977, p 10 –28.

[81] Zoba Bernard, *Intervalle de fixation des longs rails soudés : critères de définition et exemple d'application en voie métrique*, Revue L'Écho de l'ESACC, N° 4, École supérieure africaine des cadres de chemin de fer, Brazzaville, janvier 1992.

[82] SNCF- Direction des installations fixes : *Principes d'organisation de l'entretien des voies et révision du matériel de la voie courante.* Cours à l'usage des chefs de districts, 1971.

[83] SNCF - Direction de l'équipement (Département des études et recherches voie), *Observations sur le projet de Notice Technique « Pose et Entretien des Longs Rails Soudés » destinée au Chemin de Fer Congo-Océan (CFCO)*, Mars 1980.

[84] Zviérèv N.B., *Oustoïtchivost bestikovogo pouti v zoné ouravnitilnogo proliota (Stabilité de la voie ferrée sans joints dans la zone du dispositif de dilatation à joints multiples)*, Annales de l'Institut Central de Recherche Scientifique du Ministère des Chemins de Fer (MPS), N° 364, « Transport », Moscou, 1968, p 77 – 97.

[85] Imbert B., *Cours de Géotechnique, 2ème Partie : Sols et Roches*, École Supérieure des Cadres de l'Équipement, SNCF, Louvres, 1986-1987.

[86]. Ministère de la Coopération et du Développement, BCEOM – CEBTP, *Les routes dans les zones tropicales et désertiques, Tome II : Études techniques et construction*, 2ème Edition, France, 1991.

[87] Kiet S., *Différents rapports sur le calcul hydraulique des ouvrages du Projet du Réalignement du Chemin de Fer Congo Océan entre Bilinga et Loubomo*. Division des Etudes de l'ATC, Pointe-Noire, 1979.

[88] Carlier Michel., *Hydraulique générale et appliquée*, Eyrolles, Paris, 1986, 377 p.
[89] UIC Code, *Guidelines for Specifing Metre Gauge Rolling Stock*, Draft, 7 August 2001, 47 p.

[90] Agence Transcongolaise des Communications, *Étude de faisabilité de l'amélioration du tracé du CFCO de Loubomo à Brazzaville. Rapport Provisoire de Factibilité*, Tecsult International Limited, Pointe-Noire

(République Populaire du Congo), Novembre 1985.

[91] Réméniéras Gaston, *L'hydrologie de l'Ingénieur*, Eyrolles, Paris, 1986.

[92] Gaunin J., Houdaille L., Bernard A., *Tables trigonométriques et Tables pour le tracé des courbes (Chemin de Fer, Routes, Canaux)*, Dunod, Paris, 1961, 184 p.

[93] Philippin P., Del Pedro M., *Pose et entretien des voies sur traverses en acier*, LEMEPUL, Lausane, Octobre 1964.

[94] Agence Transcongolaise des Communications-Réalignement du Chemin de fer Congo-Océan (CFCO), *Ordre de Service N°153/06 du 25 septembre 1979, Travaux de génie civil, Pose de la voie et Travaux annexes*, Pointe- Noire.

[95] SNCF-Direction de l'Équipement, *Étude de stabilité des longs rails soudés pour le compte de l'Agence Transcongolaise des Communications*, juin 1979.

[96] Raviart J.M., *Infrastructure Ferroviaire : La Voie*, IFIT (en collaboration avec TRANSURB Consult).

[97] Janin G., Albrekht V.G., *Comparaison technique et économique des différents types de pose de voie*, Rail International, N° 9/10, 1978, p 559 – 663, 681 – 785.

[98] Turpin N.E., *Étude théorique simplifiée des L.R.S*, Mémento didactique, École nationale de Nanterre, Direction de l'Équipement de la SNCF, juin 1982.

[99] Janin Georges, *La maintenance de la géométrie de la voie : la prise de décision des opérations de nivellement-dressage, le Mauzin synthétique*, Revue générale des chemins de fer, Paris, Juin 1982, p 331 – 346.

[100] SNCF, *Organisation de la maintenance des voies principales*, Instruction générale EF 2C 31 N° 1, 13 janvier 1987.

[101] Cexus Maxime, *La maintenance de la voie*, Revue Générale des Chemins de Fer, Paris, Janvier 1978, p 7 – 15.

[102] Lieb Johan, *Le contrôle de l'état géométrique des voies*, Revue Générale des chemins de fer, Paris, Supplément au N° 7/8, juillet/août 1988, p 18 – 20.

[103] Gento L., Janin G., *La qualité de la voie ferrée : comment la définir quantitativement ?*, Revue Générale des Chemins de Fer, Paris, décembre 1969, p 695 – 713.

[104] Gento David L., *Conception, pose et maintenance de la voie*, REPERES, Paris, 4 – 8 septembre 1991.

[105] Mombo Jean-.Jacques, *Razrabotka métoda rachota kontaktnih napriajénïi v zonié bokovoï vikrouchki golovki relsov jéleznih dorog Narodnoï Respoubliki Kongo (Élaboration d'une méthode de calcul des contraintes de contact sur le champignon de rail sur les Chemins de Fer de la République populaire du Congo)*, Thèse de Doctorat, Institut des Ingénieurs de transport ferroviaire de Leningrad, 1989, 196 p.

[106] Smirnov M.P., Blajko L.C., Nemtsov B.P., *Praktitcheskie rachoti verknégo stroénia pouti na protchnost s primeniénièm EVM (Calculs pratiques de la résistance de la superstructure de la voie par l'utilisation des Machines Electroniques de Calcul),* Institut des ingénieurs de transport Ferroviaire de Leningrad, Chaire de voie ferrée, 1986.

[107] Chemin de Fer Congo-Océan (CFCO), *Locomotive BB-BB 3600 ch. Renseignements techniques*, MT N° DR10.

[108] Klinov S.I, *Opridilénie optimalnoï températouri zakréplénia relsovih plétié bestikovogo pouti (Détermination de la température optimale de fixation des longs rails soudés)*, Institut des Ingénieurs de Transport Ferroviaire de Moscou, 1980, 96 p.

[109] ATC – CFCO, *Gabarits*, Instruction Générale IP 33 D, Date d'application : 1er septembre 1976.

[110] Agence Transcongolaise des communications (ATC), Livre sur le Tunnel Long du Réalignement Congo-Océan.

[111] ATC – CFCO-VB, *Tolérances admises sur la voie*, Instruction de Service VB 36a N°1.

[112] Communication de l'Office of Research and Experiment (ORE), *Phénomènes thermiques dans l'interaction L.R.S-OA sur un pont de la RENFE en béton précontraint à 20 travées isostatiques et à pose de voie ballastée (Pont de Hacho)*, Rail International, Août/septembre 1984.

[113] Communication de l'Office of Research and Experiment (ORE). *Influence du démarrage et du freinage sur les ponts et interaction L.R.S-*

Ponts. Phénomènes thermiques dans l'interaction LRS-OA sur un pont métallique à pose directe ČSD" (Pont de Chlumpcany), Rail International, Août/septembre 1984.

[114] Rafael Garcia-Rico, *Ferrocarriles Españoles de Via Estrecha (FEVE) : A forward-looking railway project open to international cooperation* ; exposé à la conférence professionnelle sur l'interconnexion, l'interopérabilité et la complémentarité des systèmes ferroviaires africains, organisée par la Commission de l'Union Africaine, Johannesburg, 20 – 21 Novembre 2007.

[115] Sauvage Roland., Richez Gilles, « *Les couches d'assise de la voie ferrée* », Revue Générale des Chemins de fer, Paris, Décembre 1978, p 773 – 796.

[116] Alias Jean, « *Nuances et profils de rails* », Revue Générale des Chemins de Fer, Supplément au N° 7/8, Paris, 1988, p 21 – 23.

[117] Zoba Bernard, *Organisation des Chemins de fer : La Voie*, École supérieure africaine des cadres de chemin de fer (ESACC), Deuxième Perfectionnement Bilingue : Brazzaville, 16 Octobre – 07 Décembre 1995, 81 p.

[118] Office du Chemin de Fer du Transgabonais (OCTRA), *Méthodes de libération des longs rails soudés*, Notice Générale NG EF34 N°1, Annexe 2.

[119] Améline S.V., Danovskii L.M., *Pout i Poutivoe Hozïastvo* (*La voie et les installations de maintenance de la voie*), « Transport », Moscou, 1972.

[120] Agence Transcongolaise des Communications, Réalignement du CFCO entre Holle et Dolisie, *Cahier des Prescriptions Techniques (Lots N°6 et 6 Bis)*, Travaux de Génie civil et travaux Annexes (Terrassements généraux).

[121] Tchernichev M.A., *Praktitcheskie Métodi Rachota Pouti* (*Méthodes pratiques de calcul de la voie*), « Transport », Moscou, 1967, 236 p.
[122] Pissarenko M.A., Agarev V.A., Kvitko K.L., Popkov V.G., Oumanskii E.S., *Soprotivlénie Matérialov* (*Résistance des Matériaux*), « Visha Chkola », 4ème Édition, Kiev, 1979.

[123]. Améline S.V., Andréièv G.E., *Oustroïstvo i Eksplouatatsia Pouti* (*Constitution et exploitation de la voie*), « Transport », Moscou, 1986, 239 p.

[124] SNCF, Notice Générale EF2C33 N°7 du 28 février 1983, *Pose et entretien des voies et appareils de voie équipés de bêche d'ancrage.*

[125] Zoba Bernard, *Cours sur les ouvrages en terre et couches d'assise de la voie*, École supérieure africaine des cadres de chemin de fer et de gestion des transports (ESACC-GT), Cycle de professionnalisation, Spécialité « voie et génie civil », Brazzaville, Janvier 1996, 64 p.

[126] Alias Jean, *Bien fixer les rails*, Le Rail et le Monde, N° 42, Décembre 1986, p. 12-13.

[127] Union Africaine des Chemins de Fer, *Séminaire sur la Pose et la Maintenance de la voie ferrée, 20-23 septembre 1988, Cotonou, Note introductive du Secrétariat général*, Kinshasa, 15 septembre 1988.

[128] SNCF - Direction des Installations Fixes, *Principes d'organisation de l'entretien des voies et révision du matériel de la voie courante,* Cours à l'usage des chefs de district, 1971.

[129] Alias Jean, *Les structures d'assise de la voie*, Conférence au Tronc Commun de l'École supérieure africaine des cadres de chemin de fer et de gestion des transports (ESACC-GT), Session 1987/1988.

[130] République Française, Ministère des Relations Extérieures – Coopération et Développement, *Manuel d'Urbanisme pour les pays en développement, Volume 5- Les Infrastrutures.*

[131] Ougintchousse A.A., Tchougaèva E.A., *Gidravlika (Hydraulique)*, Leningrad, 1971, 351 p.

[132] Averochkina M.V., Babitskaïa S.S., Bolchakov S.M., *Spravotchnik po zemlianomou polotnou eksplouatirouemih jeleznih dorog (Guide sur la plateforme des chemins de fer en exploitation)*, « Transport », Moscou, 1978, 766 p.

.

Table des matières

L'urbanisme aux éditions L'Harmattan

Dernières parutions

OPÉRATION CULTURELLE ET POUVOIRS URBAINS
Instrumentalisation économique de la culture et luttes autour de Marseille-Provence Capitale européenne de la culture 2013
Maisetti Nicolas
Ce texte est le récit de la préparation de l'organisation de Marseille-Provence Capitale européenne de la culture 2013. A partir d'une analyse des enjeux de la mobilisation initiale des chefs d'entreprise locaux, des réseaux d'acteurs qui s'en sont saisis et de la gouvernance de MP2013, cet ouvrage propose de questionner les usages politiques des ressources fournies par les grandes opérations culturelles dans la redynamisation des économies urbaines et la recomposition des pouvoirs dans la ville.
(Coll. Questions contemporaines, série Questions urbaines, 17.00 euros, 172 p.)
ISBN : 978-2-343-04931-1, ISBN EBOOK : 978-2-336-36332-5

TERRITOIRE (LE) SAISI PAR LES SCIENCES SOCIALES : DES ENJEUX POLITIQUES ET PROFESSIONNELS À LA RECHERCHE – Regards sur l'Aquitaine
Sous la direction de Pierre Naves et Yamina Remichi ; Avec l'introduction d'Andy Smith
Comment le territoire se construit-il comme variable explicative ou comme catégorie d'analyse dans les recherches sur les politiques publiques, l'éducation, les discriminations ? En croisant différentes approches, cet ouvrage fait apparaître non une définition unique du territoire, mais divers éléments qui servent de fondement à ce concept. Il s'interroge sur les évolutions de l'économie locale, le développement de certaines actions sociales et éducatives spécifiques à la région Aquitaine et à la ville de Bordeaux.
(Coll. Logiques sociales, 16.50 euros, 164 p.)
ISBN : 978-2-343-04535-1, ISBN EBOOK : 978-2-336-36423-0

MÉTAMORPHOSES DES VILLES INDUSTRIELLES
Vivre la ville désindustrialisée
Luxembourg Corinne
Après la désindustrialisation, comment habite-t-on encore la ville industrielle ? Les options sont diverses allant de la revitalisation industrielle au passage à un nouveau profil économique en passant par la patrimonisalisation ou muséification. Les enjeux liés à la mémoire collective des activités de production participent à la réflexion sur la reconstruction d'un espace vécu commun.
(Coll. Itinéraires géographiques, 18.00 euros, 178 p.)
ISBN : 978-2-343-03981-7, ISBN EBOOK : 978-2-336-35385-2

DE LA TRACE À LA TRAME
La voie, lecture du développement urbain
Sous la direction de Clément-Noël Douady et l'équipe Morphocity
Comment modéliser la complexité urbaine ? D'abord déconstruire la mosaïque, ses éléments considérés à la fois comme objets mathématiques, éléments naturels et créations humaines. Ensuite, choisir et analyser ce qui paraît le plus durable dans l'évolution urbaine : le réseau des rues. Pourquoi la présence des mêmes «figures» jusqu'en Chine ? - En perspective : un outil d'analyse des projets urbains...
(27.00 euros, 262 p.)
ISBN : 978-2-343-04232-9, ISBN EBOOK : 978-2-336-35663-1

LOGEMENT ET POLITIQUE(S)
Un couple encore d'actualité ?
Textes réunis et présentés par Fatiha Belmessous, Loïc Bonneval, Lydia Coudroy de Lille, Nathalie Ortar
Les recherches présentées ici ont en commun de se situer à divers points de contact du logement et du politique. On ne saurait s'en étonner tant cette «marchandise impossible» (Topalov), est indissolument liée à l'action publique et politique. Devenu le premier poste de dépense des ménages, l'élément le plus important de leur patrimoine, mais aussi l'un des principaux marqueurs des inégalités sociales, le logement constitue un enjeu incontournable pour les politiques publiques.
(Coll. Habitat et Sociétés, 29.00 euros, 284 p.)
ISBN : 978-2-343-03990-9, ISBN EBOOK : 978-2-336-35509-2

IMPACT (L') DES POLITIQUES DU LOGEMENT SUR LES BAILLEURS PRIVÉS DE 1914 À 2014
La nationalisation rampante du logement
Bigot Jean - Préface de Jean Perrin
Voici le décryptage des politiques du logement. L'auteur a quantifié les effets externes, négatifs, de la politique du logement depuis un siècle, qui consiste à privilégier le droit de jouissance sur le droit de propriété, dans une volonté irréaliste d'égalité des droits des bailleurs et des locataires. Celle-ci aboutira probablement à la nationalisation du logement, au détriment des contribuables, et aggravera les déficits publics. L'acharnement fiscal s'ajoutant à l'acharnement législatif accélère la destruction du parc privé, possédé à 79% par des petits propriétaires appauvris.
(46.00 euros, 466 p.)
ISBN : 978-2-343-04397-5, ISBN EBOOK : 978-2-336-35644-0

PARIS, POLITIQUE URBAINE ET MÉMOIRE COLLECTIVE
La monumentalisation de l'image parisienne depuis l'Occupation
Sandrini Clara
Dans le cadre de l'extension patrimoniale, les projets urbains arrivent à qualifier les espaces parisiens par des identités spatiales, qui participent à un mouvement d'esthétisation de Paris organisé par la réinterprétation de l'histoire. La dépopulation et l'apopulation de la capitale, la permanence des orientations stratégiques, et les projets de qualifications patrimoniales des espaces qui se répondent sur la longue durée, permettent enfin de statuer sur le processus de monumentalisation de Paris.
(37.50 euros, 390 p.)
ISBN : 978-2-343-02657-2, ISBN EBOOK : 978-2-336-35253-4

HABITAT ET TRANSITION ÉNERGÉTIQUE
Sous la direction de Rochon François
Sous le sceau de la performance énergétique, nos logements se modernisent avec l'affirmation des normes environnementales. Le chez-soi constitue le laboratoire individuel et collectif de nos modes de vies, le lieu privilégié où peut s'inventer la citoyenneté écologique. Par la transition énergétique, la France enclenche un processus stratégique complexe qui vient articuler changements de pratiques, redéfinition du confort, projet industriel, investissement financier, aménagement urbain...
(22.00 euros, 224 p.)
ISBN : 978-2-343-03619-9, ISBN EBOOK : 978-2-336-35180-3

SONORE (LE), L'IMAGINAIRE ET LA VILLE
De la fabrique artistique aux ambiances urbaines
Torgue Henry
Entre création artistique et recherche urbaine, Henry Torgue explore les ambiances liées au sonore, des arts de la scène, danse et musique, qui mixent le regard et l'écoute, jusqu'à l'environnement sonore urbain contemporain. La deuxième partie, plus anthropologique, approche l'ambiance comme expression des relations fondamentales entre les phénomènes sensibles, l'activité imaginaire et l'espace social dont la ville incarne la grande figure.
(Coll. Logiques sociales, 28.00 euros, 280 p.)
ISBN : 978-2-296-99271-9, ISBN EBOOK : 978-2-296-50107-2

PARADOXES DE L'URBANISATION : POURQUOI LES CATASTROPHES N'EMPÊCHENT-ELLES PAS L'URBANISATION ?
Comment peut-on comprendre que l'urbanisation contemporaine s'intensifie en dépit de la multiplication des catastrophes et des limites des efforts de gestion ? Répondre à cette question impose de revenir sur les définitions des catastrophes et sur leur contribution à la structuration des peuplements humains. Ce livre montre l'intérêt et les limites du développement durable et de la résilience pour éclairer ces problèmes fondamentaux.
(Coll. Itinéraires géographiques, 29.00 euros, 280 p.)
ISBN : 9782-296-99198-9, ISBN EBOOK : 9782-296-50079-2

INVENTION (L') DE LA MAÎTRISE D'OEUVRE URBAINE
De la ville nouvelle aux ateliers
Vincent Jean-Michel
Au début des années 60, sur injonction du général de Gaulle, Paul Delouvrier crée un nouvel outil mental qui a permis de structurer l'aménagement de la région Ile-de-France pendant un demi-siècle. Vingt ans plus tard, ce métier de la fabrique de la ville pour tous sera nommé maîtrise d'oeuvre urbaine et les Ateliers de maîtrise d'oeuvre urbaine seront inventés. Ces derniers, permettant de simuler les premiers pas de la fabrique de la ville ou l'émergence du projet, fêtent aujourd'hui leurs 30 ans.
(Coll. Questions contemporaines, 18.00 euros, 182 p.)
ISBN : 978-2-296-99355-6, ISBN EBOOK : 978-2-296-50381-6

RUES (LES) PARLENT
Mauro Didier
La rue devient théâtre, forum, agora. Elle se transforme en une scène où des milliers de personnes se retrouvent, s'expriment, paradent et partagent un moment de vie. Dans ces courts « documentary-dreams », Didier Mauro restitue une «Ciné-sensation du monde» rebelle. «Le Dieu Ganesh traverse Paris» (2012, 11 min.) / «Qui sème la misère récolte la rage (2010, 11 min.)» / «Les artistes de rue sont entrés dans Paris» (2011, 11 min.) / «Sortir du colonialisme ?» (2011, 11 min.) / «Motos océanes» (2010, 11 min.) / «Un jour gay à Paris» (2010, 11 min.).
(20.00 euros)
ISBN : 978-2-296-56764-1

L'HARMATTAN ITALIA
Via Degli Artisti 15; 10124 Torino
harmattan.italia@gmail.com

L'HARMATTAN HONGRIE
Könyvesbolt ; Kossuth L. u. 14-16
1053 Budapest

L'HARMATTAN KINSHASA
185, avenue Nyangwe
Commune de Lingwala
Kinshasa, R.D. Congo
(00243) 998697603 ou (00243) 999229662

L'HARMATTAN CONGO
67, av. E. P. Lumumba
Bât. – Congo Pharmacie (Bib. Nat.)
BP2874 Brazzaville
harmattan.congo@yahoo.fr

L'HARMATTAN GUINÉE
Almamya Rue KA 028, en face
du restaurant Le Cèdre
OKB agency BP 3470 Conakry
(00224) 657 20 85 08 / 664 28 91 96
harmattanguinee@yahoo.fr

L'HARMATTAN MALI
Rue 73, Porte 536, Niamakoro,
Cité Unicef, Bamako
Tél. 00 (223) 20205724 / +(223) 76378082
poudiougopaul@yahoo.fr
pp.harmattan@gmail.com

L'HARMATTAN CAMEROUN
BP 11486
Face à la SNI, immeuble Don Bosco
Yaoundé
(00237) 99 76 61 66
harmattancam@yahoo.fr

L'HARMATTAN CÔTE D'IVOIRE
Résidence Karl / cité des arts
Abidjan-Cocody 03 BP 1588 Abidjan 03
(00225) 05 77 87 31
etien_nda@yahoo.fr

L'HARMATTAN BURKINA
Penou Achille Some
Ouagadougou
(+226) 70 26 88 27

L'HARMATTAN SÉNÉGAL
10 VDN en face Mermoz, après le pont de Fann
BP 45034 Dakar Fann
33 825 98 58 / 33 860 9858
senharmattan@gmail.com / senlibraire@gmail.com
www.harmattansenegal.com

L'HARMATTAN BÉNIN
ISOR-BENIN
01 BP 359 COTONOU-RP
Quartier Gbèdjromèdé,
Rue Agbélenco, Lot 1247 I
Tél : 00 229 21 32 53 79
christian_dablaka123@yahoo.fr

Achevé d'imprimer par Corlet Numérique - 14110 Condé-sur-Noireau
N° d'Imprimeur : 127784 - Dépôt légal : avril 2016 - *Imprimé en France*

www.ingramcontent.com/pod-product-compliance
Lightning Source LLC
LaVergne TN
LVHW011147061026
849535LV00003B/635